Essence Food Microbiology

에센스 식품 미생물학

김경희 · 방우석 · 윤요한 · 이연리 · 장세은 · 장재선 · 정현정

지구문화사
JIGU PUBLISHING Co.

머리말

21세기로 들어서면서 급속한 경제성장과 환경의 변화로 식품산업 발전의 가속화, 건강기능성식품의 관심 증대, 바이오 산업(Biotechnology, BT)의 발전과 적용 범위 확대로 발전에 큰 변화를 이루었으며, 그 바탕에는 미생물학이 중심을 차지하고 있습니다.

미생물학의 응용범위는 매우 넓을 뿐 아니라 가능성도 무한하여 아미노산, 효소, 핵산, 생리활성물질 및 의약품 생산에서부터 폐수처리와 환경보존 영역까지 많은 분야에 미생물이 관여하고 있습니다. 따라서 식품 분야에서 미생물학의 중요성은 매우 지대하며 미생물에 대한 기본 지식은 현 시대를 살아가는데 반드시 필요합니다.

본 교재는 식품미생물학 강의를 해오던 저자들이 수 년간 강의하면서 보충의 필요를 느끼던 부분들을 보완함으로써, 식품과 관련된 공부를 하고자 하는 학생들에게 식품미생물학의 기초를 이해하고 식품생산과 가공, 식품위생, 품질관리, 단체급식, 식품유통 등 식품산업과 연구 분야의 탄탄한 기초를 제공하고자 하였습니다.

따라서 미생물을 이해하는데 기본이 되는 미생물의 생리와 생육, 물질대사를 비롯하여 식품분야에서 중요하게 다루어지고 있는 식중독, 부패와 발효, 미생물의 제어기술과 산업적 이용까지, 가능하면 식품미생물학에서 필수적인 부분을 빠짐없이 다루려고 노력하였습니다.

저자들이 나름대로 최선을 다하여 노력하였지만 아직도 부족한 부분이 많을 것으로 사료되어 기회 있을 때마다 다듬고 보충할 것을 다짐하며, 이 책으로 강의하시는 교수님들의 충고와 관심을 부탁드립니다.

끝으로 이 책이 출판되기까지 애써주신 지구문화사 주병오 사장님과 주민기 실장님 이하 모든 편집인 여러분께 감사드립니다.

기해년 새봄에

저자 일동

차 례

Contents

Chapter 4 미생물의 물질대사

Chapter 5 바이러스(virus)

Chapter 6 세 균(Bacteria)

Chapter 7 진균류(Eumycetes)

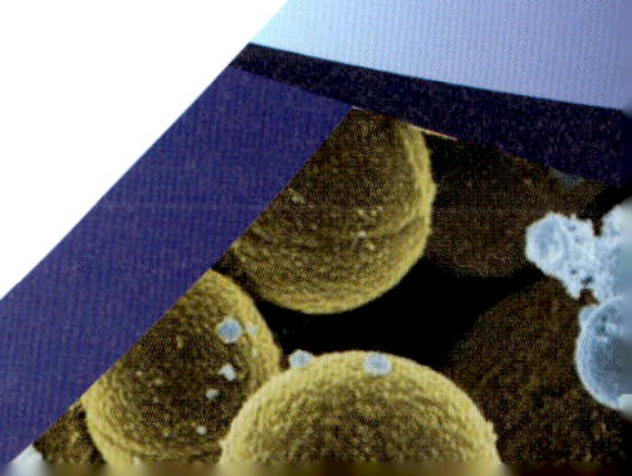

차 례

Chapter 8 식중독

Chapter 9 부패(putrefaction)의 관리

Chapter 10 미생물과 발효식품

Contents

Chapter 11 미생물의 제어기술

Chapter 12 미생물의 유전과 변이

Chapter 13 미생물의 산업적 이용

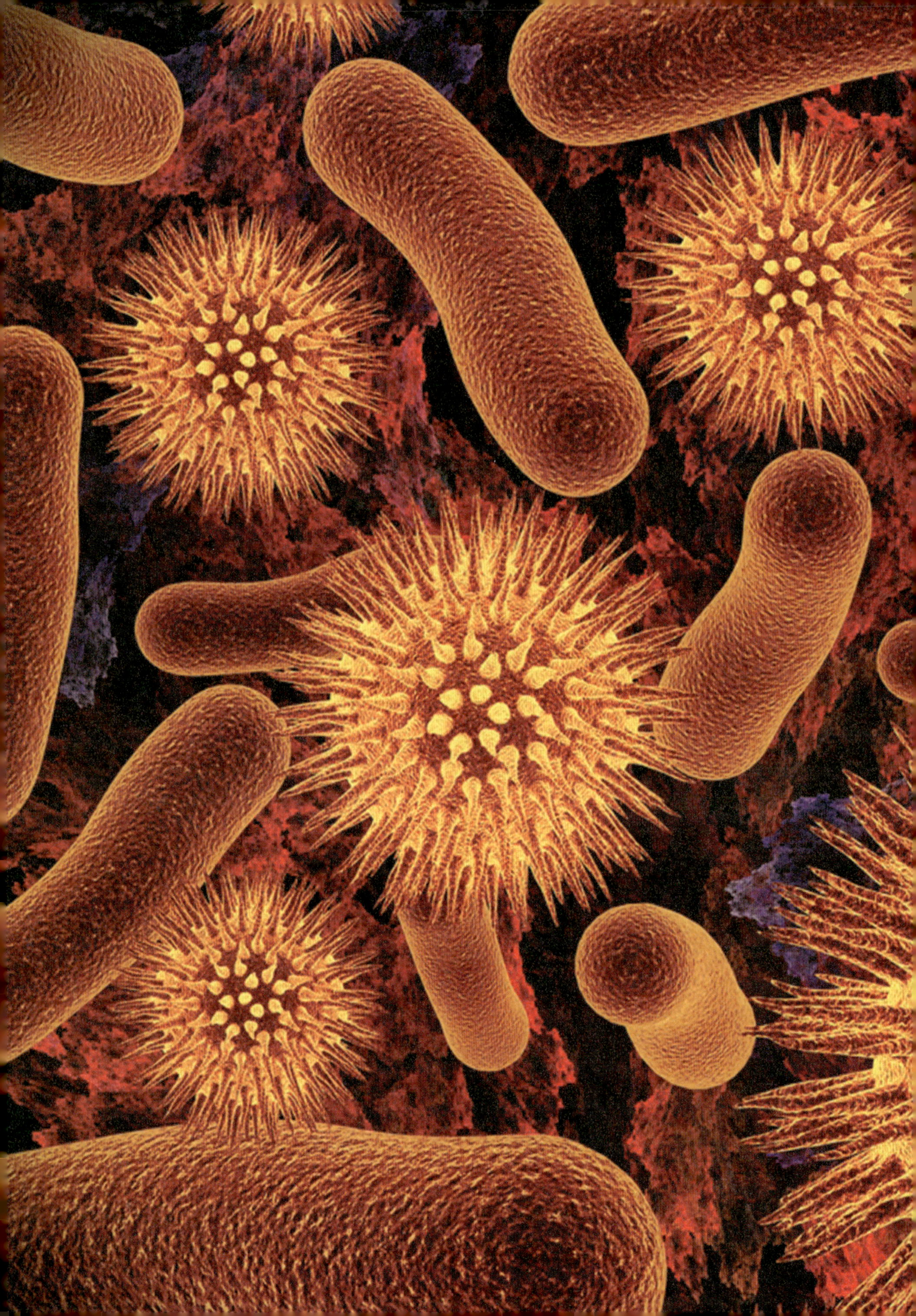

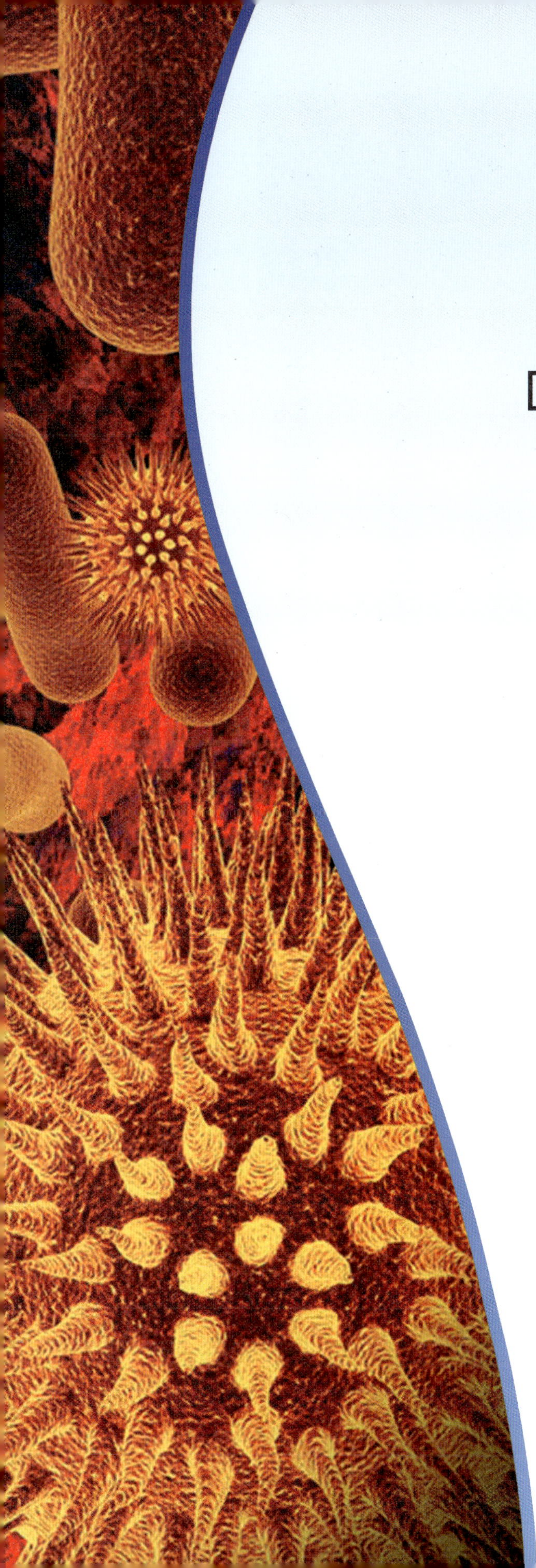

Chapter 01

미생물학의 정의

1. 미생물이란?
2. 미생물학의 분류

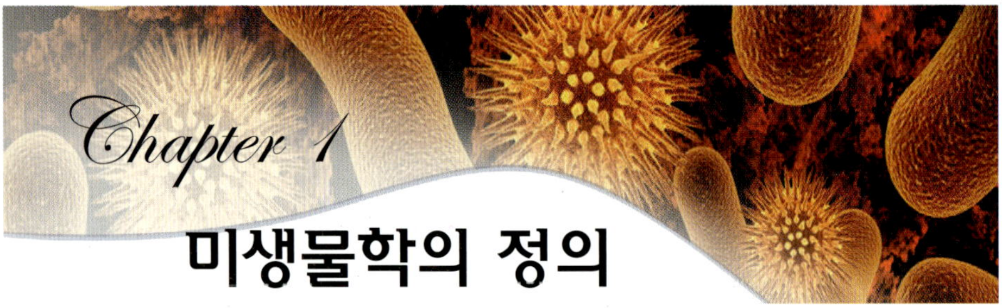

Chapter 1
미생물학의 정의

SECTION 1 미생물이란?

지구상에는 많은 생명체들이 생존하는데 이런 생명체들은 식물, 동물, 그리고 미생물로 크게 분류할 수가 있다. 먼저, 식물의 일반적인 특징은 세포핵과 세포벽을 가지고 있으며 운동성은 거의 미미하고 탄수화물로 영양분을 저장한다. 세포에는 엽록소라는 기관이 있어서 이를 통해 광합성을 하여 에너지원을 얻는다.

그에 반해 동물은 세포핵과 유연한 세포막을 가지고 있으며 운동성이 식물에 비하여 아주 활발하다. 탄수화물, 지방, 단백질로 영양분을 저장하며 식물과는 달리 엽록소를 가지고 있지 않아 에너지원으로 유기물을 이용한다(표 1-1).

표 1-1 식물, 동물, 미생물의 형태 및 특성 비교

분 류	내 용
식 물	명확한 핵막 단단한 세포벽 운동성이 약함 중요한 저장물질은 탄수화물 엽록소 – 광합성
동 물	유연한 핵막과 세포막 활발하게 움직임 주요 저장물질은 글리코겐, 지방을 가짐 유기물로부터 에너지를 얻음
원생생물	주로 단세포 형태 세포분화가 없음 고등미생물 : 조류, 곰팡이, 원생동물 하등미생물 : 세균, 남조류, 바이러스

동 · 식물 이외에도 우리 눈에 잘 보이지 않는 아주 작은 생물들이 존재하는데 이런 생물체를 원핵생물 또는 미생물이라고 한다. 미생물은 대부분 단세포이고 육안으로 구분할 수 없을 정도로 아주 작기 때문에 현미경을 이용해서 식별이 가능하다. 현미경이 발견되기 이전에는 미생물학의 발전에 있어 가장 큰 장애가 바로 미생물의 크기였다. 따라서 미생물학은 안토니 반 레벤후크(Antony Van Leeuwenhoek)가 현미경을 발견한 이후부터 급속하게 발전되기 시작했다(그림 1-1).

(a) (b)

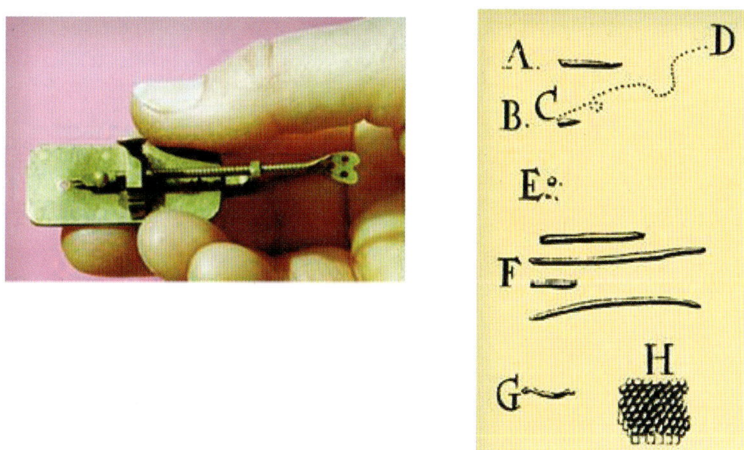

그림 1-1 (a) 안토니 반 레벤후크가 사용했던 현미경
(b) 현미경으로 여러 액체를 관찰하여 그린 형태

레벤후크의 사망 이후 미생물에 관한 관심이 줄어들었는데 그것은 미생물이 단순한 호기심의 대상이었을 뿐 아니라 당시에는 미생물을 연구할 만한 기술이 부족했기 때문이었다. 그 후 루이 파스퇴르(Louis Pasteur)에 의해 미생물이 질병의 원인이 될 수 있다는 사실이 밝혀지면서 미생물학의 연구기술은 급속도로 발전하게 되었다. 파스퇴르는 백조목 플라스크 실험(그림 1-2)을 이용하여 자연발생설에 대한 논란을 잠재웠다.

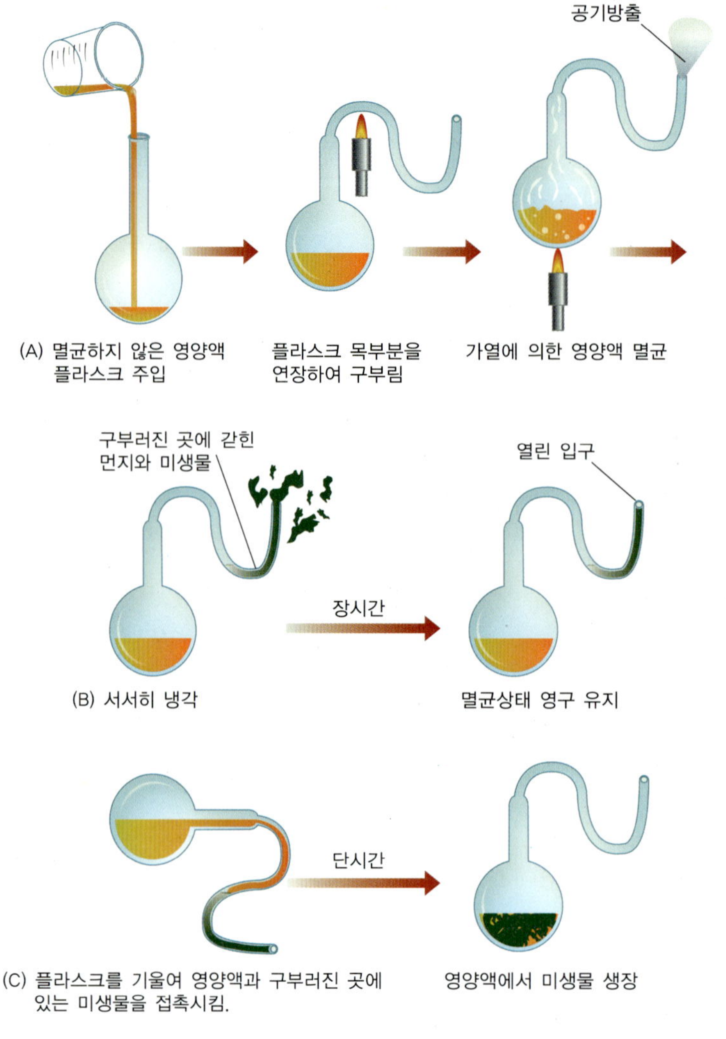

그림 1-2 파스퇴르의 백조목 플라스크 실험

이 실험을 통하여 파스퇴르는 질병과 미생물과의 연관성을 명확하게 밝히지는 못했지만 연관성에 관련된 연구를 지속하는 계기를 마련하게 되었다. 이후 로버트 코흐(Robert Koch)의 가설(그림 1-3)은 특정 미생물과 질병과의 연관성을 증명하는 지침이 되었고, 오늘날 이 기술은 같은 목적으로 이용되고 있다.

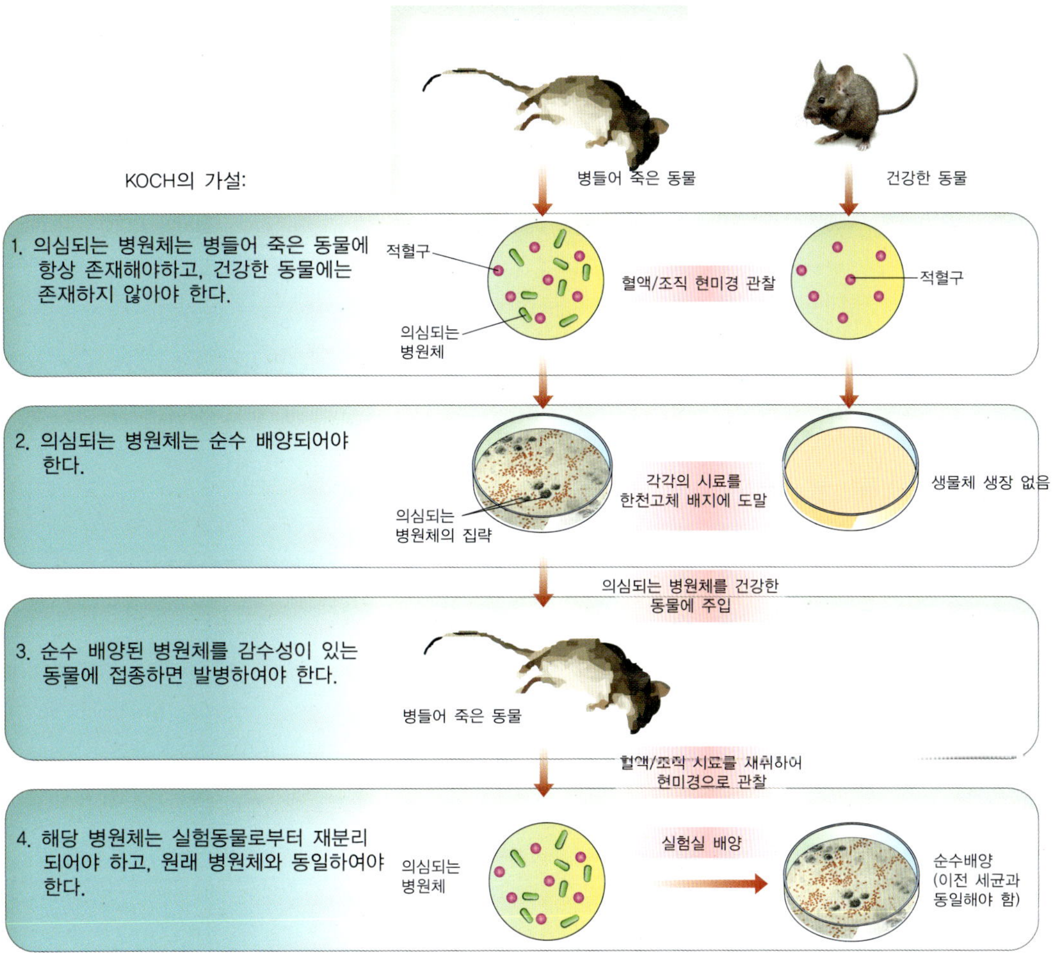

그림 1-3 코흐의 가설

이 가설 이후 미생물학의 많은 파생학문이 발생하게 되고 현대 미생물학이 발전하게 되는 기초가 된 것이다.

미생물은 동물 · 식물과 서로 협조하거나 먹이연쇄의 형태로 증식과 사멸이 반복되면서 알맞은 환경에 적응하고 새로운 미생물의 생물군을 형성한다. 미생물은 공기, 물, 토양, 해양 및 다른 생물체에 기생하면서 생활하기도 하고 종류에 따라서는 독립적인 자유생활을 하면서 생존하고 있다. 미생물은 주위 환경의 물리 · 화학적인 요인들이 서로 영향을 미치면서 증식과 사멸의 반복을 통해 생태계를 만들어간다.

미생물은 지표상에서 생물학적 촉매제라 할 수 있으며 자연계에서 다른 동·식물과 더불어 그 나름대로의 생물권(biosphere)을 형성하면서 생태계의 일원으로서 중요한 역할을 하고 있다.

미생물은 세균(bacteria), 진균(fungi), 바이러스(virus)와 원생동물(protozoa), 조류(algae) 등이 포함된다. 미생물은 인간에게 유익하게 이용되기도 하고, 해를 끼치면서 여러 환경 하에서 증식과 사멸을 반복한다. 이처럼 눈에 보이지 않는 작은 미생물의 분류, 증식, 사멸 등에 관해서 연구하는 학문을 미생물학(microbiology)이라고 한다. 이러한 미생물학은 세포학, 생화학, 유전학 등에 많은 업적을 남긴 학문분야이며 더 나아가서 생명공학, 유전공학, 분자생물학 등에 커다란 공헌을 하면서 계속 발전해가고 있다.

현대에 와서는 특정 질병의 예방이나 치료법 개발, 생명공학에의 활용 등 광범위한 분야에서 미생물의 응용 연구가 활발하게 계속되고 있다(그림 1-4).

그림 1-4
미생물의 응용연구 분야

SECTION 2 미생물학의 분류

지구상에 존재하는 수없이 많은 미생물은 다양한 분류방법에 따라 분류할 수 있다. 따라서 미생물학은 미생물의 대상에 따라 세균학(bacteriology), 바이러스학(virology), 진균학(mycology), 원생생물학(protozoology), 조류학(algology)으로 세분화 할 수 있다. 또 연구와 응용의 목적에 따라서 크게 나누면 순수미생물학(pure microbiology)과 응용미생물학(applied microbiology)으로 분류할 수 있다.

여기에 순수미생물학은 미생물의 형태, 생리, 유전학, 면역 등 순수한 기초미생물을 다루는 학문으로 기초 미생물학, 또는 일반 미생물학이라고 한다.(표 1-3)

응용미생물학은 미생물의 침입을 막는 면역계의 방어시스템 연구인 면역학(immunology), 질병의 확산과 감염에 관련된 역학(epidemiology) 등의 연구를 포함하여 미생물 활용으로 질병을 고치는 의학미생물학(medical microbiology), 식품의 부패를 일으키는 미생물이나 식품의 생산과 보존에 관련된 미생물, 식중독균을 다루는 식품미생물학(food microbiology), 가축이나 농작물의 미생물로 인한 질병 또는 토양 미생물 등 농업에서 응용되는 농업미생물학(agricultural microbiology), 공업적인 분야에서 활용되는 공업미생물학(industrial microbiology), 사람의 생활과 밀접한 관계가 있는 위생분야의 위생미생물학(sanitary microbiology), 환경에 응용되는 환경미생물학(environmental microbiology) 등으로 분류할 수 있다.

표 1-2 미생물학의 대상

미생물학	세균학	원핵세포, 무성생식을 하는 미생물
	바이러스학	생물과 무생물의 중간적 성격의 미생물
	진균학	곰팡이, 버섯, 효모 등을 포함하는 미생물
	원생생물학	이분법과 운동성이 있는 진핵세포 생물
	조류(algae)	광합성을 하는 진핵세포성 생물(플랑크톤, 해조류)

표 1-3 미생물의 특성별 분류기준

서식장소	해수, 담수, 토양, 장관 내, 점막 등
형태	크기, 형태, 색깔, 협막, 편모, 염색
운동성	비운동성, 운동성
배양형태	고형배양(표면배양, 천자배양), 집락의 색깔, 형태, 표면, 주변(S, R형), 액체배양, 균막 형성 등
저항성	포자형성, 내열성, 항생물질 저항성, 산저항성, 염저항성, 소독제 저항성
영양요구성	독립영양, 종속영양, 당발효능, N_2고정능
대사반응	호기성, 혐기성,미호기성, H_2S생성, 인돌생성, 유산생성 등
병원성	동물병원성, 식물병원성, 비병원성
혈청학적 성상	응집반응, 침강반응, 용혈반응

(1) 의학미생물학 (Medical microbiology)

질병을 일으키는 병원체의 감염, 질병예방, 치료 등에 관한 미생물을 연구하는 학문을 의학미생물학(medical microbiology)이라고 한다. 인간은 질병과 싸우면서 이들을 정복하기 위해서 끊임없이 연구하고 노력해 왔다. 그 덕분에 질병과 관계되는 미생물, 즉 병원균에 대한 연구가 인류 역사상 가장 오랜 기간 동안 진행되면서 이 분야에 많은 업적을 남기게 되었다.

(2) 식품미생물학 (Food microbiology)

사람이 먹는 식품에도 수많은 미생물이 존재하고 있는데 그 중 식품의 발효, 부패, 제조 등 식품과 관계되는 미생물을 연구하는 학문이 식품미생물학이다.식품은 일상에서 미생물에 의해 오염될 수 있는 소지가 많기 때문에 식품 중에는 항상 일정수의 미생물이 존재한다. 이러한 미생물은 식품을 부패시켜서 우리가 먹을 수 없게 하거나 질병을 일으키는 식중독의 원인이 되기도 하지만, 발효와 같이 유익하게 활용하면 인류의 생활에 많은 보탬이 되기도 한다.

미생물의 발효에 의해 술이나 간장, 된장 등을 담그기도 하고 유산균 음료와 같은 새로운 발효식품을 만들기도 한다. 이렇게 식품에 영향을 미치거나 식품에 이용되는 미생물 분야를 연구하는 학문을 식품미생물학이라고 한다. 이 분야는 응용미생물 분야로서 우리의 식생활과 밀접한 관계가 있다.

(3) 농업미생물학 (Agricultural microbiology)

인류의 역사를 되짚어보면 농경시대가 오랫동안 유지되어 왔음을 알 수 있다. 따라서 농업미생물학은 병원미생물과 더불어 인류 역사에서 가장 오랜 기간 동안 연구되어 온 분야라고 할 수 있다.

농업미생물학은 농사를 지으면서 농작물에 직접 피해를 주는 미생물과 농작물을 재배하는 토양에서 발견되거나 이러한 장소에서 생존하는 수많은 미생물 등 농업과 관계되는 미생물을 취급하는 학문으로써 주로 토양미생물학(soil microbiology)과 농작물에 영향을 미칠 수 있는 식물병리학적인 미생물을 연구하는 분야이다.

토양미생물은 자연계의 물질순환에서 유기물질의 분해, 질소고정 등에 작용하여 농작물의 성장에 직접적으로 관여하고 있다. 토양의 물리화학적 조건에 따라서 수많은 미생물들이 서식하고 있는데 그 중에는 세균, 방선균, 곰팡이, 조류, 원생동물 등이 많고, 효모 종류는 일반적으로 적다.

식물의 종자에서도 여러 종류의 다양한 미생물들이 분리되고 있는데 이들은 주로 농작물이나 식물의 부패에 관여하는 미생물들이다. 식물의 부패에 관여하는 미생물에는 곰팡이 종류가 가장 많고, 세균, 효모, 방선균 등이 있다. 벼나 보리, 밀, 옥수수, 콩 등의 곡류를 미생물에 의한 피해를 최소화하면서 안전하게 저장하기 위해서는 저온과 건조 상태에서 보관하는 것이 좋은 방법 중의 하나이다. 농업미생물학은 이렇게 미생물이 농작물이나 식물 · 토양에 미치는 영향을 연구하는 학문이라고 할 수 있다.

(4) 산업미생물학 (Industrial microbiology)

미생물을 공업적으로 응용하여 인류 생활에 기여하는 학문이다. 의 · 약학 분야에서 생물공학이나 유전공학과 연관되어 인류의 질병을 예방하거나 치료하기 위한 항생제의 제조와 연구, 식품분야에서 공업적으로 식품이나 주정의 발효 등을 통한 제품생산 및 이에 관계되는 분야를 연구하는 학문이라고 할 수 있다. 이러한 산업미생물학은 응용미생물학의 한 분야로서 인류 생활에 가장 많은 기여를 한 학문이기도 하다.

응용미생물학은 그 활용분야가 아주 광범위하기 때문에 이를 잘 연구하여 실생활에 적용하면 얼마든지 인류의 복지에 기여할 수 있다. 이와 같이 미생물을 공업적으로 산업에 활용하여 연구하는 분야이기 때문에 산업미생물학이라고 한다.

(5) 환경미생물학 (Environmental microbiology)

환경미생물학은 응용미생물학의 한 분야라고 할 수 있다. 미생물은 우리 생활환경 주변의 공기, 상수나 하수, 폐기물 및 토양 등에서 발견되어 물질들을 오염시키거나 분해시키기도 하기 때문에 이러한 환경 분야에서 취급하는 미생물을 다루는 학문을 환경미생물학이라고 한다.

환경미생물학은 수질미생물학(aquatic microbiology), 해양미생물학(marine microbiology), 대기미생물학(air microbiology), 토양미생물학(soil microbiology) 등으로 세분화시켜서 연구대상으로 삼기도 한다.

(6) 위생미생물학 (Sanitary microbiology)

위생미생물은 보건위생분야에서 활용되는 새로 개척된 미생물 분야라고 할 수 있다. 물론 병원균이나 인체와 공공위생 분야와 관계되는 공중보건미생물학(public health microbiology)과 유사한 의미로 사용되기도 한다.

최근 경향으로 상수, 하수 및 폐기물처리 분야를 포함시키기 때문에 환경미생물과 연관성을 갖고 있다.

미국에서 위생미생물학은 상수처리, 하수처리 및 폐기물처리 분야를 집중적으로 다루고 있다. 즉, 다시 말해서 미생물학적으로 안전한 물을 공급하여 시민들을 수인성 감염병으로부터 예방한다는 공중보건학적 측면과 가정이나 산업장에서 나오는 하수를 생물학적으로 처리하는 환경위생학적 측면을 망라한 미생물학 분야라고 할 수 있다. 또한 위생적인 식품을 공급하기 위한 식품위생 분야의 미생물도 위생미생물 분야에 포함시켜서 연구대상으로 하고 있다.

따라서 공중위생 분야와 환경보건 분야의 미생물을 위생미생물학에 포함시켜 폭넓게 다루고 있다고 볼 수 있다.

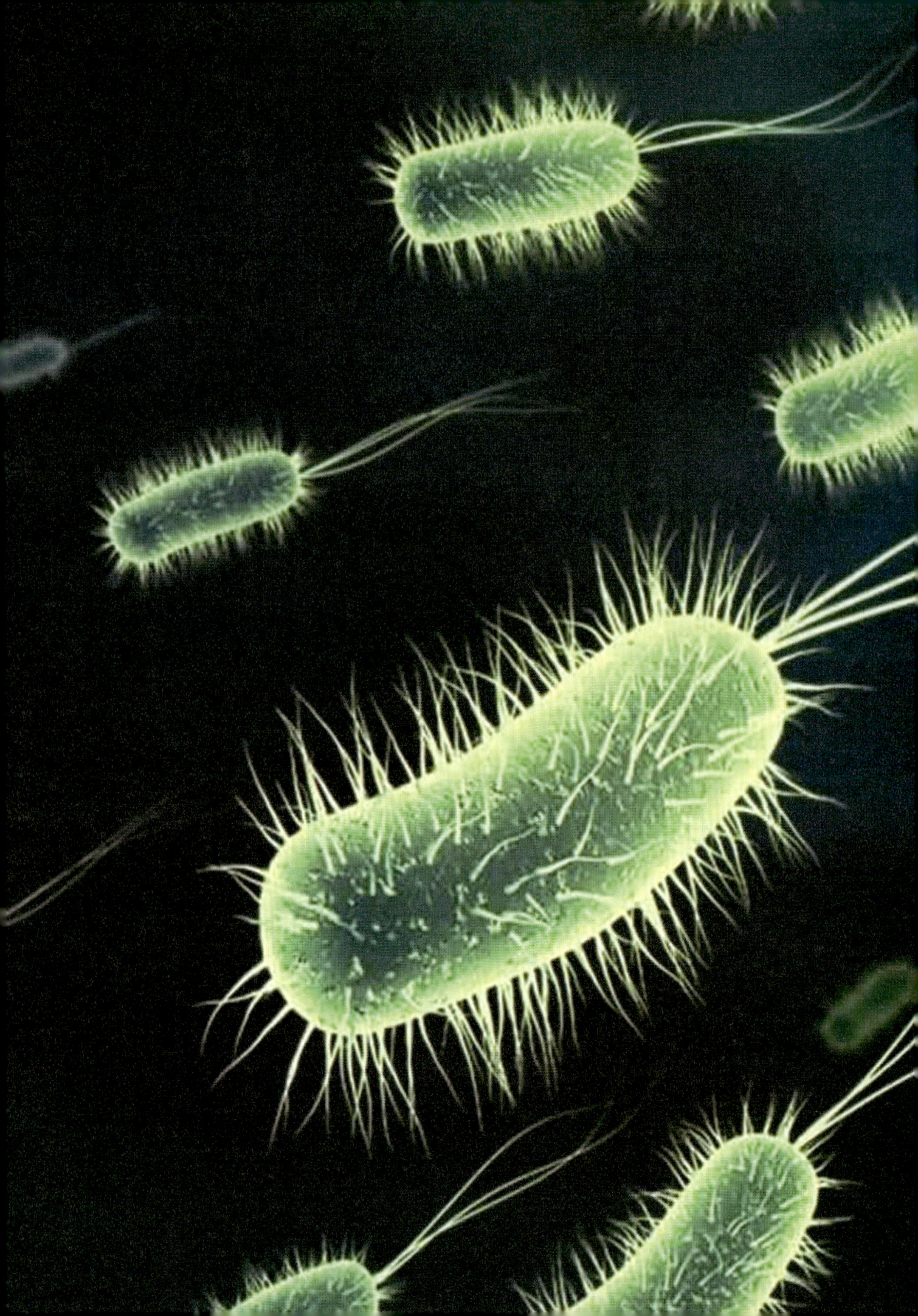

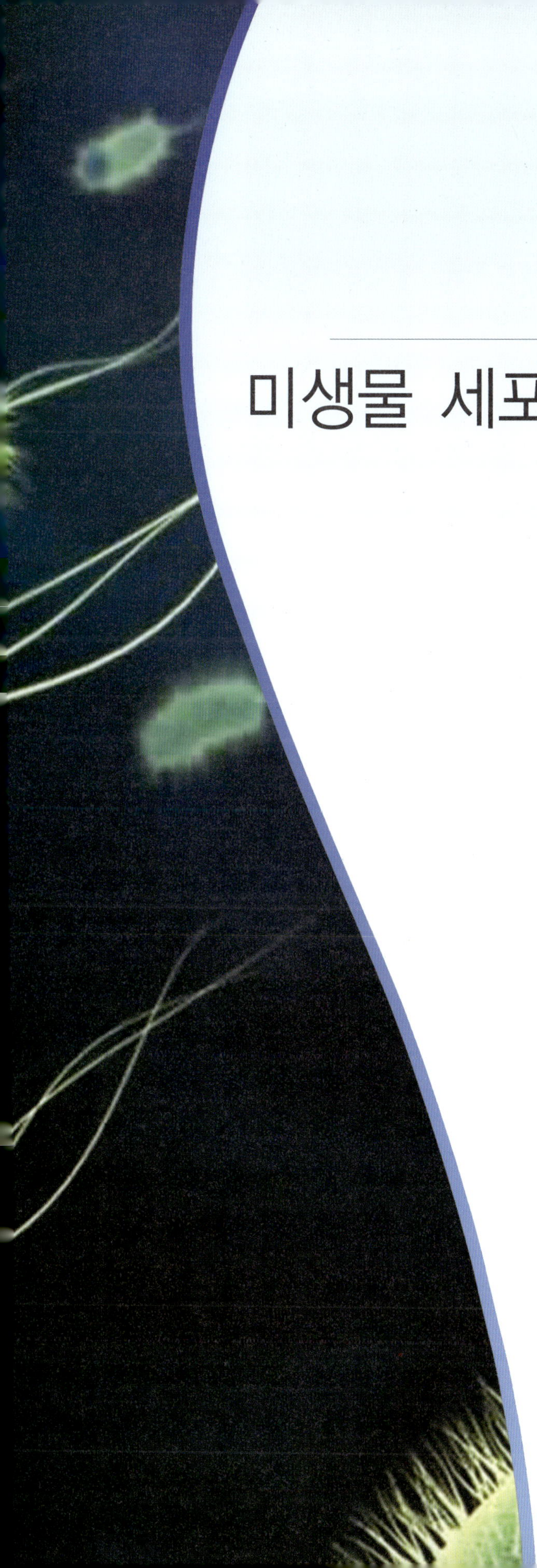

Chapter 02

미생물 세포의 구조와 기능

1. 원핵세포의 구조와 기능
2. 진핵세포의 구조와 기능

Chapter 2
미생물 세포의 구조와 기능

미생물은 외형이나 대사형태에 따라 세균, 곰팡이, 효모, 버섯, 방선균, 조류, 바이러스, 원생동물 등으로 분류된다.

세포에는 크게 원핵세포와 진핵세포 두 가지 형태가 있으며 원핵세포에는 유전정보가 존재하는 곳(핵)을 구분하는 막이 없는 반면, 진핵세포는 유전정보를 가진 DNA가 막으로 둘러싸인 핵을 가지고 있다는 것이 가장 큰 차이이다. (그림 2-1)

원핵세포 유형의 미생물에는 곰팡이, 효모, 조류, 버섯, 원생동물 등이 있고, 세균, 방선균, 남조류 등은 진핵세포 유형이다. 원핵세포는 진핵세포에 비해 구조가 보다 단순하고 원시적이다. 따라서 원핵세포로 된 미생물을 하등미생물이라 하고, 진핵세포로 된 미생물을 고등미생물이라 한다.

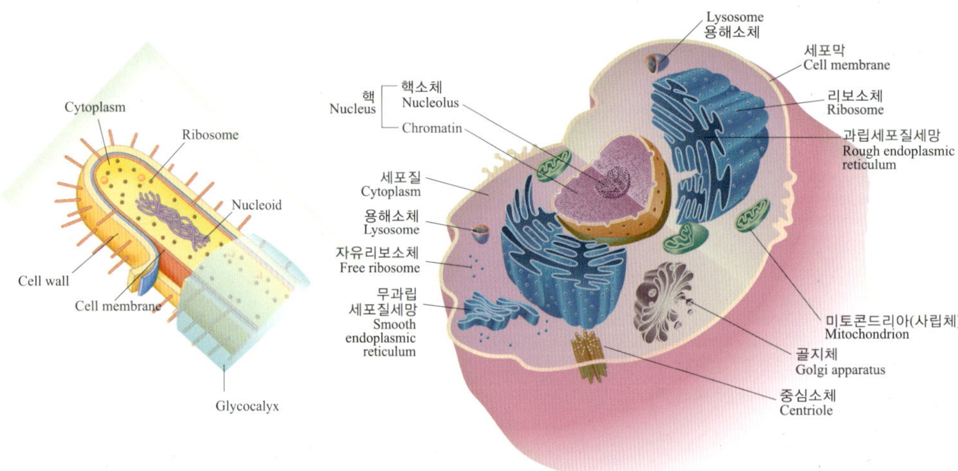

(a) **원핵세포 모형** 진핵세포에 비해 구조물이 많지 않다.

(b) **진핵세포의 모형** 핵이 존재한다는 것이 두드러진 특징이다. 세포 구조물이 다양하고 크기가 크다.

그림 2-1 원핵세포와 진핵세포

SECTION 1 원핵세포의 구조와 기능

원핵세포는 구조가 비교적 단순하고 유전정보를 가진 곳이 따로 구분되어 있지 않다. 또한 호흡을 통해 세포의 에너지 생성에 관여하는 미토콘드리아가 없으며 대신 세포막 부위에 호흡에 관련된 효소가 분포하고 있다.

1. 세포벽(Cell wall)

모든 세균은 세포벽을 가지고 있다. 세포벽은 세포를 보호하여 세포의 생존력을 높여주고, 세포 형태를 결정짓는다.

세포벽의 중요한 화학적 구성성분은 펩티도글리칸이다. 펩티도글리칸은 n–acetylglucosamine(NAG)과 N–acetylmuramic acid(NAM)가 교차하며 결합된 단위체로 구성되어 있고, 마치 철조망과 같은 다중층을 형성한다.

1884년 덴마크인 연구자 Christian Gram은 세균 세포에서 95% ethanol로 탈색한 후에 crystal violet을 이용한 분별염색법을 고안하였다. 이를 통해 세포벽의 구조가 다른 세균 세포를 구분할 수 있게 되었고, crystal violet에 의해 염색되는 세균을 그람양성세균, 염색되지 않는 세포를 그람음성세균이라 부르게 되었다.

그람양성세균과 그람음성세균의 세포벽은 상당히 다르다(그림 2–3). 그람양성세균의 세포벽은 약 15nm 두께의 펩티도글리칸층과 테이코산(teichoic acid)이라는 다당류를 포함한다. 그람양성세균 세포벽의 약 60~90%는 펩티도글리칸이며, 이 부분이 그람 염색법을 실시했을 때 염색이 되는 부분이다.

반대로 그람음성세균의 세포벽은 테이코산이 없으며 펩티도글리칸 층의 두께는 겨우 3nm 정도이다. 이러한 사실 때문에 그람 염색을 실시했을 때 염색성분을 보유하지 못한다. 대신에 그람음성세균의 세포벽은 그람양성세균에서는 발견되지 않는 외막(outer membrane)을 포함하고 있다.

외막은 인지질(phospholipid), 당지질(lipopolysaccharide), 효소(enzymes) 그리고 여러 단백질들로 구성된다. 단백질들 중 porin은 분자의 통로 역할을 하는 단백질로, 영양분과 비타민들이 통과하는 통로이자 바이러스가 결합하는 부분이다.

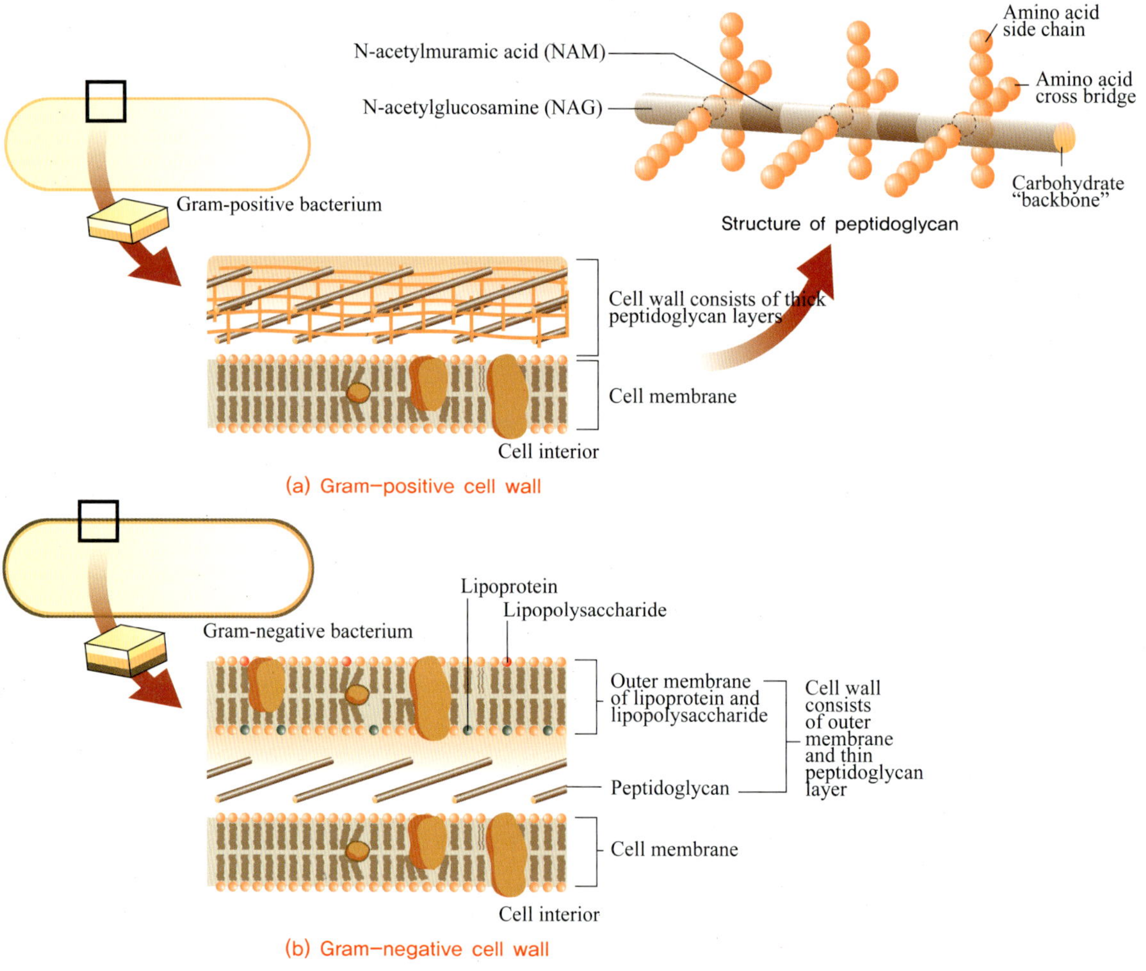

그람양성세균은 두꺼운 펩티도글리칸 층을 가지고 있는 반면에 그람음성세균은 얇은 펩티도글리칸 층과 외막이 세포벽을 구성하고 있다.

그림 2-3 그람양성세균 세포벽과 그람음성세균 세포벽

그람음성세균의 외막은 상대적으로 높은 지질구성을 갖고 있으며, 특히 당지질(LPS)를 포함하고 있는데 이 LPS의 다당류 사슬은 O형 항원(O antigen)을 형성하는 특징을 갖고 있다. 또한 LPS 분자 끝의 지질 부분은 Lipid A라고 하며 내독소(endotoxin)로 작용하여 숙주의 소화기관이나 혈류에 분비되었을 때 감염반응으로써 열을 발생시킨다.

세포벽은 무기염, 탄수화물, 아미노산, 다른 작은 분자들의 농도가 높아 세포벽 안쪽의 압력이 외부 압력보다 20배 높기 때문에 세포가 파열(bursting)하는 것을 막아주기도 한다.

2. 세포막 (Cell membrane)

세포막은 세균과 외부환경 사이의 경계층이다. 세포벽 안쪽에 존재하고, 세포 안으로의 영양소 수송과 세포 밖으로의 노폐물 배출 기능을 한다. 또한, 세포벽 합성에 작용하는 효소를 포함하고 있다. 그람양성, 그람음성세균의 세포막은 기본적으로 같은 성분의 인지질, 당지질 및 다양한 단백질들로 구성된 이중층 구조를 갖고 있다.

세포막의 단백질은 구조적 성분이 되기도 하고 당, 아미노산, 다른 대사물질들을 수송하는 역할을 하기도 한다. 인지질 분자는 두 개의 층으로 배열되어 있고, 한층은 막의 안쪽, 다른 한층은 막의 바깥쪽에 위치한다. 이와는 다르게 단백질은 막의 바깥쪽, 안쪽 표면 혹은 그 가까이에 빙산처럼 떠다니는 덩어리로 존재하고, 몇몇 단백질은 막의 한쪽 표면에서부터 반대쪽까지 확장하여 존재하기도 한다. 이러한 모형을 유동모자이크모델이라고 부른다.

그람양성세균, 그람음성세균의 세포들은 막을 지나 세포로 들어가는 물질을 수송하는 데 있어서 다른 특징을 갖는다. 그람양성세균의 세포막은 즉각적인 접근성을 갖지만 음성세균은 외막을 통과해야만 세포질막에 닿을 수 있다. 그러나 그 이후, 세포막에서의 물질이동은 그람양성세균과 그람음성세균 모두 비슷하다.

3. 내생포자(Spores)

*Bacillus*나 *Clostridium*과 같은 그람양성의 몇몇 세균은 내생포자를 생성한다. 이 세균들은 영양세포 형태로 자라고, 성숙하고, 번식한다. 그러다 영양소가 고갈되거나 다른 외부 압력이 존재하게 되면 포자생성을 시작한다(그림 2-4). 외부 환경이 좋아지게 되면 포자의 보호층이 깨지면서 포자는 영양세포로 발아되고 한 개의 영양세포는 단일한 포자를 형성하며 나중에 그 포자는 한 개의 영양세포로 발아하게 된다.

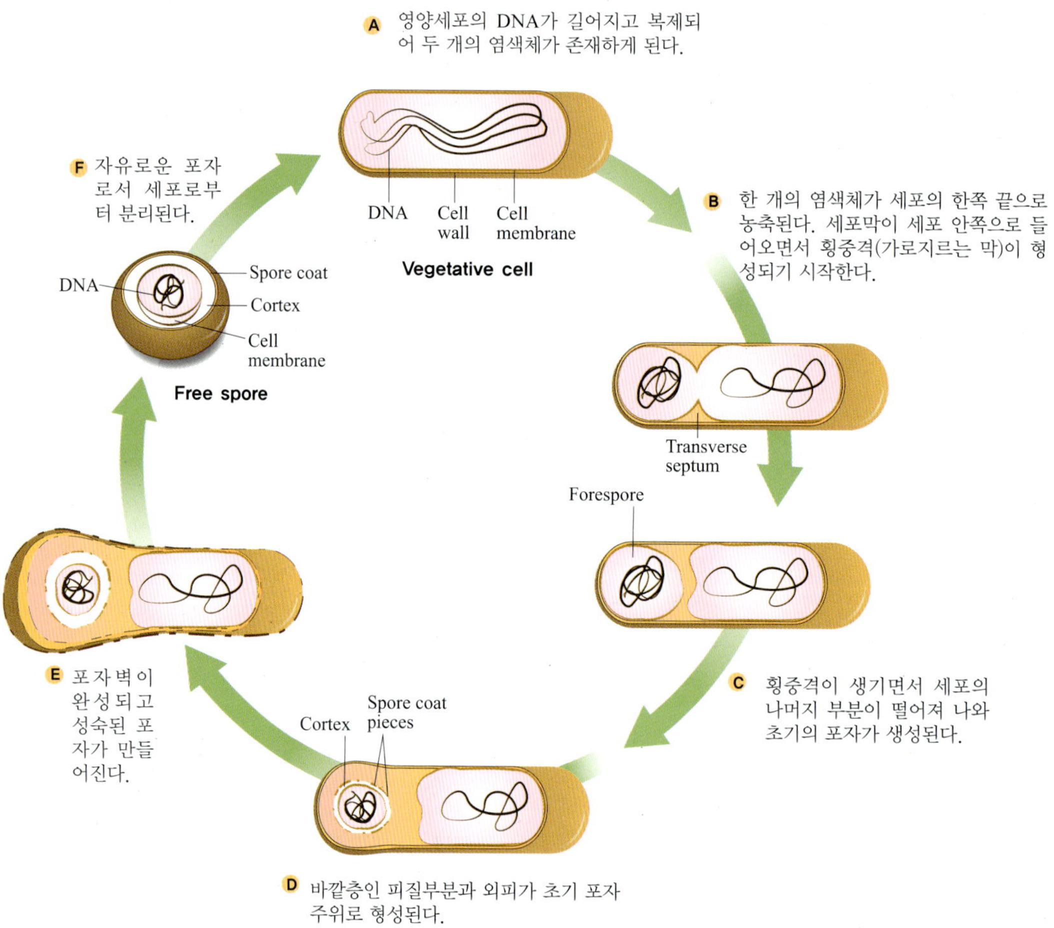

세포는 영양세포형태로 영양소를 대사하고 증식한다. 몇 시간이 지나면 세포는 위의 그림과 같이 포자 형성 회로로 들어가게 된다.

그림 2-4 포자의 생성

내생포자는 종에 따라 세포가 사멸에 가까울 때 혹은 성장 중간 단계에 형성된다. 내생포자는 매우 적은 양의 수분을 포함하고 있기 때문에 화학적 반응이 거의 일어나지 않는다. 유일한 유기 성분인 디피콜린산(dipicolinic acid)을 다량 가지고 있어 단백질뿐만 아니라 리보솜과 효소의 안정화를 돕는다.

세균의 포자는 저항력이 매우 강하다. 예를 들어, 대부분의 영양세포는 80℃ 이상의 물에서 빠르게 사멸하는데, 포자는 끓는 물에서 2시간 이상도 생존할 수 있다. 70% 에틸알코올에서도 20년간을 생존할 수 있고, 사람은 500 Rem(Röntgen equivalent man)의 방사선에 거의 저항할 수 없는데, 포자는 1백만 Rem에서도 살아남을 수 있다. 건조 또한 포자에 거의 영향을 주지 못한다.

4. 편 모(Flagella)

많은 미생물들은 운동성을 갖기 위해 운동 세포소기관인 편모(flagella)를 사용한다. 편모는 플라젤린(flagellin)이라고 불리는 단백질로 구성된 길고 딱딱한 섬유 가닥으로, 가닥 내의 아주 얇은 섬유의 단백질에 코일 또는 나선형처럼 구부러진 모양으로 존재한다. 이 구조가 편모의 회전을 가능하게 한다. 반대로 원생동물과 같은 진핵세포는 편모가 앞뒤로 채찍질하듯 움직여 왕복운동을 통해 세포를 이동시킨다(그림 2-5).

5. 섬 모(Pili)

섬모는 세균의 표면에 부착되어 있는 섬유질과 같이 짧고 곧은 머리카락 모양의 구조이며, 주로 pillin이라는 단백질로 구성되어 있다. 세균 간의 유전물질 이동에 도움을 주는 것은 성섬모(sex pili)의 작용에 의한 것으로 조직 표면에 부착하여 작용한다. 부착소(adhesins)로 불리는 단백질을 포함하는 섬모의 경우는 질병을 일으키는 원인이 된다(표 2-1).

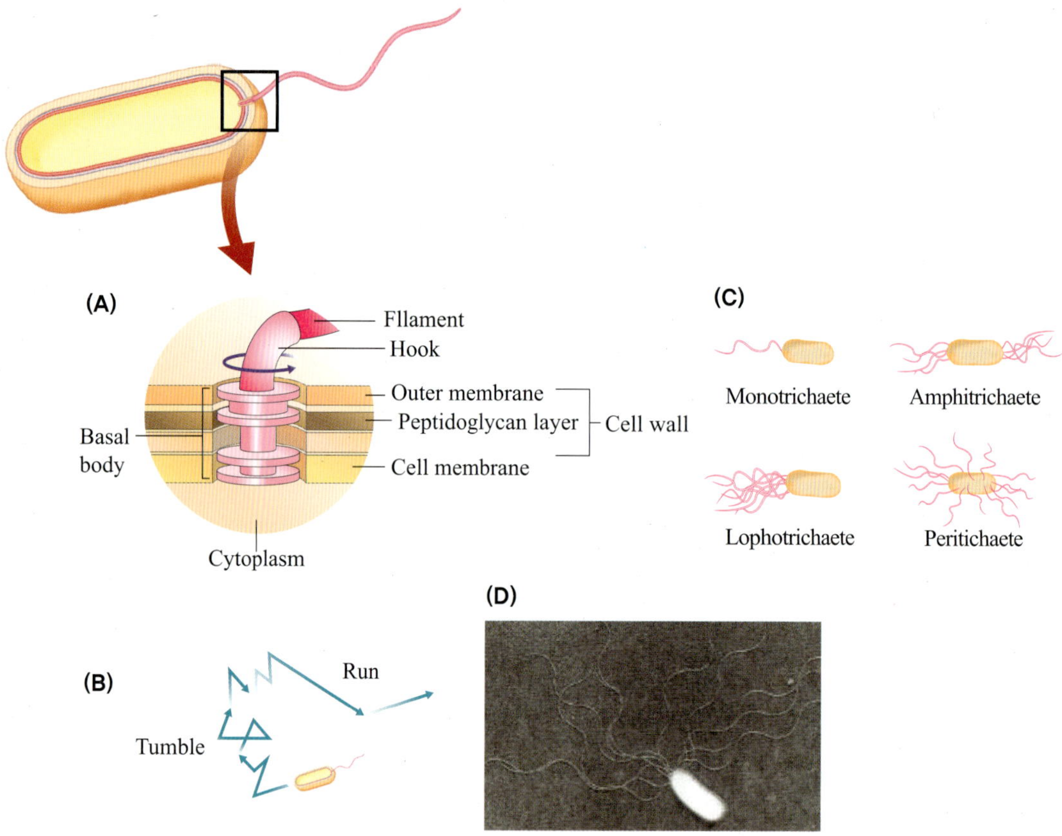

(A) 그람음성세균. 편모는 구조의 복잡한 메커니즘에 의해 세포벽과 세포막에 붙어있다. (그람 양성 세균은 배열에 약간의 차이점이 있다.)

(B) 그림과 같이 편모가 한 방향으로 회전하게 되면 주행(run), 반대 방향으로 회전하면 전도(tumble)가 발생한다.

(C) 편모의 다양한 배열은 세균에 따라 발생한다. 단모균은 한 개의 편모, 양모균은 세포의 양극에 편모가 있으며, 군모성 유기체는 한쪽 끝에만 편모가 있다. 주모균은 편모로 둘러싸여 있다.

(D) 전송전자현미경(TEM)으로 관찰한 *Pseudomonas marginalis*의 극편모 (×38,800). 이 세균은 군모성 유기체이다.

그림 2-5 세균 편모의 세부구조

출처 : Alcamo, I. Edward, Ph.D. 저, "Fundamentals of microbiology", Jones&Bartlett Publishers, 2000. p.95.

6. 리보솜(Ribosomes)

약 65%는 RNA, 35%는 단백질을 포함하고 있는 입자로, 모든 미생물의 세포질에 존재한다. 리보솜은 전자현미경을 통해 보면 동그란 과립형태를 갖고 있으며 아미노산을 단백질로 중합시키는 과정에 관여한다.

자당 경사도 침전 실험(sucrose gradient sedimentation)에 의하면 리보솜은 Svedberg계수(또는 침전계수)로 70S를 가진다(Svedberg계수는 분자의 침전율을 나타내고, 분자 크기와 관련이 있음). 원핵세포의 리보솜은 더 작은 분자량을 가진 두 개의 성분으로 나누어지는데, 각각 50S, 30S의 침전계수를 갖는다. 이 둘이 합쳐져서 70S 분자를 이루어야만 폴리펩티드 합성 기능을 할 수 있다. 반면에 진핵세포의 리보솜은 소포체와 붙어있으며, 40S와 60S의 소단위체가 결합한 80S 크기의 분자이다.

표 2-1 편모와 섬모의 비교

특징	편 모	섬 모
구성 단백질	flagellin	pillin
크기	폭 : 0.01~0.05 μm 길이 : 10~20 μm	폭 : 0.007~0.008 μm 길이 : 0.5~2 μm
발생	많은 간균과 약간의 구균	많은 그람음성간균과 구균
구조	인접한 소섬유의 불규칙한 패턴	가운데가 빈 권선형 섬유
수	미생물에 따라 다름(수백개)	미생물에 따라 다름(수백개)
기능	운동	부착, 접합
근원	세포벽 안쪽 기저에 고리모양의 삽입	세포질과 세포막, 세포벽, 당질피질을 통한 삽입

출처 : Alcamo, I. Edward, Ph.D. 저, "Fundamentals of microbiology", Jones&Bartlett Publishers, 2000. p.97.

SECTION 2 진핵세포의 구조

진핵세포는 원핵세포보다 훨씬 복잡한 구조를 가지고 있으며 유전정보를 갖고 세포의 생명활동을 조절하는 핵과 세포의 호흡을 담당하는 미토콘드리아가 존재한다. 또한 세포 내의 기능이 분화되어 있어 세포질 내에 소포체, 골지체, 리소좀과 같은 다양한 세포소기관을 포함하고 있다(그림 2-6).

1. 세포벽 (Cell wall)

효모나 곰팡이와 같은 진균류는 세포 형태 유지와 세포 내부 보호를 위한 세포벽을 가지고 있다. 진핵세포의 세포벽은 원핵세포의 세포벽보다 상당히 두꺼우며, 화학적인 조성에서도 많은 차이를 보인다. 진핵세포의 세포벽은 펩티도글리칸 구조를 이루고 있지 않고, 키틴(chitin) 혹은 cellulose, manan, xylan과 같은 다당류, 단백질과 당류가 결합하여 형성한 다당체(glycan) 등으로 구성되어 있다. 예를 들어, 효모의 세포벽은 chitin(1%), mannoprotein(약 50%), **β**-glucan(약 50%)으로 되어 있다.

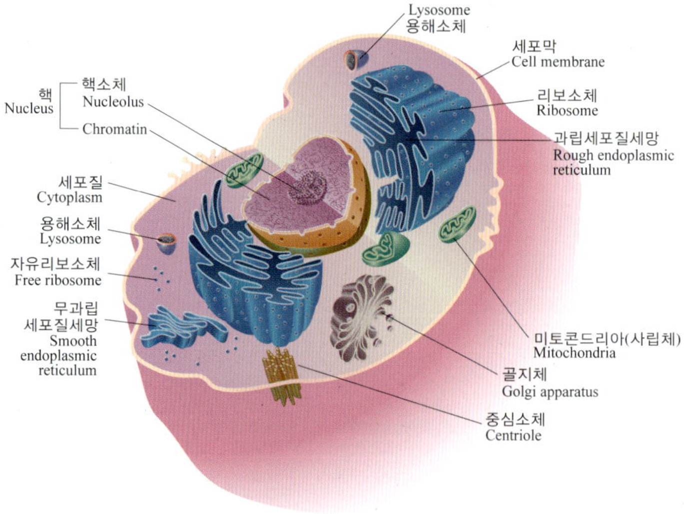

그림 2-6 진핵세포의 구조

출처: Alcamo, I. Edward, Ph.D. 저, "fundamentals of microbiology", Jones&Bartlett Publishers, 2000. p.56.

세포벽의 단백질은 대부분 다당류와 결합하고 있고, 지질은 주로 중성지질로 이루어져 세포벽 구조를 견고하게 하는 것으로 알려져 있다. 원생동물이나 일부 조류는 세포벽을 갖고 있지 않는 것도 있다.

2. 세포막 (Cell membrane)

진핵세포의 세포막은 유동성의 인지질 이중층으로 구성되어 있으며, 또 다른 지질성분으로서 여러 종류의 스테롤(sterol)을 함유하고 있다. 스테롤은 세포막을 단단하게 하여 구조적 안정성을 주는 역할을 하는데, 인간의 세포막에는 콜레스테롤(cholesterol)이 주성분이며 균류의 세포막은 에르고스테롤(ergosterol)을 포함하고 있다.

이러한 세포막의 기능은 세포의 내부를 보호하는 것이며 또한 세포에 필요한 물질을 수송하는 역할도 한다. 세포막 내외의 물질이동은 내포작용(endocytosis), 외포작용(exocytosis), 식세포작용(phagocytosis), 음세포작용(pinocytosis) 등의 형태로 나타나고, 세포막에 함입, 융합 등의 변형이 일어나면서 이루어진다.

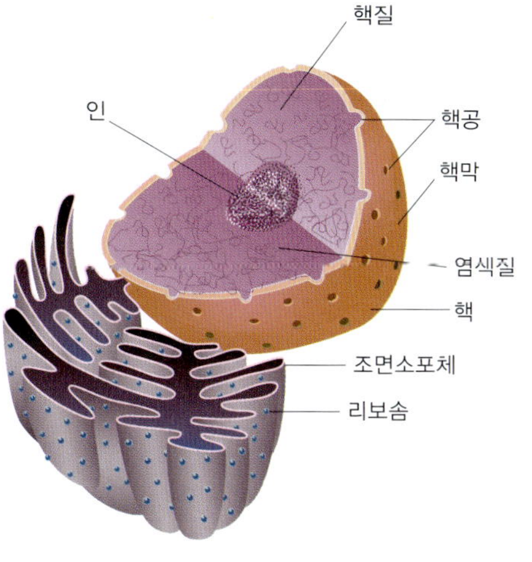

핵은 핵막에 의해 세포질로부터 분리되어 있으며 핵질과 인으로 구성되어 있다. 핵막에는 핵공이 존재하여 핵 내외의 물질이동 통로가 된다.

그림 2-7 핵의 구조

3. 핵(nuclear)

진핵세포의 가장 누드러진 특성은 핵을 세포내기관(organelle)으로 갖고 있다는 점이다. 핵은 인지질 이중막으로 된 핵막(nuclear envelope)에 의해 세포질과 분리되어 있다. 핵막은 일정한 간격마다 융합하여 핵공(nuclear pore)을 형성하는데, 이곳을 통해 핵과 세포질사이에 성분 교환이 일어난다.

세포의 유전정보를 저장하고 있는 핵은 핵질(nucleoplasm)과 인(nucleolus)로 구성되어 있다(그림 2-7). 핵질은 젤라틴 상의 물질로, 세포분열 시 염색체(chromosome)를 형성하는 염색질(chromatin)을 포함하고 있다. 염색질의 단백질은 주로 histone인데, DNA와 이온화 결합하여 염색체의 기본단위인 nucleosome을 형성한다. DNA와 관련 단백질은 세포가 분열하지 않을 때에는 염색질의 형태로 존재하다가 분열이 시작되면 염색질이 서로 꼬이면서 염색체를 형성하게 된다.

인은 리보솜을 구성하는 RNA(rRNA)를 합성하는 중요 장소이다. 세포질로부터 핵 내부로 리보솜 단백질이 운반되면 rRNA와 결합하여 리보솜의 기본단위를 형성하고, 이것은 다시 세포질로 운반되어 완전한 리보솜을 형성한다.
핵은 작은 공 모양으로 되어 있으며 세포질 내에 존재하는 여러 세포소기관들과 밀접히 협력하여 기능을 수행한다.

4. 소포체(Endoplasmic reticulum)

소포체는 긴 관 또는 주머니 모양의 막으로 된 구조물로, 물질의 합성 및 수송 · 저장의 장소가 된다. 핵막, 세포막 등과 연결되어 있으며 형태에 따라 조면소포체(rough-surfaced endoplasmic reticulum; RER)와 활면소포체(smooth-surfaced endoplasmic reticulum; SER)로 나뉜다.

조면소포체는 막의 바깥쪽에 리보솜이 높은 밀도로 부착되어 있어 거친 표면을 갖는다. 따라서, 조면소포체는 단백질 합성의 장소가 되며 여기서 만들어진 단백질은 소포체 내부 공간에서 포장되어 활면소포체, 세포질을 거쳐 세포막으로 이동되거나 막에 유입된다.

반면 활면소포체는 리보솜이 부착되어 있지 않고, 생합성 물질의 통로가 되며 영양물질 분해나 지질과 같은 비단백질 물질의 합성 및 저장 기능을 수행한다.

5. 리소좀 (Lysosome)

리소좀은 골지체에서 만들어진 한층의 막으로 구성된 세포소기관으로서 세포질 내로 들어온 외부 물질이나 손상된 조직의 세포 조각을 제거 또는 분해하는 기능을 한다. 리소좀 내부에 산성 인산화효소(acid phosphatase), 디옥시리보핵산가스분해효소(deoxyribonuclease), 카텝신(cathepsin)과 같은 소화효소를 가지고 있기 때문에 세포 외부로부터 흡수한 영양물질이나 침입한 미생물을 리소좀이 융합하여 가수분해 하거나 소화할 수 있다. 리소좀의 막은 소화효소가 통과할 수 없어 세포 자신의 세포질이 소화효소에 의해 손상되는 것을 막을 수 있다(방병호 외, 2010).

6. 골지체 (Golgi complex)

골지체는 4~8개의 납작한 주머니(cisternae)가 불연속적으로 겹쳐져 형성된 세포소기관이다. 단백질과 지질을 저장하고 이를 필요한 곳으로 보내기 위해 포장 및 분비를 하는 기관이다.

주로 소포체와 밀접하게 연계되어 기능하며 소포체와 근접한 부분을 시스면(cis−Golgi network; CGN), 세포막에 근접한 부분을 트랜스면(trans−Golgi network; TGN)이라고 한다. 소포체로부터 포장된 단백질이 이동소낭(transitional vesicle)의 형태로 골지체로 운반되면 골지체의 CGN에서 수용된 후, 화학적인 변형을 거쳐 다시 농축소낭(condensing vesicle, 세포내기관으로 이동시킬 때 형성) 혹은 분비소낭(secretary vesicle, 세포 바깥쪽으로 이동시킬 때 형성)의 형태로 포장되어 TGN으로부터 분비된다.

7. 리보솜 (Ribosome)

진핵세포의 리보솜은 40S와 60S의 두 개 소단위가 결합하여 이루어져 있으며 침강계수 80S로 원핵세포의 리보솜(70S)보다 크다.

세포질 내에 독립적으로 존재하기도 하고 조면소포체의 표면에 부착하여 존재하기도 한다. 혹은 한 개의 mRNA에 여러 개의 리보솜이 결합하여 형성된 폴리리보솜(polyribosome)의 형태로 기능을 수행하기도 한다. 원핵세포에서와 같이 리보솜은 단백질이 합성되는 장소인데, 조면소포체의 리보솜으로부터 합성된 단백질은 분비되거나 소포체의 내재성 단백질로 이용된다. 한편 독립적으로 존재하는 리보솜은 비분비성, 비막성 단백질을 합성하는 장소가 된다.

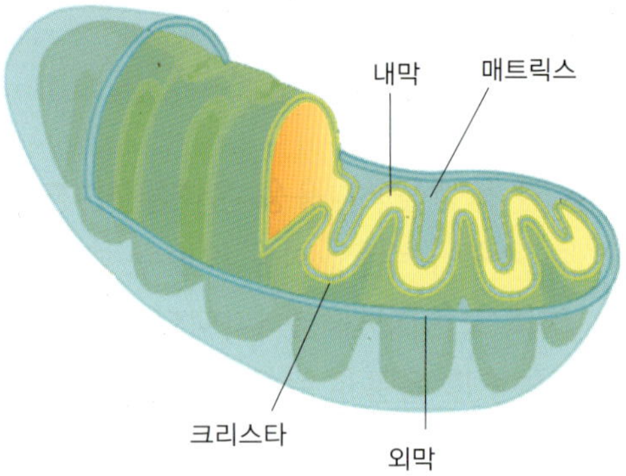

미토콘드리아는 외막과 내막의 이중막 구조를 가지고 있다. 내막은 주름진 형태를 갖는데, 이를 크리스타(cristae)라 부른다.

그림 2-8 미토콘드리아의 구조

8. 미토콘드리아 (Mitochondria)

미토콘드리아는 엽록체와 함께 독특한 구조를 가진 세포내기관이다. 미토콘드리아만의 고리모양 DNA와 원핵생물의 특징인 70S 리보솜을 가지고 있어 부분적인 독립성과 번식 형태를 보인다.

진핵세포에서 필요한 에너지는 호흡과 산화적 인산화를 통해 미토콘드리아에서 생성된다. 미토콘드리아는 이중막으로 구성되어 있고 그 중 외막은 매끄럽고 연속적이며 유연성이 있는 특징을 갖고 있다. 이 막의 통로를 통해 미토콘드리아에서 생성된 ATP, NAD 등이 세포질로 이동된다.

내막은 표면적을 넓히기 위한 주름이 있는 형태이고 이러한 형태를 크리스타(cristae)라고 부른다. 크리스타를 형성하는 막에는 산소호흡을 위한 효소들과 전자전달계 조효소, ATP 생산효소가 있어 ATP 생성을 통해 에너지를 공급한다. 또한 이 막의 안쪽 부분을 매질(matrix)이라 하는데, 매질은 리보솜, DNA 등과 TCA 회로나 지질의 산화(β-oxidation)에 이용되는 효소들을 포함하여 TCA 회로를 통한 산소호흡과 지질의 산화 등 여러 대사작용이 일어나는 장소가 된다. 매질 내외의 물질이동은 크리스타를 통해 이루어진다.

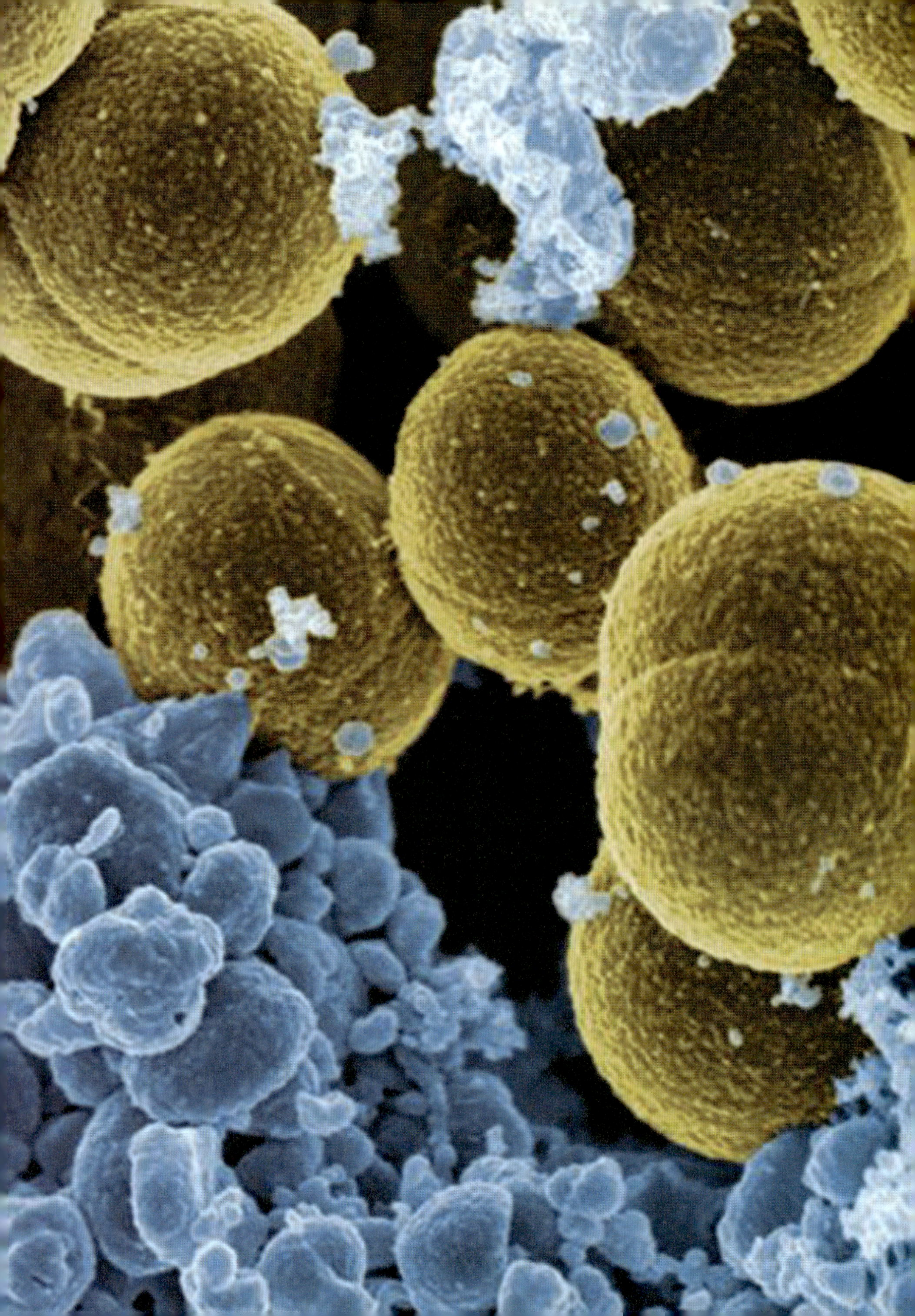

Chapter 03

미생물의 생리와 생육

1. 미생물의 영양
2. 미생물의 증식
3. 미생물의 생육측정
4. 미생물의 생육에 영향을 주는 요인

Chapter 3

미생물의 생리와 생육

SECTION 1 미생물의 영양

모든 미생물들은 생명유지와 성장을 위해 에너지를 생성하여야 하며 세포 구성에 필요한 물질을 만들기 위해 탄소원, 질소원, 무기염류, 생육인자 등의 영양물질과 수분이 필요하다.

미생물 증식에 필요한 세포구성 원소는 고형성분의 95%를 차지하고 있으며 다량을 요구하는 C, N, H, O, P, S, K, Ca, Mg, Fe과 같은 다량원소와 상대적으로 미량을 요구하는 Mn, Zn, Co, Mo, Ni, Cu 등과 같은 미량원소가 있다. 이 중 C, H, O, N, S, P은 탄수화물, 지질, 단백질, 핵산의 구성성분이다.

이처럼 미생물이 요구하는 영양요구성과 에너지 획득에 따라 원소를 분류할 수 있다. 미생물은 모든 필수 대사산물의 합성능력이 있는 독립영양균과 직접 합성할 수 없는 영양소를 요구하는 종속영양균으로 분류할 수 있다(그림 3-1).

그림 3-1 영양요구성과 에너지 획득에 따른 미생물의 분류

에너지는 주로 탄소를 함유하고 있는 물질로부터 공급받는다. 유기탄소원은 미생물 생육을 위한 에너지원과 세포 구성성분 합성을 위한 원료물질로 포도당, 과당 등의 단당류와 자당, 맥아당, 유당 등의 이당류가 주로 사용된다.

질소원은 탄소원과 마찬가지로 미생물 생육을 위한 에너지원으로 쓰이며, 단백질, DNA, RNA와 같은 물질을 합성하기 위한 원료물질이다. 비타민과 무기염류은 미생물 세포의 구성성분이며 세포 내 삼투압 조절 유지와 각종 대사과정의 조효소로 작용한다.

1. 독립영양균

독립영양균은 탄소원을 이산화탄소 등에서 획득하고 에너지원으로는 빛이나 무기산화물의 산화로 획득하는 균으로 광합성균(photoautotrophtroph)이나 화학적 독립균(chemoautotroph)으로 나눌 수 있다.

(1) 광합성균

일반적으로 광합성균은 혐기성균이며 고등식물과 달리 광합성대사에 H_2S를 필요로 한다. 미생물은 광합성 색소에 의해 빛에너지를 이용한다.

(2) 화학적 독립균

무기물 산화로 생육에 필요한 에너지를 획득하는 화학적 독립균은 호기적 조건에서 발육한다. 수소세균, 황산하세균, 철세균, 일산화탄소세균, 메탄산화세균, 질화세균(아질산균, 질산균) 등이 있다.

2. 종속영양균

생육과 증식에 필요한 필수 대사산물을 직접 합성할 수 있는 능력이 없어 필수 대사산물을 영양소로 요구하는 미생물을 말한다. 유기물을 탄소원으로 하고 질소원으로는 질소화합물을 이용하며 에너지는 유기물을 분해하는 호흡 또는 발효에 의하여 얻어지는데 이에 속하는 미생물이 자연계에 가장 많다. 여기에 속하는 균으로는 질소고정균, Nonexacting균, 생육소 요구균 등이 있다.

(1) 질소고정균

대기 중의 질소를 고정하여 균체세포의 질소화합물을 합성하는 균으로 *Azotobacter, Rhzobium* 이 이에 속한다.

(2) Nonexacting균

탄소원으로서 유기물을 필요로 하고 질소원으로는 NH^{2+} , NO^{3-} 등과 같은 무기염을 이용하여 균체 성분을 합성하는 균으로 대장균군, *Pseudomonas*, 효모, 곰팡이 등이 대부분 여기에 속한다.

(3) 아미노산균

질소원인 무기질소만으로 생육하지 못하고 아미노산과 같은 유기질소원을 요구하는 균이다.

(4) 생육소 요구균

고등동물과 같이 비타민, 핵산, 아미노산 등 미량의 유기물질을 요구하는 균으로 Proteus는 냉육에 니코틴산(nicotinic acid)를 요구한다.

3. 배양에 필요한 영양소

(1) 탄소원

세포의 구성 및 에너지원으로, 단당류(주로 6탄당), 이당류, 소당류, 다당류 및 탄화수소 등이 있다(표 3-1). 탄소원의 필요량은 미생물의 생육과 증식을 목적으로 하는 경우 세균은 0.1~2%, 효모나 곰팡이의 경우는 5% 이다. 발효의 경우에는 10%~15% 이상의 농도에서 배양한다.

(2) 질소원

균체 성분과 각종 효소 성분 합성에는 질소가 필요한데 미생물은 종류에 따라 여러 종류의 질소원을 이용한다. 공기 중의 질소를 이용하는 공중질소고정균이 대표적이고, 효모와 곰팡이는 공기 중의 질소를 이용하지 못한다. 무기태 질소원은 황산암모늄 또는 인산암모늄으로 곰팡이, 효모, 세균이 이용한다. 유기태 질소원은 아미노산, 단백질 등이 있는데 역시 효모, 곰팡이, 세균 등이 이용한다. 곰팡이의 경우 아미노산이나 단백질 등에서 잘 번식하고 효모는 단백질을 직접 이용할 수 없지만 세균의 경우 고초균(*Bacillus subtilis*)은 잘 이용한다.

표 3-1 이용하는 탄화수소에 따른 미생물

분류	이용하는 탄화수소	균종
세균 및 방선균	kerosene, hexane, heptane, naphthalene	*Ps. aeruginosa*
	pentane, gum, methylcyclohexane	*Ps. fiuorescens*
	methane	*Ps. methamica*
	decane 및 고급탄화수소	*Disulfovibrio desulfuricans*
	paraffin	*Mc. paraffinae*
	kerosene, paraffin, asphalt	*Achromobacter agile*
	benzene, toluene, xylene	*Bac. toluolicum*
	kerosene	*Corynebacterium hydrocarboclastus*
	methane 이외의 가스상의 탄화수소	*Mycobacterium paraffinicum*
	acctylene, paraffin, gum	*Mycobacterium lacticola*
	parattin	*Nocardia ipaca, N. salmonicolar*
효모	Kerosene	*C.utilis, C. tropocalis, C. lipolytica, C. rugosa, C.krusei, Mycotorula japonica, Hansemda anomala*
곰팡이	n-decane, n-dodccane	*Fusarium manififorme*
	paraffin, ethylene	*Asp. flavus*
	n-tricosane, n-heptacosane, n0triacctane	*Asp. versicolor*
	parafitin	*Penicillium sp.*

(3) 무기염류

무기염류는 세포성분, 대사과성 중의 소효소, 세포 내 삼두압조질에 필요하며 배지의 완충작용에 도움을 준다(표 3-2). 황(S)은 아미노산(cysteine, methionine)과 비타민(biotin, thiamine)의 구성성분이고 인(P)은 탄수화물 대사와 산화 호흡계에서 조효소의 구성성분으로 필수적이다.

칼륨(K)은 단백질 합성에 필요한 효소를 활성화하고 삼투압과 pH를 조절하는 기능을 담당하며, 마그네슘(Mg)은 세포의 구성기관을 안정화시키고 인산전이 효소의 cofactor로 작용하며 엽록소의 구성성분이다.

칼슘(Ca)은 포자의 내열성에 중요한 역할을 하며 효소를 활성화한다. 나트륨(Na)은 해수미생물에는 필수적이고 담수미생물은 나트륨(Na) 없이 생육이 가능하다. 철(Fe)은 산화환원반응의 필수적인 성분이다.

표 3-2 무기염류의 역할

무기염류	역 할
S	함황 아미노산, biotin, thiamine 등 비타민
P	핵산, 인지질, ATP, 세포벽 성분
K	단백질합성효소활성화, 삼투압 및 pH 조절
Mg	리보솜, 핵산, 세포막 안정화, 엽록소 구성
Ca	포자내열성, 효소활성화
Fe	산화환원 효소, 전자전달계
Co	비타민

(4) 생육소

미생물 자체에서 합성을 못하여 미량 요구되는 유기화합물이지만 미생물에 따라 생육소를 합성하는 것도 있으며 일반적으로 한 가지 이상의 생육소를 필요로 한다. 효모의 생육소를 bios 라 부르며 비오틴(biotin), 판토텐산(pantothenic acid), 이노시톨(inositol), 비타민 B_1, B_6, 니코틴산(nicotinic acid) 이다.

SECTION 2 미생물의 증식

1. 증 식

미생물의 증식(reproduction)은 세포의 개체수가 증가함을 말하고 생육(growth)은 전체 세포용적이 증대하는 것을 말한다. 보통 생육이라는 말은 증식까지 포함하여 사용하는 말이다. 미생물 중 대부분의 세균에서 보는 바와 같이 단세포 미생물의 경우는 세포수(개체수)의 증가가 증식의 기준이 된다. 특히 세균과 효모에 있어서 한 개의 세포가 분열하여 두 개의 세포로 되는데 필요한 시간을 세대시간이라 한다(그림 3-2). 세대시간은 균의 종류, 배지조성, 온도 등 내 · 외부의 환경요인에 따라 달라진다.

균사의 신장으로 증식하는 곰팡이나 일부의 효모에서와 같이 균사체로 생육하는 미생물은 세포수만으로는 증식을 판정할 수 없을 뿐만 아니라 세포수의 측정도 곤란하다. 따라서 다수의 세포를 연결하거나 또는 덩어리로 되어 증식하는 형태의 미생물은 세포량의 증가를 증식의 기준으로 한다.

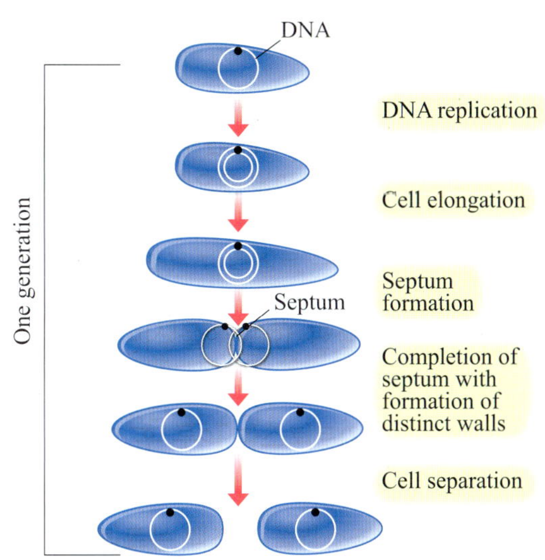

그림 3-2 세균의 증식(이분법)

2. 미생물의 증식곡선

미생물을 배지에 접종하여 배양하면 바로 증식이 시작되지 않고 얼마동안 세균수는 일정하게 유지되다가 점차로 가속화하기 시작한다. 이 시기를 유도기라고 한다. 이어서 세포가 활발하게 증식하게 되는 이 시기를 대수증식기라 하고, 증식세포수와 사멸세포수가 같아지는 시기를 정상기, 그 이후의 세포수가 감수하는 시기를 사멸기라고 한다(그림 3-3). 곡선의 구간에 따라 미생물의 생육상태와 환경이 크게 달라진다.

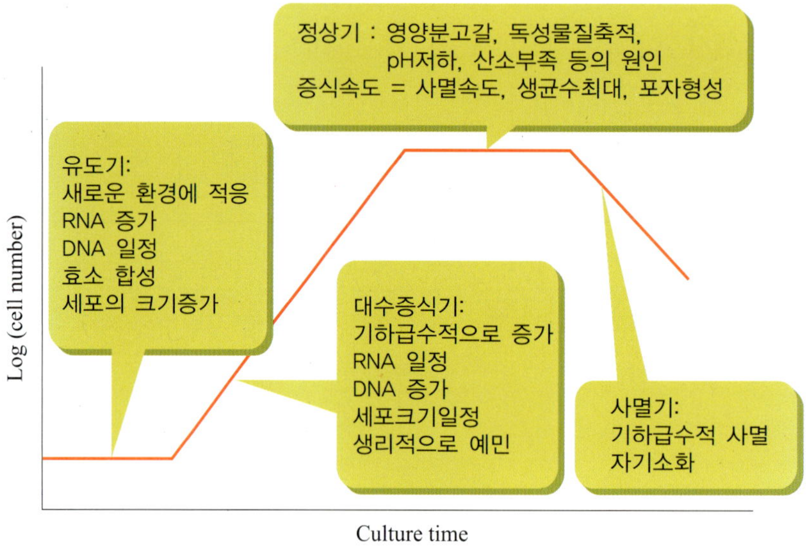

그림 3-3 미생물의 증식곡선

(1) 유도기 (Lag phase)

미생물을 새로운 배지에 접종 배양하면 배양 초기에 배양 경과시간에 비하여 균체수가 그다지 불어나지 않는데 이 시기를 유도기라 한다. 유도기에는 새로운 환경에 적응하는 시기로, 각종 효소단백질을 생합성하는 시기이며 RNA는 증가하고 DNA 일정하다. 이 시기는 세포가 성장, 신장하여 새로운 환경에서 대량 증식을 준비하는 시기라고 생각된다.

(2) 대수증식기(Log pahase)

유도기에 대한 적응이 끝나면 세포는 기하급수적으로 증식한다. 이 시기에는 세포의 증식이 급격히 일어나고 세대기간이 일정하고 세포가 작고 균일하며 공통적인 기본형태이다. 또 이 시기에 세포합성 및 증식은 일정하게 반복되므로 세포질의 합성속도와 세포수의 증가비율이 일치한다. 또한 세포의 생리적 활성이 가장 왕성하고 물리화학적 자극에 가장 민감하며 DNA함량이 최고에 달하는 시기이다. 대수기의 지속기간은 배지의 조성이나 영양, pH, 온도, 산소분압 등의 환경인자 또는 접종량에 따라 달라진다.

(3) 정상기(Stationary phase)

대수증식기 이후에 영양물질이 점점 고갈되고, 대사산물 축적이 되며, 배지의 pH가 변한다. 산소 공급 속도의 부족 등으로 생육의 부적당한 환경이 조성되어 생균수가 증가하지 않게 되는 시기로 균이 태어나는 수와 사멸하는 수가 일치하는 기간을 정상기 혹은 정지기라 한다.

(4) 사멸기 (death phase)

증식곡선이 하강하는 기간으로 사멸 세포수는 증가하고 생균수는 감소하는 시기를 사멸기라 한다. 세포가 사멸하는 원인은 영양물질의 고갈, 산이나 알콜 등 유해 대사산물의 축적, pH의 변화, 그리고 산소공급의 부족 등으로 생육환경이 극도로 악화되기 때문이다. 이로 인하여 미생물의 증식이 정지되고 효소에 의한 세포구조의 파괴, 핵산 분해효소에 의한 DNA, RNA의 분해, 단백질 분해효소에 의한 단백질의 분해, 효소단백질의 분해, 그리고 효소단백질의 불활성으로 인하여 사멸한다. 최종적으로 사멸균은 효소작용으로 자기소화를 일으켜 세포체가 완전히 분해된다.

SECTION 3 미생물의 생육측정

1. 건조균체량

균체 배양액의 일정량을 취하여 여과 또는 원심분리에 의해서 균체를 분리하고 물로 세척한 다음 건조하고 다시 desiccator 내에서 항량이 될 때까지 반복하여 건조한 후 그 무게를 칭량하여 건조균체량으로 한다. 효모와 세균의 경우에 있어서도 이 방법이 가장 기본적으로 사용되고 있다.

2. 원심침전법

미생물의 배양액을 모세원심분리관에 일정량 취하여 원심분리하여 균체의 침전량을 측정하는 방법으로 세균, 효모에 자주 사용하는 방법이다(그림 3-4).

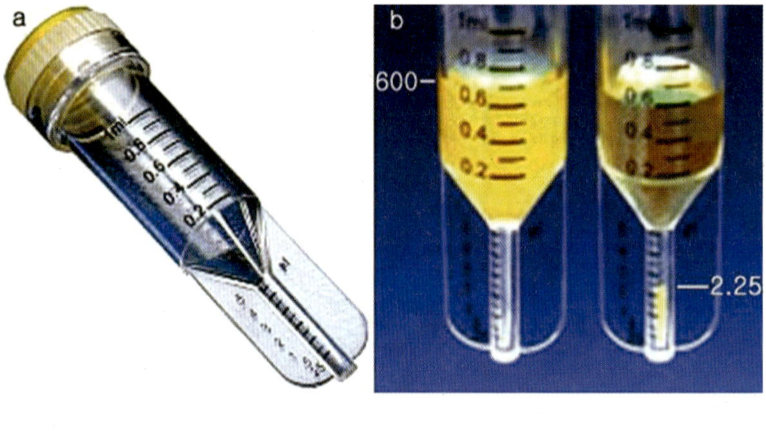

그림 3-4 모세원심분리관을 이용한 측정

3. 광학적 측정법

세균이나 효모와 같이 균체가 균일하게 현탁하는 것은 광학적 밀도(optical density, OD)와 균체량이 비례하므로 분광광도계(spectrophotometer)를 이용하여 탁도(turbidity)를 측정하여 균체량을 산출한다. 탁도가 증가하면 비례적으로 균체량이 증가한다는 원리로 이 방법은 극히 신속 간편하여 배양액을 그대로 혹은 희석하여 원심분리 후 물에 현탁시켜 흡광도를 측정하고 균체량을 산출한다.

4. 총균수 계수법

미생물의 개체수를 현미경을 이용하여 직접 균수를 계수하는 방법이며 세균의 경우는 Petroff-Hausser계수반이 이용되고, 효모의 경우는 Hemocyter를 사용한다(그림 3-5). 또, 0.1%methylene blue를 첨가하고 관찰하여 염색된 것을 사멸세포로 보고 생균과 사멸균을 구별하여 계산할 때도 있다. 그러나 이 방법은 같은 종류의 효모세포수 계수는 효과적인 방법이나 운동성이 강한 세균은 어려운 점이 있다.

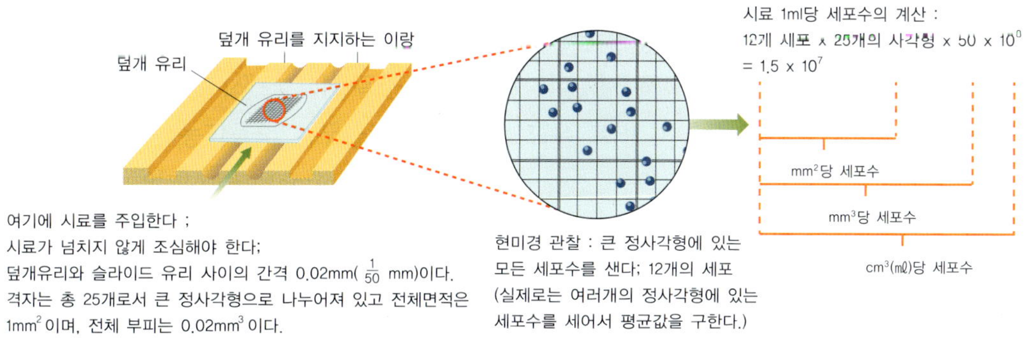

그림 3-5 혈구계구기를 이용한 측정

5. 생균수 계수법

생균수를 측정하는 방법으로 보통 주입평판배양 또는 도말평판배양법(pour plating method, spread plating method)이 이용되는데 측정시료를 전처리하여 균액을 반는 다음 멸균생리식염수 또는 0.1%의 멸균펩톤용액을 이용하여 각 단계별로 희석(10mL, 100mL, 1000mL, 10000mL배) 한다.

주입평판배양법은 시료액 및 희석된 각 단계의 시료를 멸균 페트리접시(petri-dish)에 주입하고 배지를 더하여 교반하고 응고시킨 후 배양기에 넣어 배양한다. 보통 24시간에서 48시간 배양한 후 집락(colony) 수로 측정한다(그림 3-6). 한 개의 집락이 한 개의 세포로부터 형성된다는 것을 기본으로 한 방법이다. 실험의 결과를 얻기까지 시간이 걸리며 균의 성질에 따라 혐기성균일 경우 혐기적 배양조건을 맞추어 주어야 한다. 살아있는 세포의 번식을 이용하므로 균의 생육에 적절한 배지를 선택하여 사용하여야 하고 집락의 크기가 지나치게 확대되는 것을 방지하기 위하여 중층배양을 하기도 한다.

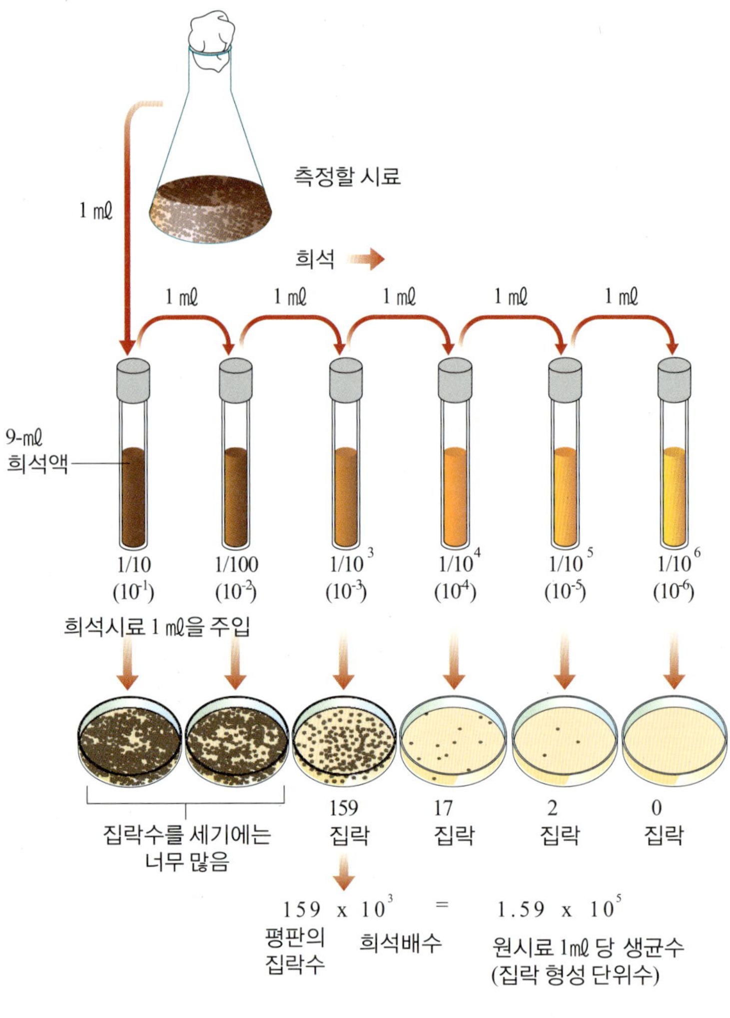

그림 3-6 평판배지를 이용한 미생물의 생육측정

6. 균체질소량

미생물의 생체성분 중 함유질소를 정량하여 미생물의 증식을 측정하는 방법이다. 그러나 균체의 질소량은 균의 종류와 상태, 배양조건 등에 의해 영향을 받기 때문에 일정조건에서 동일균종에 이용하는 제한점이 있다.

SECTION 4 미생물의 생육에 영향을 주는 요인

지구상에 존재하는 수많은 미생물들은 환경 조건에 따라 그들의 성장이 급속도로 증가되기도 하고 억제되기도 한다. 이렇게 미생물의 성장에 영향을 끼치는 인자는 물리적 · 화학적 · 생물학적 요인으로 구분할 수 있다. 먼저 물리적인 요인으로는 온도, 광선, 압력 등이고 화학적인 요인으로는 영양성분, 수분, pH, 산소, 영양소, 항생물질 함유여부 등이며 마지막으로 생물학적인 요인으로는 미생물 간의 공생, 길항 등이 있다.

특히, 식품 속에 존재하는 미생물의 생육은 식품의 수분함량, pH, 식품의 구성성분, 산화환원전위(Eh), 항균물질 등과 같은 식품 속에 같이 내부 인자에 영향을 받는다. 또한 생육에 영향을 주는 외부인자는 환경특성으로 저장온도, 상대습도, 대기조성, 다른 미생물의 존재여부 같은 환경을 포함한다. 그러나 이러한 조건들은 꼭 미생물의 생육이 불가능한 사멸만을 의미하는 것은 아니다. 생육에 필요한 환경이 조성된다면 미생물의 생육이 가능하기도 하다.

미생물의 성장에 영향을 주는 요인들을 잘 활용하여 미생물을 통제할 수 있다면 식품을 부패시키거나 또는 사람에게 위해를 주는 식중독균을 제어할 수 있게 되고, 미생물학적 식품의 안전성을 확보할 수 있다.

1. 물리적인 요인

(1) 온 도

모든 생물과 마찬가지로 미생물 생육환경 중에서 온노는 가장 큰 영향을 주는 요인이다. 온도는 미생물의 증식 속도, 형태, 화학적 조성, 영양요구 등에 크게 영향을 미치는 중요한 물리적 환경이다. 미생물에는 생장이 가능한 최저온도, 생장이 가장 왕성한 최적온도, 그리고 생장이 가능한 최대온도가 있다. 최적온도는 최저온도보다 최대온도 쪽에 더 가깝다. 이 세 가지 온도를 기본 생장온도라고 하며, 일반적으로 각 유형의 미생물의 특징이지만, 다른 환경요인에 의해 영향을 받기때문에 항상 같지는 않다.

미생물 증식의 최적온도가 낮은 온도에서부터 높은 온도에 이르기까지 넓은 범위에 걸쳐 여러 미생물이 뚜렷한 경계가 없이 분포되어 있다. 그러나 최적온도에 따라 미생물을 네 개의 군으로 구분할 수 있다. 낮은 최적온도를 가지는 저온균, 중온에서 가장 잘 자라는 중온균, 높은 최적온도를 가지는 고온균, 그리고 아주 높은 온도에서 잘 자라는 초고온균으로 구분한다.

일반적으로 온도에 따라 화학반응속도가 달라지듯이 미생물의 증식 또한 온도와 직접 상관성을 갖고 있는데 미생물의 경우 증식을 허용하는 온도의 범위가 정해져 있다 (그림 3-7).

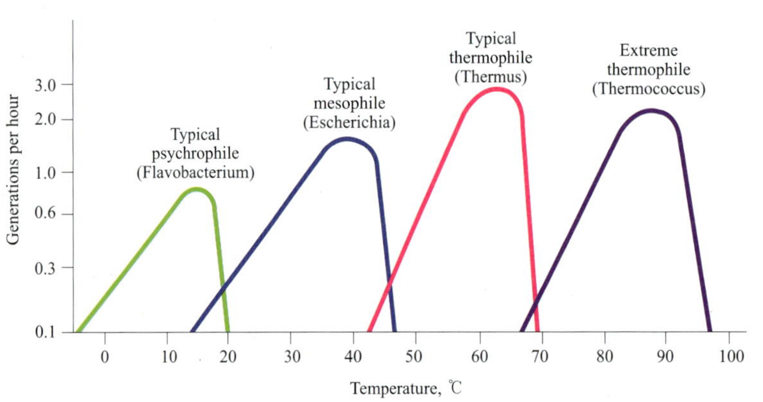

그림 3-7 최적온도별 미생물의 분류

온도가 미생물의 생육에 미치는 가장 중요한 인자라는 것은 우리 인간이 너무 덥거나 추운 곳에서는 살 수 없는 것과 마찬가지의 원리인데, 이런 극한 상황에서는 온도가 미생물의 세포막과 대사효소의 기능에 영향을 미쳐 생육을 제한시키기 때문이다. 일반적으로 저온균의 최적온도는 10 ~ 20℃정도이며 냉장조건하에서 오히려 저온균의 최적온도 환경이 되기 때문에 부패 · 변질의 원인이 되기도 한다. 특히 잘 알려져 있는 저온성 부패세균으로는 *Achromobacter*와 *Pseudomonas*가 대표적이고, 저온성 식중독세균으로는 *Yersinia enterocolitica, Listeria monocytogenes, Aeromonas hydrophila*등이 대표적이다.

저온균은 세포막의 지방산 조성이 불포화지방산이 많아 저온에서도 세포막의 유동성이 유지되며 효소활성이 유지되어 생육이 가능한 것으로 알려져 있다. 하지만 저온균이라 하더라도 냉동상태에서는 미생물의 생육이 거의 불가능하므로 식품의 냉동저장, 미생물 균주의 보존 등에 활용된다.

중온균으로는 대부분의 식중독균을 비롯한 감염병균, 부패미생물, 그리고 발효에 이용되고 있는 곰팡이, 효모, 세균 등의 많은 미생물들이 포함된다. 특히 *Salmonella, Staphylococcus aureus, Clostridium perfringens, Clostridium botulinum, Campylobacter jejuni, Vibrio parahaemolyticus, Bacillus cereus* 등과 같은 대부분의 식중독세균들과 장내세균, 부패균 및 병원균들이 중온균에 속한다. 중온균은 보통 25~37℃에서 발육이 가장 활발하고, 사람에게 질병을 일으키는 병원성세균은 최적온도가 사람의 체온인 37℃이다. 곰팡이나 효모는 보통 중온균 또는 저온균이며 고온에서는 잘 자라지 않는다. 그리고 고온균은 고온상태의 환경인 퇴비 속이나, 온천, 화산지역 등에서 흔히 볼 수 있다.

(2) 압 력

미생물은 거의 지표면에서 서식하고 있으므로 강한 압력은 별로 받지 않으나 다소의 기압변화에는 미생물 생육에 거의 영향을 받지 않는다. 깊은 바닷속이나 원유광산에서 분리한 특정균들(*Bacillus submarinus, Pseudomonas xanshocrus*)은 700~1,000기압의 압력하에서도 생육이 가능하다. 이처럼 높은 압력하에서도 생육이 가능한 균을 호압균(barophilic microorganisms)이라 한다. 반면에 이런 호압균들은 특수 장치내에서만 생육이 가능하고 대기압 하에서는 급격히 사멸할 수 있으므로 분리 · 배양 시 주의가 요구된다.

(3) 삼투압

미생물은 일반적으로 높은 삼투압에서 생육할 수 없다. 그렇기 때문에 이런 원리로 식품을 보존하기 위하여 염장이나 당장법을 이용한다. 몇몇 예외적인 균종들은 높은 삼투압을 필요로 하는 균이 있는데 식염 농도 15%에서도 생육하는 *Saccharomyces rouxii*나 *Pediococcus soyae*와 같은 균을 호염성 균(halophiles)이라 하고, 설탕의 농도 65% 이상에서 자라는 균을 호당성 균(saccharopiles) 이라 한다. 이러한 균들을 통합적으로 호삼투압성균이라 한다.

(4) 광선과 방사선

미생물은 살균력이 있는 단파장의 자외선(ultra violet ray)에 의해 사멸할 수 있으며 장파장의 가시광선이나 적외선은 살균력이 약하거나 영향을 받지 않는다. 이처럼 단파장이 장파장보다 살균력이 강하므로 인위적으로 단파장의 자외선을 만들어 살균에 이용하고 있다. 자외선 중에서 가장 살균력이 강한 파장은 240~280nm(2400~2800 Å)로 평균 260nm의 파장이다. 자외선에 의한 살균 기작은 DNA사슬 중의 염기에 작용하여 이량체(dimer)를 형성하고 돌연변이나 살균작용에 의해 사멸하게 된다. 하지만 자외선은 투과력이 약하기 때문에 주로 표면살균에 이용된다.

식품에 사용하는 방사선은 ^{60}Co, ^{137}Cs을 이용하여 살균을 하는 방법이 연구되었으며, 조사에 의하여 가열되지 않으므로 이러한 살균을 비가열 살균이라 한다. 이에 대한 자세한 내용은 11장에서 다루었다.

2. 화학적 요인

(1) 수 분

수분은 영양소의 용매로 작용하며, 세포에서 일어나는 대부분의 생화학 반응에 관여한다. 모든 생물의 생육에 필수적인 수분은 미생물 세포의 약 75~85%를 구성하며, 미생물은 수분이 전혀 없는 상태나 또는 순수한 물에서는 생육하지 못하고 적당한 수용액에서만 생육이 가능하다.

미생물은 수분이 적으면 정상적인 대사활동이나 성장을 할 수 없다. 포자(spore)는 예외적으로 15% 내의 낮은 수분활성에서도 성장하지 않고 휴면상태에 머무를 수 있다.

식품 중의 수분은 결합수와 자유수로 나뉜다. 결합수는 식품의 조직을 구성하는 탄수화물이나 단백질과 같은 유기영양물질과 수소결합을 하고 있는 물로, 미생물들이 그 물을 세포막을 통해 흡수할 수 없게 되어 미생물도 성장할 수 없게 된다. 반면에 자유수는 식품의 조직을 구성하지 않고 식품 내의 어떤 성분과도 결합하지 않은 물이다.

이러한 식품 중의 자유수의 양은 주위 대기환경의 변화에 따라 변하는데, 주의의 대기가 건조하여 상대습도가 낮아지면 식품자체의 수분이 증발하여 감소하게 되고, 대기의 습도가 높으면 식품은 주의의 수분을 흡수하여 증가하게 된다. 또한 포장하거나 용기에 놓아도 수분함량은 온도에 따라 변화하므로 미생물이 성장하는데 쓰일 수 있는 물을 대기 중의 상대습도와 온도를 고려하여 수분활성도(A_w, water activity)로 나타낸다.

수분활성도는 식품이 갖는 수증기 압력은 P, 온도에서 순수한 물의 최대수증기압을 P_o로 표시하며 그 식품의 A_w는 P/P_o이다. 여기에 100을 곱한 것이 평형상대습도 이다. 즉 $A_w=P/Po$이고 $A_w=RH/100$(RH=상대습도)이다. 여기서 같은 온도에서 식품이 갖는 수증기 압력(P)는 순수한 물의 수증기 압력(P_o)보다 언제나 낮기 때문에 항상 $A_w < 1$이 된다.

일반적으로 세균, 효모, 곰팡이 중에서 수분활성도의 저항이 강한 순서는 곰팡이 > 효모 > 세균 순이다. 즉, 세균이 생육에 수분을 가장 많이 요구하고 그 다음이 효모, 그리고 곰팡이는 수분이 적어도 생육이 가능하다. 수분활성도에 대한 각 미생물군의 한계는 일반적으로 세균은 0.86, 효모는 0.78, 곰팡이는 0.75이지만 예외인 경우 내건성 미생물들은 한계 이하에서도 생육이 가능하다. (그림 3-8)

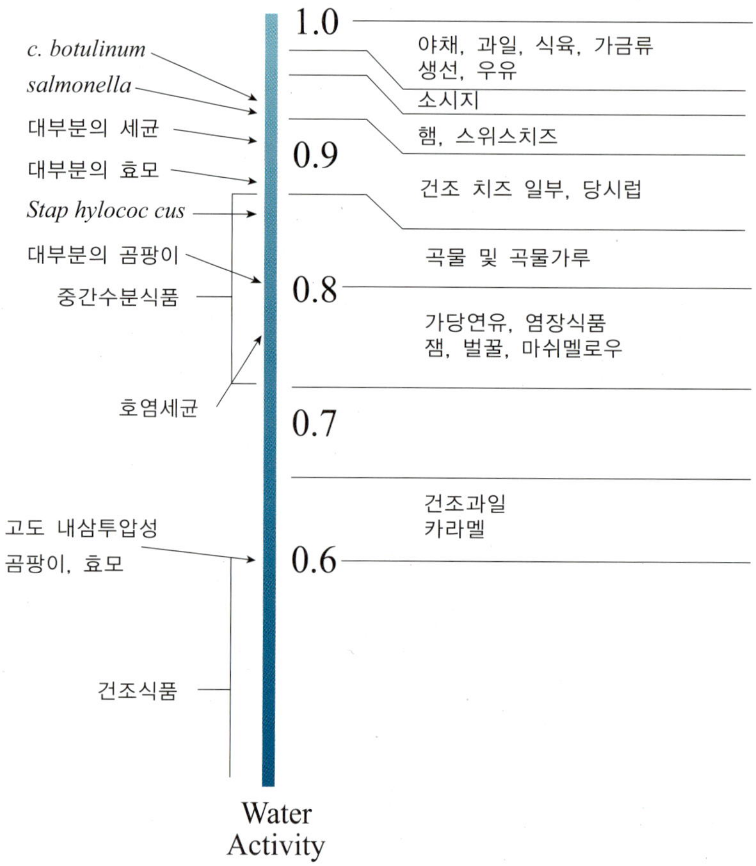

그림 3-8 미생물과 식품의 수분활성도

식품에서 미생물이 성장하지 못하도록 하려면 최소한 식품의 수분을 제거하여 수분활성을 0.6 이하로 감소시켜야 한다. 열을 이용하여 수분이 증발하도록 하거나 또는 식품에 소금이나 설탕을 첨가하여도 같은 효과를 볼 수 있다. 즉, 세포 밖의 용질의 농도가 세포 내 세포질의 농도보다 높으면 수분이 세포 밖으로 빠져 나오게 되면서 세포는 쭈그러들게 되는데 이러한 원형질 분리에 의해 미생물이 사멸하게 된다(그림 3-9).

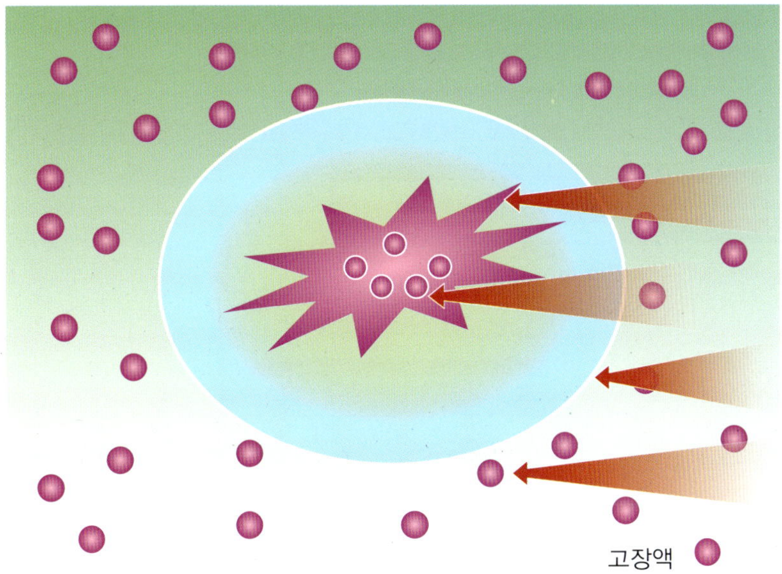

그림 3-9 세포 내 원형질 분리현상

(2) pH

pH는 미생물의 생육에 영향을 미치는 주요한 인자이다. pH는 한 용액이 산성인지, 알칼리성인지, 또는 중성인지를 측정하는 수단으로 용액에 존재하는 수소이온 농도에 따른다. 즉, 한 용액의 수소이온농도가 10~3 mol/L 이라면 그 용액의 pH값은 3이 되는 것이다.

미생물의 증식은 식품의 pH에 크게 영향을 받으며, 온도와 마찬가지로 미생물들은 일정 범위의 pH에서만 성장할 수 있거나 또는 최적의 성장을 보인다. 즉, 각 미생물은 그들의 생육에 가장 적합한 최적 pH와 최저 pH, 최고 pH를 갖는다. 곰팡이는 pH 2.0~8.5에서 생육가능하며 약산성 환경을 선호한다. 효모는 대부분 pH 4.0~8.5이고 세균의 최적 pH는 중성(pH 6.5~7.2), 최저 pH는 4.0~4.5이다. 그림 3-10은 세균, 효모, 곰팡이의 일반적인 생육가능 pH 범위를 나타냈다.

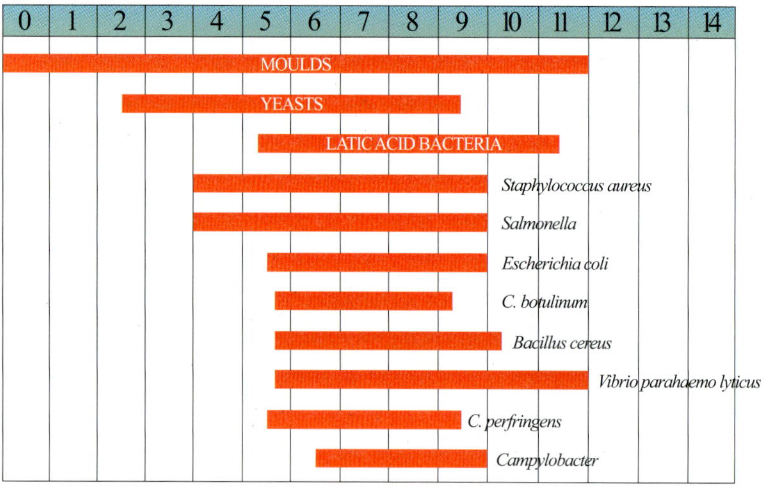

그림 3-10 세균, 효모, 곰팡이의 pH 생육 범위

pH의 저항에 있어서 세균, 특히 병원성 세균들은 곰팡이나 이스트보다 산에 덜 강하며 pH 4.0 이하에서는 잘 자라지 못한다. 반면 효모와 곰팡이는 세균보다 pH에 덜 민감하여 보다 넓은 pH 범위에서 성장할 수 있으며 최적 pH도 각각 4.0~4.5, 3.0~3.5로 세균보다 훨씬 낮다.

그러므로 식품 자체가 산 함량이 높은 과일, 채소류는 세균보다는 곰팡이나 효모에 의해 부패된다. 육류나 수산물은 pH가 중성에 가깝기 때문에 주로 세균에 의해 부패된다. pH가 7 이상인 식품은 거의 없으므로 미생물의 성장을 위한 최대 pH값은 중요하게 생각하지 않는다.

pH에 따른 미생물의 성장을 그래프로 보면 pH가 최적에서 최소성장 pH로 내려가면 유도기가 길어지며, 성장 속도가 감소하고, 신생 미생물수가 감소하며, 정지기가 짧아지면서, 미생물의 사멸속도가 증가한다(그림 3-11).

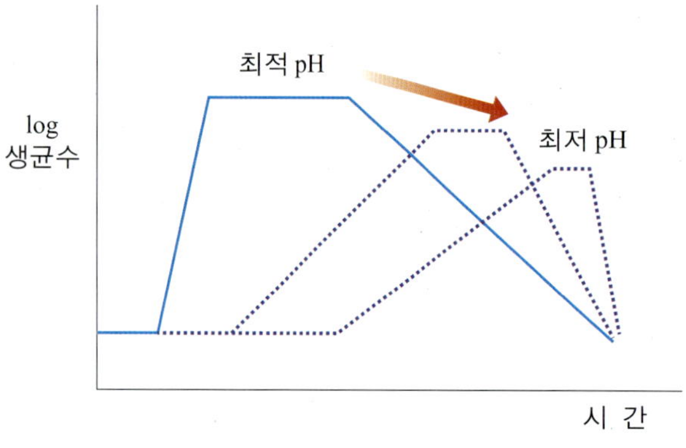

그림 3-11 미생물의 성장 곡선에 대한 pH의 영향

식품에 존재하는 미생물들이 생육할 수 있는 최소 pH는 식품의 온도, 이용 가능한 영양소의 양, 수분활성도, 그리고 생육에 영향을 미치는 저해제의 존재 유무에 따라 영향을 받는다. 식품 속의 미생물은 미생물이 생성하는 대사산물이나 임의로 첨가되는 산에 의해 pH가 바뀜으로써 미생물의 세포막이 손상을 입게 된다. 그림 3-12와 같이 해리되지 않은 산은 미생물의 세포막을 통과한 후 세포 내에서 해리되어 H^+를 축적시키며 세포 내의 pH를 저하시키게 된다.

저하된 pH는 효소활성이나 DNA에 영향을 주어 세포에 치명적인 영향을 미칠 뿐만 아니라, 미생물은 H^+를 세포 밖으로 배출하기 위하여 에너지를 고갈시키게 되며 결국 미생물은 사멸하게 된다(그림 3-12). 이러한 원리는 식초 절임과 같은 매우 흔한 식품저장방법에 응용되고 있다.

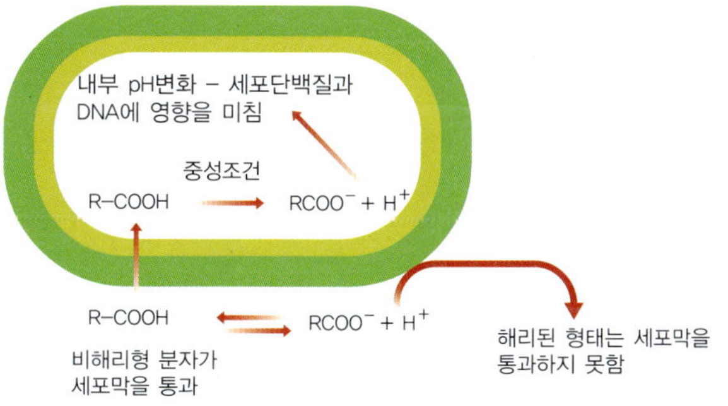

그림 3-12 pH에 의한 미생물 저해기작

(3) 산 소

대기 중에 20% 함유되어 있는 산소는 많은 미생물에 절대적으로 필요한 것이지만, 어떤 미생물에게는 전혀 필요하지 않거나, 일부만 필요한 경우도 있다. 곰팡이와 효모는 일반적으로 생육에 산소를 필요로 하지만 세균 중에는 산소를 필요로 하는 것과 필요로 하지 않는 것도 있다. 미생물의 생육에 필수적으로 산소를 요구하는 균을 편성호기성균이라 하고 이에 속하는 세균은 *Acetobacter, Pseudomonas, Micrococcus, Bacillus, Sarcina* 등이 있다.

호기성과 달리 산소에 대해서 민감한 분자들을 가지고 있고 또 호흡시 산소가 낮은 수준일 때만 산소를 이용하는 세균은 미세호기성균 또는 미호기성균이라고 한다. 산소의 양이 많거나, 산소요구량보다 적어도 생육이 억제되는 균으로 *Campylobacter*가 대표적인 미호기성균이다(그림 3-13).

통성혐기성균은 산소의 유무에 상관없이 생육에 저해를 받지 않지만 산소가 있는 것을 선호하는 그룹을 말하며 장내세균, 병원성 세균, 대부분의 효모 등이 있다. 혐기성 미생물에는 산소를 이용하지 못하지만 내성이 있는 내기혐기성이 있고, 산소를 절대적으로 기피하는 균, 즉 유리산소의 존재가 오히려 생육을 저해하며 산소가 없는 환경에서만 생육하는 편성혐기성균이 있다. 편성혐기성균에 속하는 미생물은 *Clostridium, Bacteroides, Fusobacterium* 등이 있다.

다수의 편성혐기성 미생물들은 플라빈 효소를 많이 가지고 있는데, 이 효소는 산소와 반응하여 유해한 산물을 생성한다. 이와는 반대로 호기성 미생물들은 유해한 산물을 분해하는 효소를 가지고 있지만, 혐기성 미생물들은 이들 효소 전부 혹은 일부를 가지고 있지 않다.

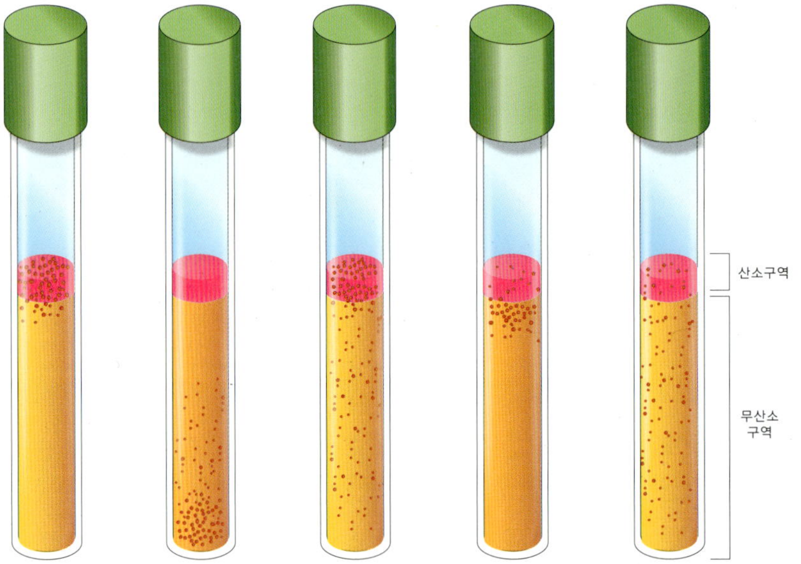

(a) 편성호기성균 (b) 편성혐기성균 (c) 통성혐기성균 (d) 미세호기성균 (e) 내기혐기성균

그림 3-13 혐기성 균과 호기성 균의 pH 생육 범위

(4) 항생제 및 살균소독제

미생물이나 생물로부터 생산되는 화학물질을 항생제라 하고 이들의 항생작용 기전은 세포벽합성 억제, 세포막의 기능 억제, 단백질합성 억제, 핵산작용으로 미생물을 억제하거나 사멸시킨다. 그 밖에 많은 종류의 화학물질을 이용하여 병원성 미생물을 사멸하는데 쓰는 물질을 소독제라 한다. 이 같은 화학물질은 산화작용으로 세포성분을 산화시키거나 환원작용으로 단백질을 변성시켜서 세포기능의 손상을 야기시킨다.

대표적인 소독제는 표 3-3과 같다.

표 3-3 소독제의 종류와 용도

	종 류	용 도
금속류	승홍, 유기수은제, 질산은, 황산동	소독제, 식품소독
석탄산	석탄산, 크레졸, 크레오소트	의료기구, 오물소독
양이온성청정제	제4 암모니움 화합물	식기류 소독
지방족화학물	알코올, 이소프로필알코올, 포름알데히드	의료기구소독
할로겐	염소가스, $CaOCL_2$, NaOCL	음료수 및 하수 소독

3. 생물학적 요인

미생물은 오직 하나의 단일균으로 생존하고 있는 환경이 아니고 2종 이상의 균들이 서로 혼재할 때 균 상호간에 서로 도움을 주고받는 관계를 맺고 있기도 하다. 이러한 각 미생물 간에는 영양물질, 산소, 생활환경 등의 경쟁적 섭취 혹은 어떤 균의 대사산물(때로는 항생물질)이 다른 균을 억제하는 현상, 소위 길항, 경합, 그리고 항생 현상으로 미생물의 생육환경을 지배할 수 있다.

때로는 미생물 상호간 전혀 무관계로 생육하는 불편공생이나 일방 또는 양자가 서로 이익이 되는 편리공생, 또 종류가 다른 미생물의 공동으로 상호의 기능을 나타내는 공동작용을 하고 있다.

(1) 상호공생

같이 공존하는 각 미생물의 생장 · 생존에 상호 유리한 영향을 주는 경우이다. 대표적인 예로는 콩과 식물에 있어 질소고정균, 해조의 부착세균이 해조 표면 점질물에 생존하면서 비타민 B_{12} 를 공여하고 생장 인자, 영양소를 서로 교환한다.

(2) 공동작용

2종 이상의 균이 공존하면서 새로운 독특한 기능을 발현하는 경우이다. 그 예로는 *Penicillium verrucolusum*의 균체 내에 생성한 전구물질이 *Trichoderma*속의 작용으로 변화를 받아 적색 색소를 균체 내와 배지 내에 생성한다.

(3) 편리공생

공존 미생물이 서로 다른 쪽에 각각 유리하게 도움을 주는 경우이다. 섬유소 분해균이 섬유소를 분해하여 glucose를 생성하면 공존하는 섬유소 비분해성 균에 의해 여러 종류의 세균의 생육이 가능하게 된다.

(4) 길항 · 경합 · 항생

두 종 이상의 미생물이 영양분, 산소, 생활공간 등의 경쟁적 섭취 혹은 균의 대사산물에 의하여 다른 균의 생육을 억제하는 현상이 길항이다. 길항작용의 내용은 매우 복잡하여 특정한 물질, 소위 항생물질을 분비하여 다른 균의 번식을 억제하거나 사멸시키는 경우도 있으나 때로는 이전에 어떤 균이 생육한 환경에 다시 그 균이 생육하기 힘든 현상(autoantibiosis)이 나타나는데 이를 길항 · 경합 · 항생작용이라 한다.

발효식품에서 있어서 젖산균은 탄수화물을 발효하여 산을 생성하므로 부패균의 증식을 억제시키는 현상이 일례라 할 수 있다.

이상으로 미생물의 기본 생리와 생육에 영향을 주는 물리적 요인, 화학적 요인, 생물학적 요인에 대해서 살펴보았다. 미생물은 환경조건에 따라 증식상태가 달라진다. 생존과 증식에 필요한 모든 영양소가 존재하더라도 생존 환경의 물리 · 화학적 조건이 최소 · 최대 범위 안에 있지 않으면 생존과 증식이 불가능하다.

이처럼 미생물의 증식과 생리적 성질은 주변의 환경에 의해서 조절할 수 있으므로 이것을 알아내어 미생물에 적합한 환경을 만들어 증식시켜 유용하게 이용할 수도 있으며 그와 반대로 부적합한 환경을 만들어 증식을 억제하거나 사멸시킬 수도 있다.

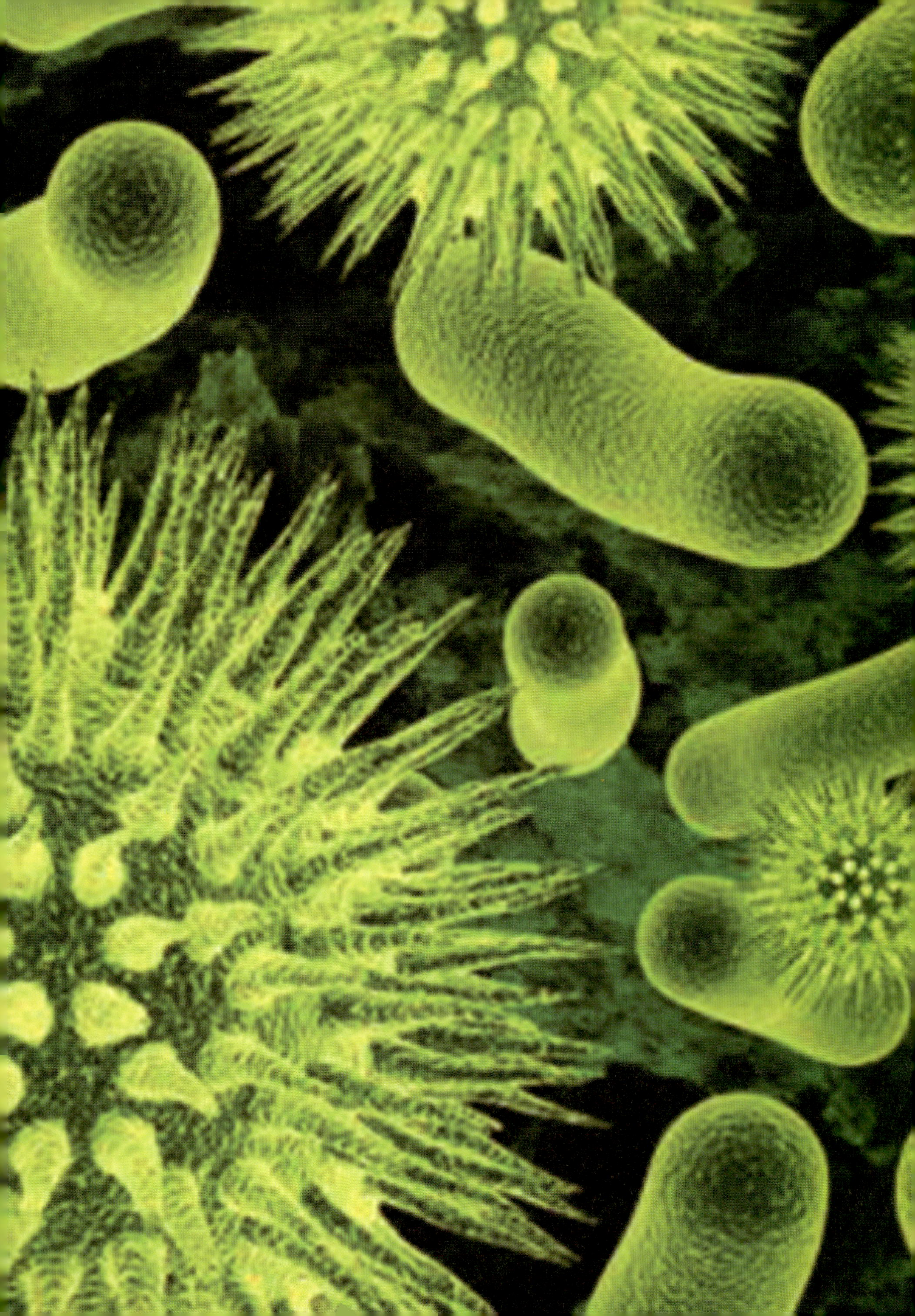

Chapter 04

미생물의 물질대사

1. 포도당 대사
2. 아미노산 대사
3. 지질대사

Chapter 4

미생물의 물질대사

SECTION 1 포도당 대사

포도당은 ATP(adenosine triphosphate)를 생산하기 위해 아주 중요하고, 포도당의 이화작용은 세균, 식물, 동물, 인간 등 살아 있는 모든 생물에서 매우 비슷하다. 포도당 대사는 호흡의 한 부분이고, 에너지를 방출하는 생물학적인 반응이다. 호흡은 산소 유무의 조건으로 분류할 수 있는데, 산소가 있는 경우를 유기 호흡(aerobic respiration)이라 하고, 산소가 없는 경우는 무기 호흡(anaerobic respiration)이라고 한다. 포도당 대사는 두 가지 조건에서 모두 일어날 수 있다.

1. 해당과정

포도당의 화학적인 분해를 '해당과정(glycolysis)'이라고 한다. Glyco는 'Glucose'를, lysis는 '쪼개다, 분해하다'를 뜻한다. 이 해당과정은 세균의 세포질에서 일어나며 6탄당인 포도당이 3탄당인 피루브산(sodium salt 형태이기 때문에 pyruvate라고도 부른다)으로 전환되는 과정이다. 포도당과 피루브산 사이에는 아홉 개의 화학적 반응과정이 있고, 각 과정은 특이적인 효소에 의해 촉진된다. 해당과정은 유기호흡의 한 부분이지만, 산소가 없을 경우에도 일어난다.

(1) EMP 경로(Embden−Meyerhof−Parnas pathway)

EMP 경로는 포도당이 분해되어 피루브산이 생성되는 경로이며 알코올 발효, 젖산 발효 등도 EMP 경로를 거친다.

① 알코올 발효

알코올 발효에서는 EMP 경로에 따라 생성된 피루브산이 pyruvic acid decarboxylase에 의해 CO_2와 acetaldehyde가 되고, acetaldehyde는 NADH와 alcohol dehydrogenase에 의해 환원되어 알코올과 NAD가 생성된다.

② 젖산발효(정상(homo)발효)

정상발효는 혐기적 조건 아래에서 EMP 경로에 따라 생성된 피루브산이 NADH와 lactic acid dehydrogenase에 의해 환원되어 젖산이 되는 과정이다(홍태희 외).

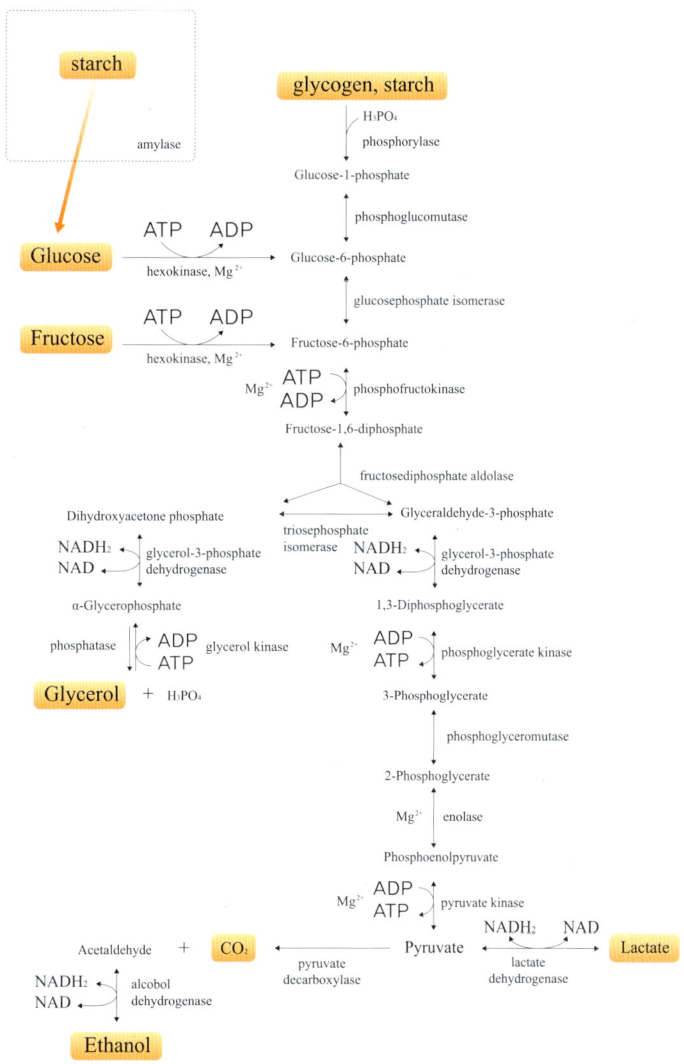

그림 4-1 포도당의 분해와 전자전달계

③ 기타 피루브산의 혐기적 발효대사

EMP 경로를 이용하는 젖산 발효와 알코올 발효 이외에 피루브산 이후의 대사가 다른 대표적인 발효로는 초산 발효, 혼합산(mixed acid) 발효, butandiol 발효, butyric acid 발효, acetone·butanol 발효, propionic acid 발효가 알려져 있다. 미생물의 발효를 이용하여 사람에게 유익하고 바람직한 방향의 제품을 생산하기도 하는데, 이 경우에도 일반적으로 발효(fermentation)라고 한다.

표 4-1 EMP 경로를 통한 각종 발효 형식

발효명 및 생산물	미생물의 예
혼합산 발효 : Lactic acid, acetic acid, formic acid, succinic acid, ethanol, H_2, CO_2	*Escherichia* 속, *Salmonella* 속, *Shigella* 속 등
Butanediol 발효 : 혼합산 발효생산물 이외에 2,3-butanediol	*Enterobacter* 속, *Serratia* 속, *Klebsiella* 속 *Bacillus polymyxa* 속, 등
Butyric acid 발효 : Butyric acid, acetic acid, H_2, CO_2	*Clostridium butyricum* 등
Acetone butanol 발효 : Butyric acid 발효생산물 이외에 butanol, acetone, isopropanol, ethanol	*Clostriudium acetobutyricum* 등
Propionic acid 발효 : Propionic acid, acetic acid, succinic acid, CO_2	*Propionibacterium* 속 등

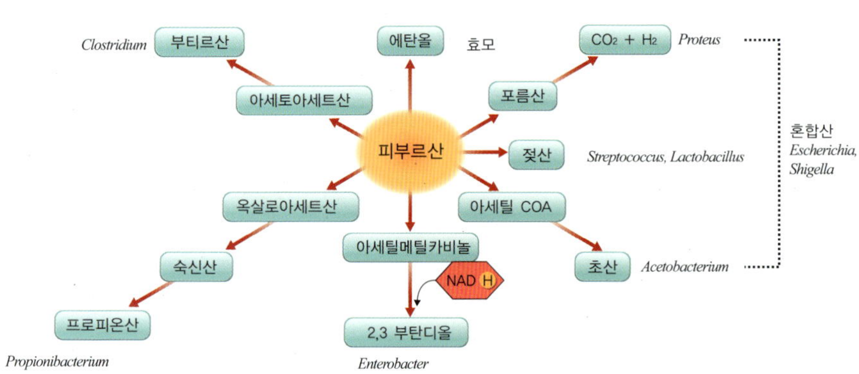

(출처: 현형환 외, "미생물학 길라잡이", 라이프 사이언스, 2009, p 261.)

그림 4-2 피루브산 발효의 여러 가지 산물들과 관여되어 있는 세균들

(2) HMP 경로(Hexose monophosphate pathway)

HMP 경로(pentose phosphate 경로라고도 한다)는 EMP경로와는 달리 수소의 운반에 관여하는 보조효소가 NADP이며, ATP를 필요로 하지 않는다. 이 대사는 핵산의 구성성분인 5탄당을 생성하거나 지방산 합성에 이용하는 NADPH + H^{+}을 얻는다.

일반적으로 미생물은 EMP 경로와 HMP 경로의 양쪽에 필요한 효소계를 가지고 있으나 당대사에 있어서 관여하는 경로나 그 비율은 미생물의 종류나 배양조건에 따라 달라진다. 효모는 EMP : HMP가 약 70~80 : 30~20 정도로 EMP 경로가 주이며, *Bacillus subtilis*는 두 경로가 거의 50 : 50이다. *Aspergillus niger*는 구연산 발효 중에는 EMP:HMP가 약 50 : 50에서 80 : 20으로 전환된다.

그러나 *Gluconobacter oxydans, Leuconostoc mesenteroides, Acetobacter suboxydans*와 같이 HMP 경로만 가지는 균도 있다. *L. mesenteroides*나 *Lactobacillus brevis* 같은 경우에는 HMP경로를 이용하여 이상(hetore)발효(젖산 이외에 다른 물질로 생성)를 한다(Moat and Foster, 1995).

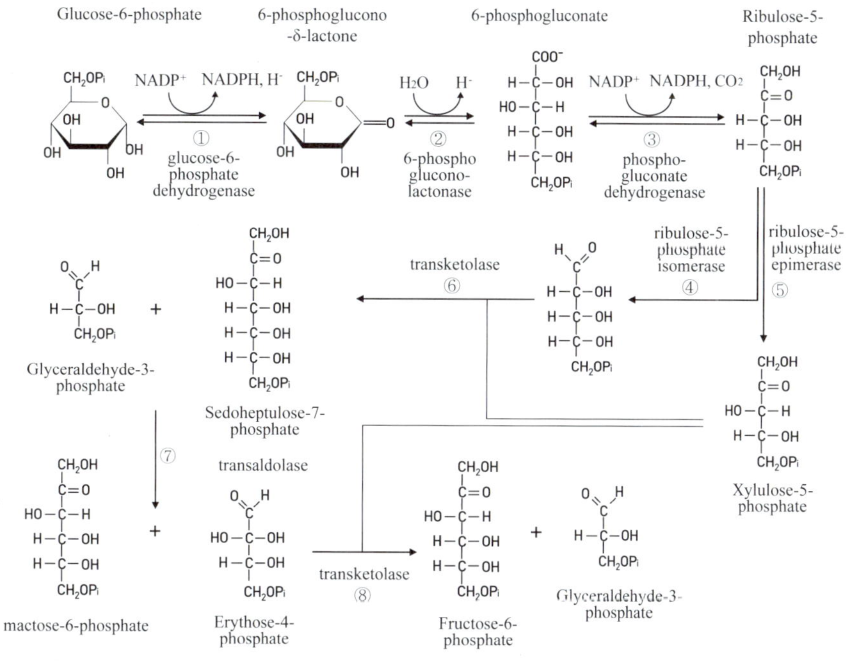

그림 4-3 HMP 경로

(3) ED 경로(Enter–Doudoroff pathway)

ED 경로는 세균에서 볼 수 있으며, 주로 *Pseudomonas*, *Zymomonas*, *Azotobacterium* 등을 포함한 그람음성균이 이 경로를 거치나 그람양성 유산균인 *Streptococcus faecalis*는 예외적으로 이 경로를 거친다. 특징은 2–keto–3–deoxy–6–phosphogluconic acid가 탄소 세 개씩 절단되는 것으로 이렇게 생성된 피루브산과 glyceraldehyde–3–phosphate는 보통의 알코올 발효와 같이 대사되어 에탄올과 CO_2를 생성한다(노완섭 외, 2010).

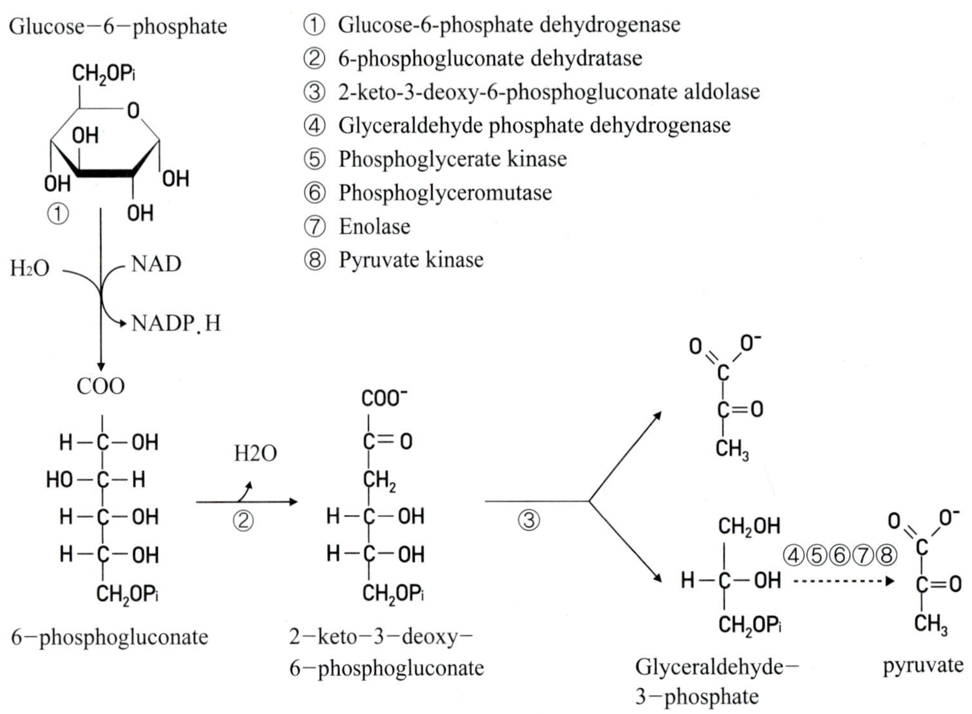

그림 4–4 Entner–Doudoroff 경로

표 4-2 세균의 EMP 또는 ED 경로

세균명	EMP 경로	ED 경로
Azotobacter chroococcum	+	−
Alcaligenes eutrophus	−	+
Bacillus subtilis	+	−
*Escherichia coli*를 포함한 장내세균	+	−
Pseudomonas saccharophila	−	+
Rhizobium japonicum	−	+
Thiobacillus ferroxidans	−	+
Xanthomonas phaseoli	−	+
Clostridium aceticum	−	+

2. The Krebs cycle (TCA cycle)

Krebs cycle는 피루브산을 완전히 산화하여 에너지를 획득하는 중요한 호기적 대사경로이다. 이 회로는 끝의 기질이 시작하는 지점의 기질과 동일한 하나의 회로로, 모든 반응들이 촉매에 의해 촉진되고 세균의 경우 세포질에서 발생한다. 곰팡이류 같은 진핵생물은 이 반응이 미토콘드리아에서 일어난다.

피루브산이 Krebs cycle에 들어가기 전에, (A)반응이 나타난다. 효소에 의해 피루브산에서 탄소원자 하나가 제거되고 그 탄소원자는 이산화탄소(CO_2) 형태로 방출된다. 남아 있는 두 개의 탄소원자는 coenzyme A라고 하는 물질과 결합하여 acetyl−coenzyme A, 간단하게 acetyl−CoA가 된다.

반응(B)에서는 acetyl−CoA가 4탄당인 oxaloacetic acid와 결합하여 6탄당인 citric acid가 된다. citric acid는 반응(C)에서 α−ketoglutaric acid라는 물질로 변화한다. 다음 과정인 (D)반응에서는 α−ketoglutaric acid가 효소에 의해서 succinic acid로 변환된다. Succinic acid가 fumaric acid로 전환되고, fumaric acid가 malic acid로 전환된다. 그리고 malic acid는 oxaloacetic acid로 전환되고, oxaloacetic acid는 다른 acetyl−CoA와 결합한다.

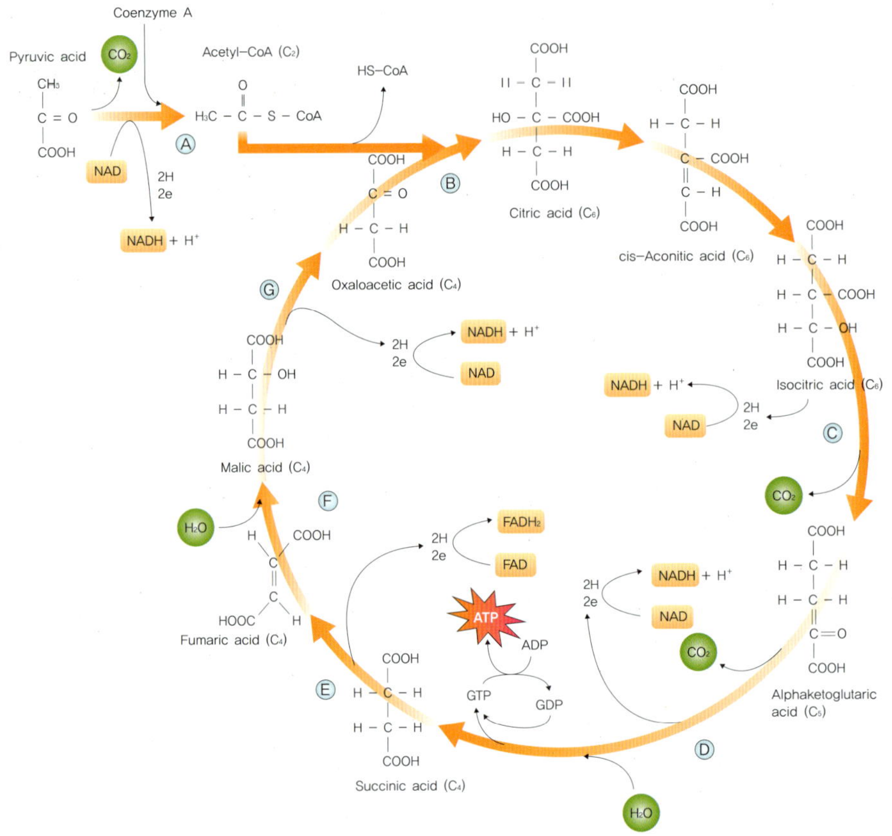

그림 4-5 The Krebs cycle

Krebs cycle은 중요한 탄수화물의 호기적 대사 과정으로서 전자전달계와 밀접한 관계가 있으며, 에너지의 효율적인 공급원이기도 하다. 또한 아미노산이나 지방산의 생합성에 필요한 대사중간체를 공급하며 생체 성분의 생합성계로서 중심적인 역할을 하고 있다.

3. 전자전달계

대부분의 미생물은 일반 동식물과 같이 생체 내에서 섭취한 영양물질을 분해하여 ATP를 생산한다. EMP 경로나 TCA회로의 대사과정에 관여하는 여러 반응에서 유기화합물로부터 수소가 빠져나가, 이 수소가 생체 내의 다른 환원반응에 공급되지 않는 경우 다시 많은 전자전달체(eletron carriers)와 많은 효소를 포함하는 계를 수소원자가 통과함으로써 단계적으로 에너지가 방출되는데, 방출에너지의 일부가 무기인산과 ADP와의 결합에너지로 전환되어 ATP 생성이 수반되고 수소는 최종적으로 산소분자와 결합하여 H_2O로 된다.

이 일련의 반응을 촉매하는 효소계를 전자전달계라 하고 이 과정에서 진행되는 ATP 생성 반응을 산화적 인산화(oxidative phosphorylation)라고 한다. 전자전달계는 진핵세포인 동식물, 효모 및 곰팡이에서는 세포 내의 미토콘드리아의 내막에서 일어나고, 세균과 같은 원핵세포에서는 세포막에서 일어난다.

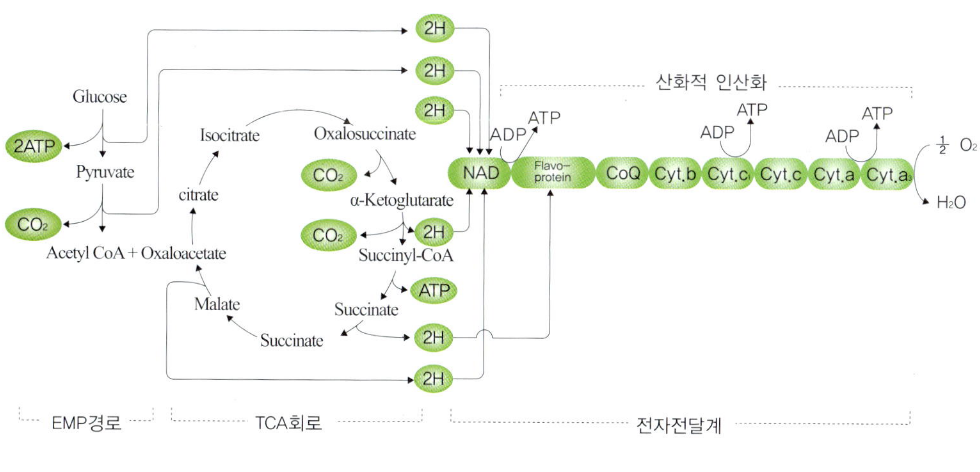

그림 4-3 포도당의 분해와 전자전달계

SECTION 2 아미노산 대사

미생물을 포함한 모든 생물체 세포의 중요 구성물질로 생체반응에 관여하며 생명유지의 중심역할을 하는 유전자나 효소 등이 단백질로 이루어져 있다. 단백질 분자는 20종의 아미노산으로 구성되어 복잡한 구조를 하고 있다. 미생물을 포함한 모든 세포는 단백질 분해효소의 작용으로 단백질을 아미노산으로 분해하고 다시 필요한 단백질원을 합성함으로써 필수 영양분으로 이용한다. 이러한 아미노산의 분해와 합성은 탄수화물 대사와 밀접하게 관련되어 있다(노완섭 외, 2010).

1. 아미노산의 분해

단백질을 구성하는 20개의 표준아미노산은 보통 7개의 중간생성물로 분해되어 각각의 대사과정을 거치게 되며, 크게 두 그룹으로 나뉜다.

포도당의 전구체가 되는 피루브산, α-ketoglutarate, succinyl-CoA, fumarate 및 oxaloacetate로 분해되는 glucogenic amino acids 그룹과 지방산이나 케톤체(ketone body)로 전환되는 acetyl-CoA나 acetoacetate로 분해되는 ketogenic amino acids 그룹이다.

아미노산의 분해는 탈아미노반응(deamination)을 통하여 아미노기(−NH_2)가 떨어져 나가게 되는데, 이 아미노기가 세포 밖으로 배출되기 위하여 요소 대사에 유입되는 대사 과정과 α-keto acid인 탄소골격의 탈탄산반응을 비롯한 일련의 대사과정을 통하여 완전히 CO_2와 H_2O로 분해되거나 포도당, acetyl-CoA, 케톤체 등으로 전환되어 각각 분해, 합성과정을 거친다(방병호 외, 2010).

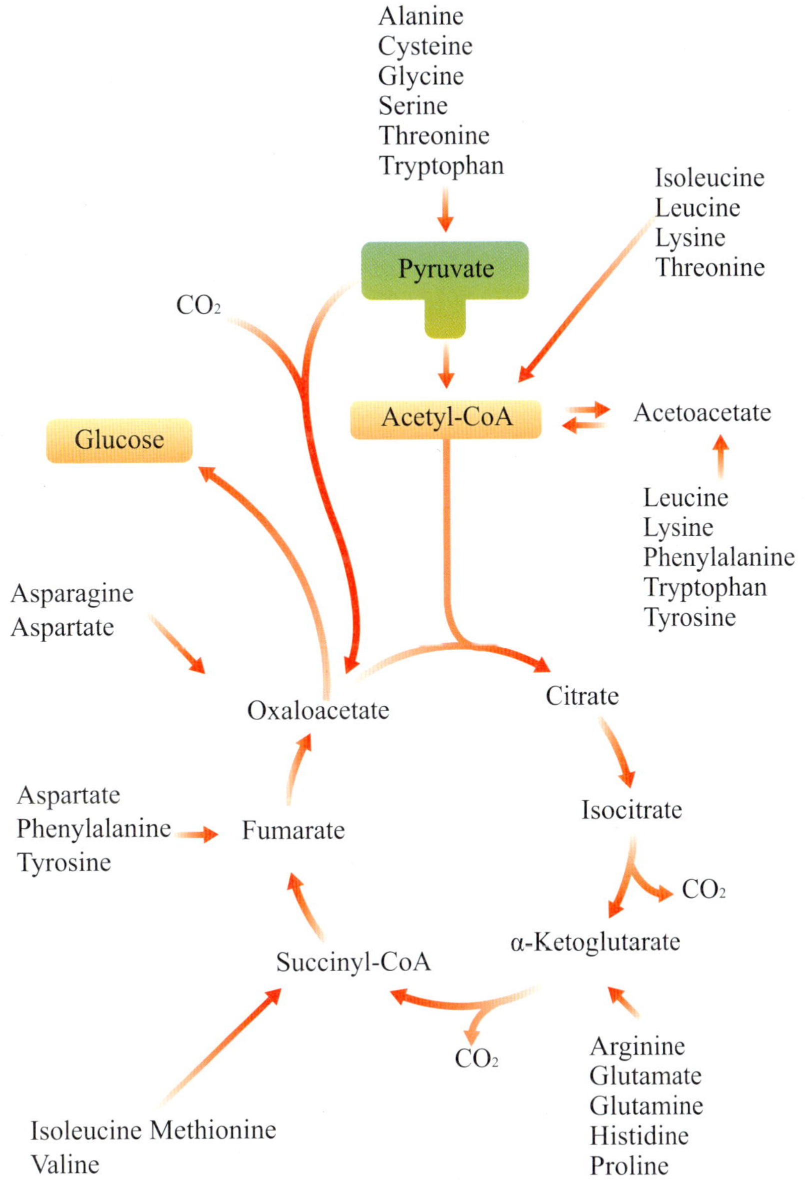

그림 4-7 아미노산의 분해

2. 아미노산의 생합성

많은 미생물들이 포도당이나 아세트산 등의 유기화합물과 암모니아로부터 단백질 합성에 필요한 모든 아미노산을 합성한다. 단백질의 합성에 필요한 20 종류의 아미노산은 EMP 경로에 의해서 만들어진 탄소골격 중간체인 피루브산, phosphoenolpyruvate, 3-phosphoglyceric acid와 HMP 경로의 중간체인 erythrose-4-phosphate, TCA 회로의 중간체인 fumaric acid, oxaloacetic acid, α-ketoglutaric acid 등으로부터 합성된다.

아미노산의 생합성 과정은 glutamic acid 계열, aspartic acid 계열, 피루브산 계열, 방향족 아미노산 계열, serine 계열의 5계열로 분류된다. 그리고 이외에 histidine이 있으며(강성태 외, 2010), 이러한 미생물에 의한 아미노산 생합성 반응은 발효공업의 아미노산 발효로 응용되고 있다(홍태희 외, 2011).

표 4-3 아미노산의 생합성계

전구물질 (metabolic precursors)	아미노산		계열(group)
α-Ketoglutaric acid (TCA 회로)	→ glutamic acid	Glutamine Arginine Proline	Glutamic acid
Oxaloacetatic acid (TCA 회로)	→ Aspartic acid	Asparagine Methionine ↓ Isoleucine Lysine	Aspartic acid
Phosphoenolpyruvic acid +Erythrose-4-phosphate (HMP 회로)		Phenylalanine Tyrosine Tryptophan	방향족 아미노산
3-Phosphoglycerate (EMP 회로)	→ Serine	Glycine Cysteine	Serine
Pyruvic acid (EMP 회로)		Alanine Valine Leucine	Pyruvic acid
Phosphoribosyl pyrophosphate +ATP(HMP 회로)	Histidine		

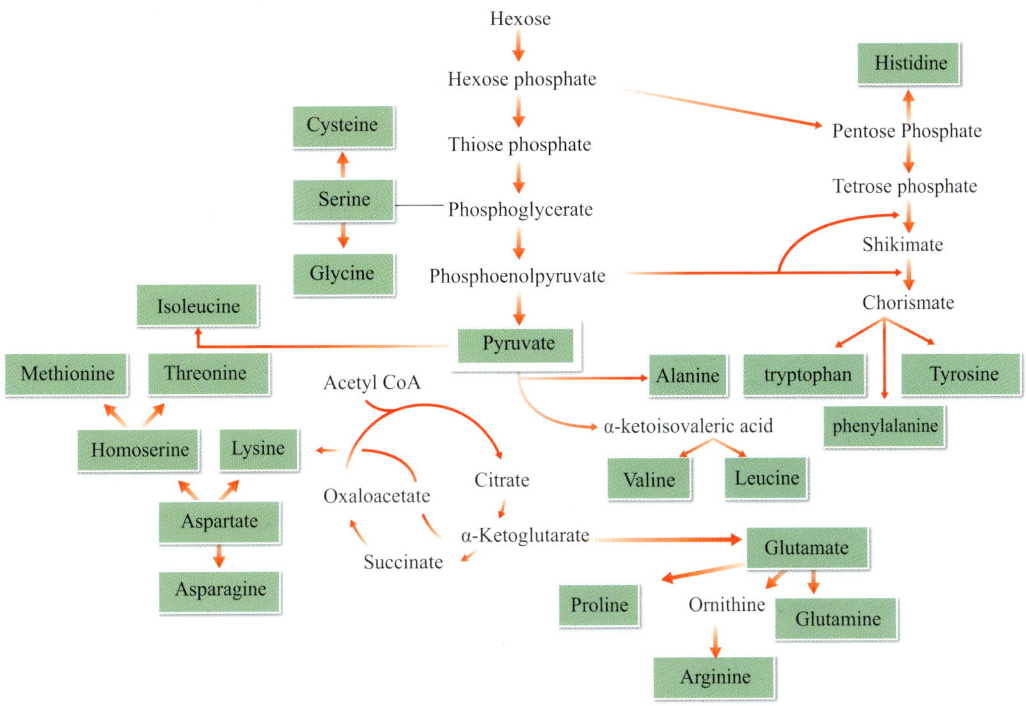

그림 4-8 아미노산의 합성경로

SECTION 3 지질대사

대부분의 세포는 다양한 종류의 지질(Lipids)을 가지고 있다. 지질은 세포막의 구성분으로 존재하여 막의 유동성을 부여하거나 세포 내의 함유물로 저장되어 에너지원으로 이용된다. 특히 지질의 종류 중 인지질(Phospholipids)은 세균이나 진핵생물의 세포막 구성성분으로 중요한 역할을 한다.

미생물에서 지질은 주로 유리 상태로 존재하지만 glycerol과 ester 결합에 의해 지방으로 축적되기도 한다. 지질은 리파아제(Lipase)에 의하여 지방산과 glycerol으로 가수분해 되어 각각 대사로 들어가는데 glycerol은 phosphoglycerin으로 변화되어 EMP 경로로 들어가고, 합성은 이와 역반응으로 진행된다.

1. 글리세롤 분해

글리세롤과 3개의 지방산으로 구성된 지질은 리파아세에 의해 글리세롤과 지방산으로 분해된다. 이후에 인산과 결합한 glycerol-3-phosphate는 glyceraldehyde-3-phosphate로 전환되어 해당과정의 EMP 경로를 거쳐 최종 산화된다.

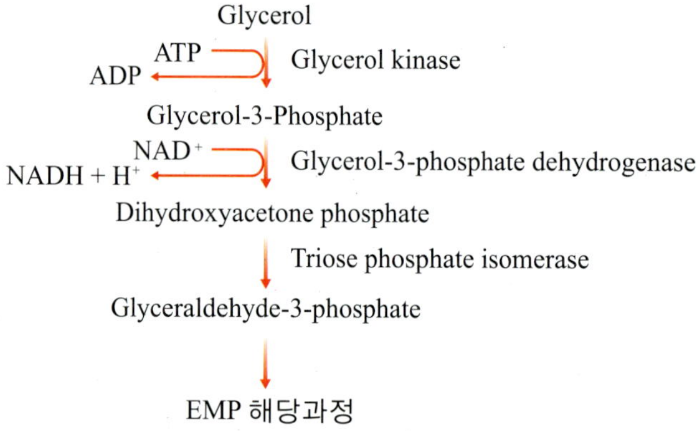

그림 4-9 글리세롤 분해

2. 지방산 분해

천연의 지방산은 직쇄상 형태이며, 탄소수가 짝수인 지방산이 더 많으나 홀수인 지방산도 있다. 탄소수가 (n+4)인 지방산의 산화경로를 보면, 지방산은 ATP를 이용하여 acyl-CoA로 되어 탈수소반응, 가수 분해 등에 의해 β-ketoacyl-CoA로 된다. 이 분자는 매우 불안정하여 다른 1분자의 CoA와 작용하여 acyl-CoA와 탄소수가 2개 적은 (n+2) 지방산의 CoA 화합물로 되는데, 이를 β-산화(β-oxidation)이라고 한다.

이 같은 반응을 계속 되풀이하면 결국 탄소수가 짝수인 지방산은 acetyl-CoA로 전부 산화되고, 홀수인 지방산은 acetyl-CoA와 propionyl-CoA가 된다. 따라서 β-산화의 결과물인 acetyl-CoA는 TCA 회로로 들어가서 대사된다.

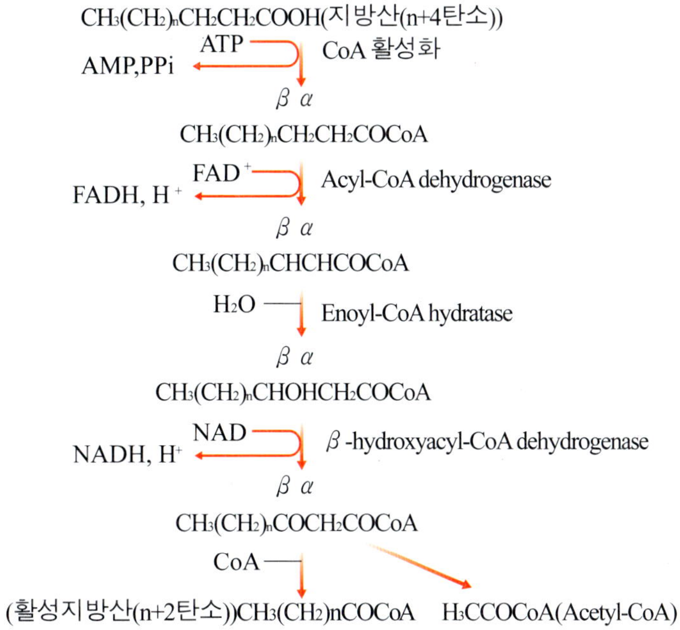

그림 4-10 지방산 β-산화

3. 지방산 합성

지방산의 합성은 acetyl-CoA의 카르복시화에 의해 생성된 malonyl-CoA로부터 시작되며, 대부분의 반응은 다중효소복합체에 의해 일어난다. 합성 초기의 반응에는 acyl carrier protein(ACP)라는 특이한 단백질이 관여하며, NADPH라는 조효소가 많이 이용된다.

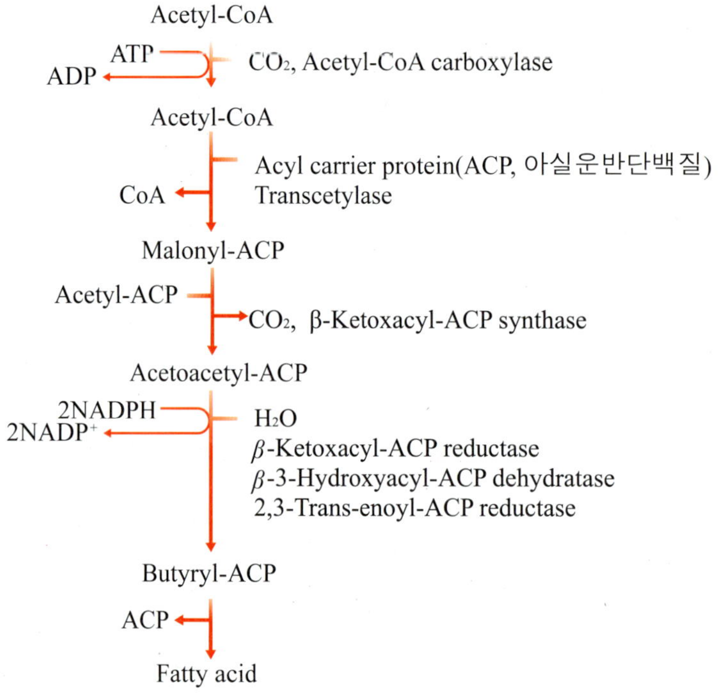

그림 4-11 지방산의 합성

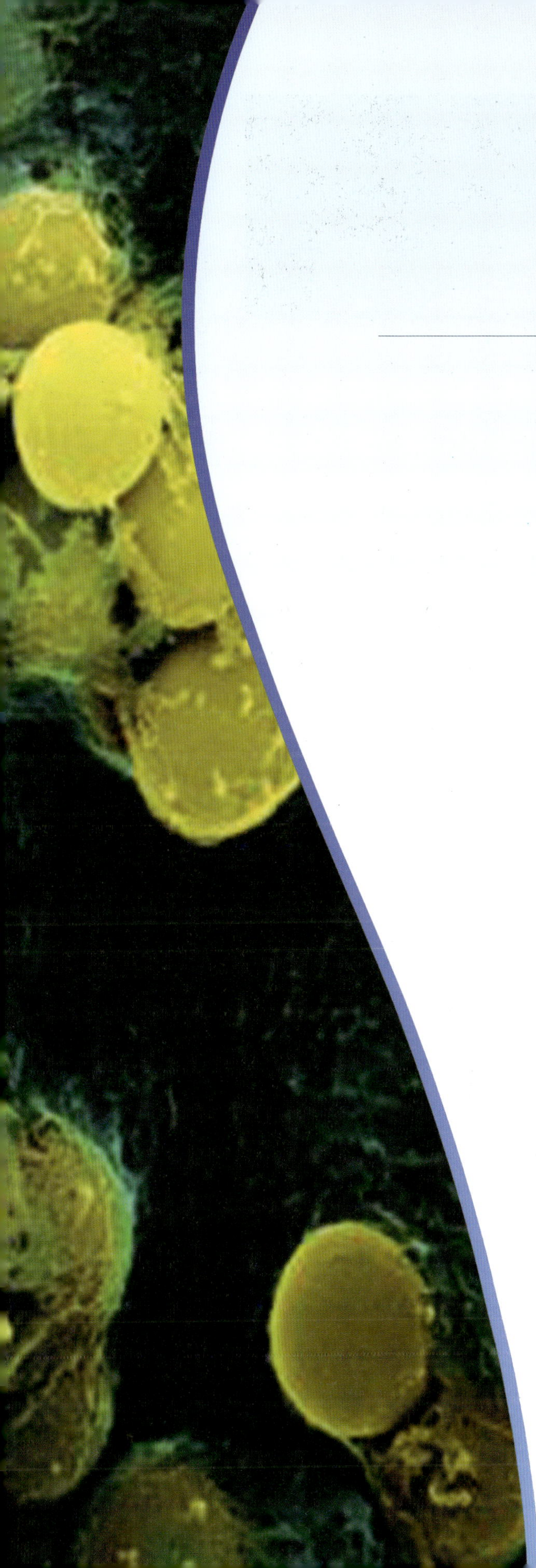

Chapter 05

바이러스 (virus)

1. 바이러스와 피지
2. Phage의 구조
3. Phage의 생활사
4. Phage의 대책

Chapter 5
바이러스 (virus)

SECTION 1 바이러스(virus)와 파지(phage)

바이러스의 존재는 1892년 D.J. 이바노프스키(Dmitri Ivanovxxxxsky)가 담배모자이크병(TMV : Tabaccomosaic virus)에 걸린 담뱃잎의 추출액이 세균이 통과할 수 없는 필터로 여과한 후에도 여전히 감염력을 유지하고 있다는 사실을 발견한 후부터 알려지게 되었다. 바이러스란 동물의 세포나 세균세포에 기생하며 증식하여 광학현미경으로는 볼 수 없는 직경 0.5㎛ 정도로 대단히 작은 초여과성(超濾過性) 미생물이다.

바이러스는 크기가 작기도 하지만 일반 미생물과는 전혀 다른 구조를 이루고 있어 DNA와 RNA 중 어느 한쪽의 핵산과 그것을 보호하는 단백질을 갖고 있다. 따라서 독자적인 대사기능을 거의 갖지 못하고 반드시 살아있는 세포 내에서만 증식하므로 생물과 무생물의 중간적인 존재라고 할 수 있다. 그러나 바이러스는 자기증식성 · 병원성 · 유전성으로 볼 때 생물임에는 틀림없다.

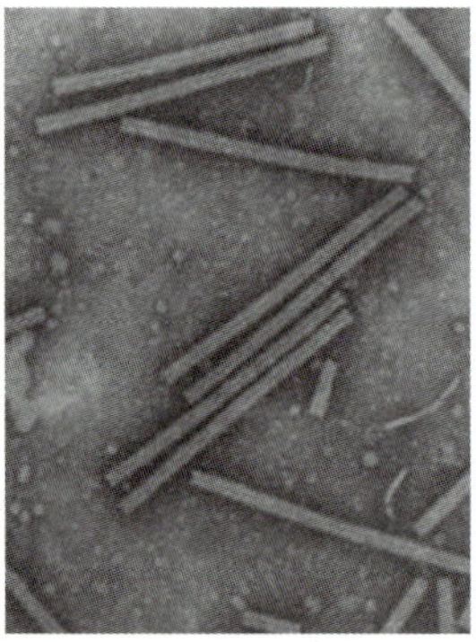

그림 5-1 담배모자이크

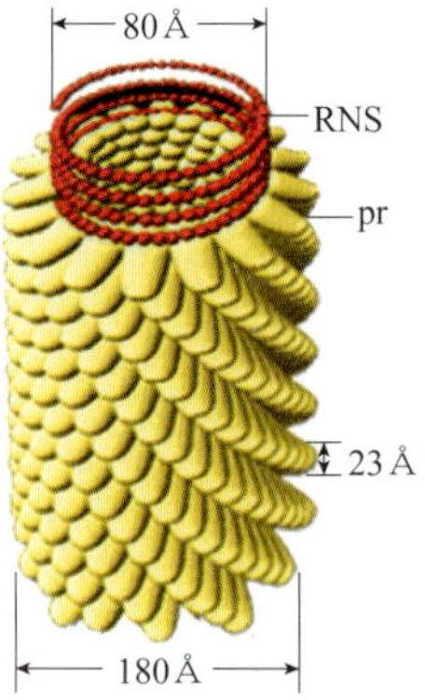

그림 5-2 모형도 r ; protein

바이러스는 각각 고유의 숙주를 가지는 숙주특이성으로 동물을 숙주로 기생하는 동물 바이러스, 식물을 숙주로 기생하는 식물 바이러스 및 세균에 기생하는 바이러스를 특히 bacteriophage 또는 간단히 phage라고 부른다. Phage의 크기는 세균의 약 1/10 정도이고 용적은 1/1000 정도이다. Phage에는 독성 파지(virulent phage)와 용원 파지(temperate phage)의 두 가지 종류가 있다. Phage의 감염범위는 감염원이 되는 세균과 똑같은 균주이거나 이와 유사한 균주에만 감염하는 숙주(host) 특이성이 있다.

이러한 phage는 그 존재가 확인된 이후에도 상당기간 동안 초기의 발견이 병원성 세균에서 발견되었기 때문에 병원성 질환의 치료적 측면에서만 연구대상이 되어 왔고, phage는 자기복제에 필요한 정보를 가진 가장 작고 단순한 생물체로서 유전연구에 널리 이용해 왔다.

그 후 식품과 의약품이 세균을 이용한 발효에 의하여 공장규모로 생산됨에 따라 식품, 항생물질, 효소, 유기용매 등 세균을 이용하는 경우 phage에 의한 발효성 세균의 오염(contamination)이 문제시되어 왔으며 이에 대한 예방대책 또한 여러 측면에서 연구되어 왔다.

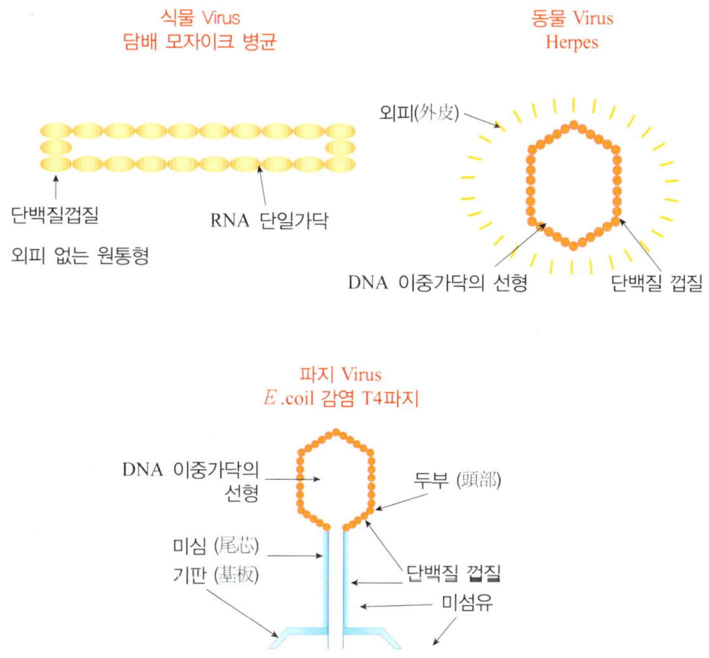

그림 5-3 바이러스의 구조들

SECTION 2 Phage의 구조

Phage는 크기가 매우 작아서 보통 광학현미경으로는 관찰이 불가능하였다. 그러나 근래에는 전자현미경의 발달로 phage의 미세한 구조까지 밝힐 수 있게 되었다. 전체적인 형태는 마치 올챙이처럼 생겼으며 두부(head), 미부(tail), 여섯 개의 spike가 달린 기부(base)가 있고 말단에는 짧은 미부섬조(tail fiber)가 달려 있다(그림 5-4).

Phage의 두부에는 유전정보원이 되는 DNA(분자량 : 약 10^8) 또는 RNA만 들어 있고 그 밖의 성분은 거의 없다. 이와는 반대로 미부의 초(sheath)에는 단백질이 나선형으로 늘어서 있고 그 내부의 중심초는 속이 비어 있다. 선단의 갈고리 모양을 한 spike는 phage가 숙주세균에 기생할 때 세균의 표면에 고정하는 장치이다. 미부섬조도 숙주표면에 부착하는 장치로 생각된다.

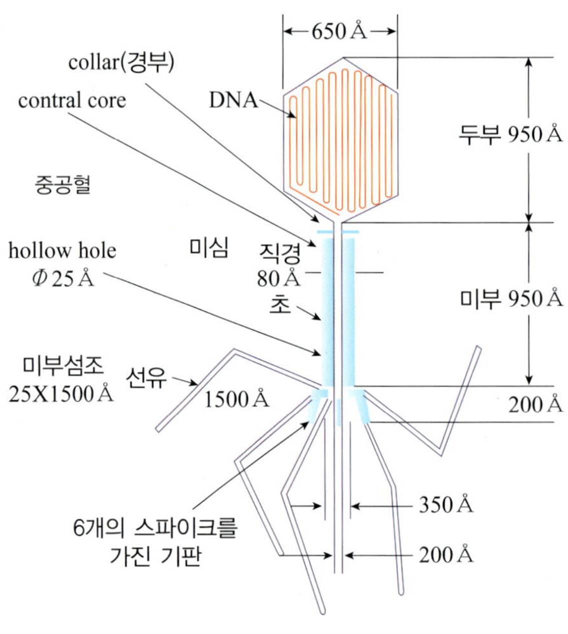

그림 5-4 Bacteriophage의 미세 구조

Phage는 숙주세균에 접착함과 동시에 수축성 단백질로 되어 있는 미부와 초가 수축하여 내측의 관을 숙주세균의 세포 속으로 주삿바늘 꽂듯이 깊이 삽입한다. 이때 효소를 분비하여 숙주세균의 세포벽에 작은 구멍을 뚫어 두부 속에 들어 있는 DNA를 숙주세균의 세포 속으로 주입시켜 새로운 phage로 증식하게 된다.

Phage 자체는 단백질이므로 열에 약하여 60~70℃에서 30분 정도 가열처리하면 일반 단백질의 변성과 마찬가지로 활성을 잃게 된다. 그러나 약품에 대한 저항력은 일반세균보다 훨씬 강하여 약품에 의한 살균은 효과가 없다.

SECTION 3 Phage의 생활사

그림 5-5에 phage의 생활사와 감수성과의 관계를 나타내었다. 보통의 바이러스체인 free phage는 감수성균에 부착하여(A), DNA를 방출한다(B). 이때 단백질로 되어 있는 phage의 껍질은 세균의 표면에 남게 된다.

독성 phage에서는 균체에 주입된 phage DNA가 증식형 phage가 되어 재빨리 phage의 messenger RNA를 합성하고 감수성균이 원래 가지고 있는 대사계를 이용하여 phage DNA와 단백질을 합성한다(C, D). 생육후기에 이들 DNA와 단백질이 각각 특이적으로 집합하여 원래의 phage와 동일한 phage를 형성하고(E), 이어서 이들 성숙한 phage는 또 다른 세균세포에 기생하는 생활환을 반복하게 된다.

이와는 달리, 용원 phage의 생활사는 세균세포 속으로 들어온 phage DNA가 세균세포 속에서 새로운 DNA나 단백질을 합성하지 않고 숙주세균 세포의 염색체에 부착하여 염색체의 일부가 되며 세균의 증식에 따라 분열한 세균세포로 유전된다. 이러한 phage를 prophage라고 하며 prophage를 갖고 있는 세균을 용원균(lysogenic strain)이라고 한다.

용원균은 보통상태에서는 일반세균과 마찬가지로 분열과 증식을 계속하나 자외선의 주사나 화학물질에 의한 인공유발을 일으키면 세균과 phage 간에 평형관계가 깨져 prophage는 독성 phage가 되어 용균감염 생활사로 들어가게 된다.

용원균에 있어서는 10^5번에 한 번 정도의 낮은 빈도로 prophage DNA와 숙주세균 세포 염색체의 DNA 간에 유전적 변이가 일어나 prophage의 유전형질이 숙주세균에 도입되는 경우가 있다. 이러한 현상을 형질도입(transduction)이라고 하며 세균의 유전에 있어서 대단히 중요한 현상이다.

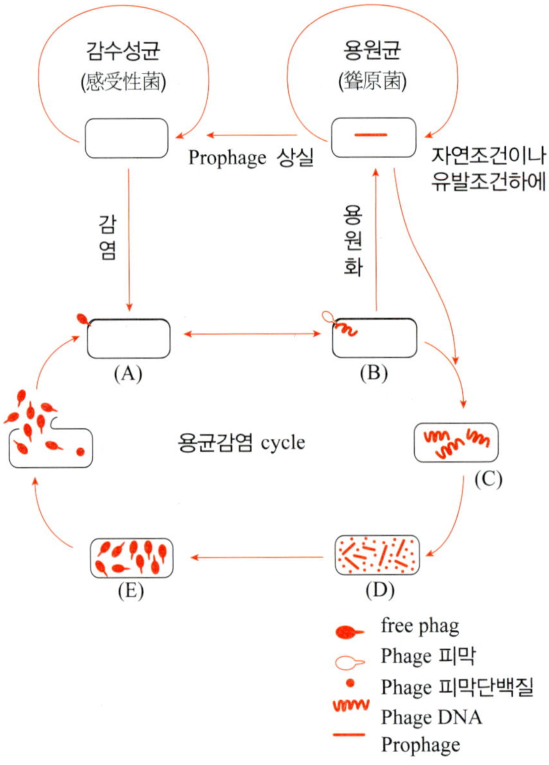

그림 5-5 Bacteriophage의 생활사

SECTION 4 Phage의 대책

미생물을 이용하는 발효공업에 있어서 phage는 아세톤, 부탄올, 치즈, 요구르트, glutamic acid, amylase, 납두, 항생물질, 핵산관련물질 등의 발효생산에 이용하는 세균 및 방선균에 자주 발생한다.

발효조에 phage가 침입하면 발효미생물의 당소비와 가스 발생이 급격히 떨어질 뿐만 아니라, 세균의 증식에 의하여 혼탁되어야 할 발효액이 반대로 투명해진다. 따라서 phage의 침입여부를 쉽게 알 수 있으며 phage의 존재 또한 발효 상등액을 감염되지 않은 발효액과 함께 plate하면 한천 평판배양 상에 투명한 plaque를 형성하므로 쉽게 알아 낼 수 있다.

Phage의 오염을 막는 대책으로는 공장과 그 환경을 미생물학적으로 청결히 할 것과 장치의 가열살균, 약제사용을 통한 철저한 살균이 중요하다. 식품공장의 공기에서도 phage의 유무를 검사하여 phage의 조기발견에 힘써야 한다.

공업적으로 phage의 오염을 적극적으로 대처하는 방법으로는 자연돌연변이로 생긴 phage에 대한 내성이 강한 균주를 사용하기도 하나, 실용적으로 가장 효과적인 대책은 미리 감수성 균주를 몇 가지 선정해 두고 2균주 이상을 순열조합해 계열을 만들어 매번 바꾸어 사용하는 rotation system을 행하는 것이 가장 효과적이다. 실제로 치즈의 starter 등에는 이러한 방법이 이용되는데, 이것은 phage의 숙주 특이성을 이용한 방법이다.

즉, phage가 기생하기 시작할 때 숙주세균을 바꾸어 phage가 증식할 기회를 주지 않는 방법이다.

표 5-1 식품과 관계되는 bacteriophage

숙주균	식품의 종류	발견년도	머리부		꼬리부	
Streptococcus cremoris	치즈	1935	90	90	100	
St. lactis	치즈, 겨자에 넣은 침채류	1935				
St. thermophilus	치즈	1935				
Lactobacillus acidophilus	요구르트	1957	75	75	270	
L. plantarum	침채류	1950				
L. brevis	청주, 채소	1955				
Leuconostoc mesenteroides	청주주모, dextran	1947				
Bacillus subtilis	세균 amylase	1955	100	100	250	15
Brevibacterium lactofermentus	L-glutamin acid 발효	1961	40~70	40~65	80~350	10~18

Chapter 06

세균 (Bacteria)

1. 세균의 형태와 구조
2. 세균의 번식
3. 세균의 분류

Chapter 6

세 균 (bacteria)

세균(bacteria)은 곰팡이나 효모와 다른 원시핵세포(procaryotic cell)의 구조를 가진 하등미생물에서 남조(blue-green algae)를 제외한 미생물이다. 폭이 1μ 내외인 구형 또는 막대형의 단세포미생물로 세포분열에 의해서 증식이 특징이며, 미생물 중에서 그 크기가 가장 작아서 광학현미경으로 확대하지 않으면 그 형태를 볼 수 없다.

세균은 약 3,000종이 알려져 있는데 자연의 공기, 흙, 물 등에 널리 분포하며, 그 종류와 수는 대단히 많다. 세균에는 단순한 일반세균 외에 형상이 다른 점액세균(slime bacteria), 스프로헤타(spirochaeta)가 있으며, 세균과 곰팡이의 중간적 성상을 가진 방선균(Actinomycetes)도 세균에 포함한다.

식품미생물로서 중요한 것은 거의가 일반세균에 한정되어 있지만 세균은 우리 생활에 유익한 것, 무익한 것, 유해한 것 등 그 종류가 대단히 많다.

SECTION 1 세균의 형태와 구조

1. 세균의 형태

구형이나 타원형인 것을 구균(coccus)이라고 하며, 원통형이거나 막대기처럼 길쭉한 것을 간균(bacillus)이라고 한다. 그리고 나선형인 것을 나선균(spirillum)이라고 한다.

(1) 구균 (coccus)

구균은 종류에 따라 특이하게 배열하기 때문에 이러한 세균의 배열상태는 세균을 분류하는 기준의 하나이다.

구균은 분열 후
① 세포가 흩어지는 단구균(monococcus)
② 세포가 두 개씩 연결되는 쌍구균(diplococcus pneumoiae)
③ 한쪽 방향으로만 분열하여 길게 연결되는 연쇄상구균(streptococcus)
④ 두 방향으로 연결되는 4연구균(tetracoccus, pediococcus)
⑤ 세 방향으로 연결되는 8연구균(octacoccus, sarcina)
⑥ 분열방향이 불규칙하여 포도송이처럼 되는 포도상구균(staphylococcus) 등이 있다.

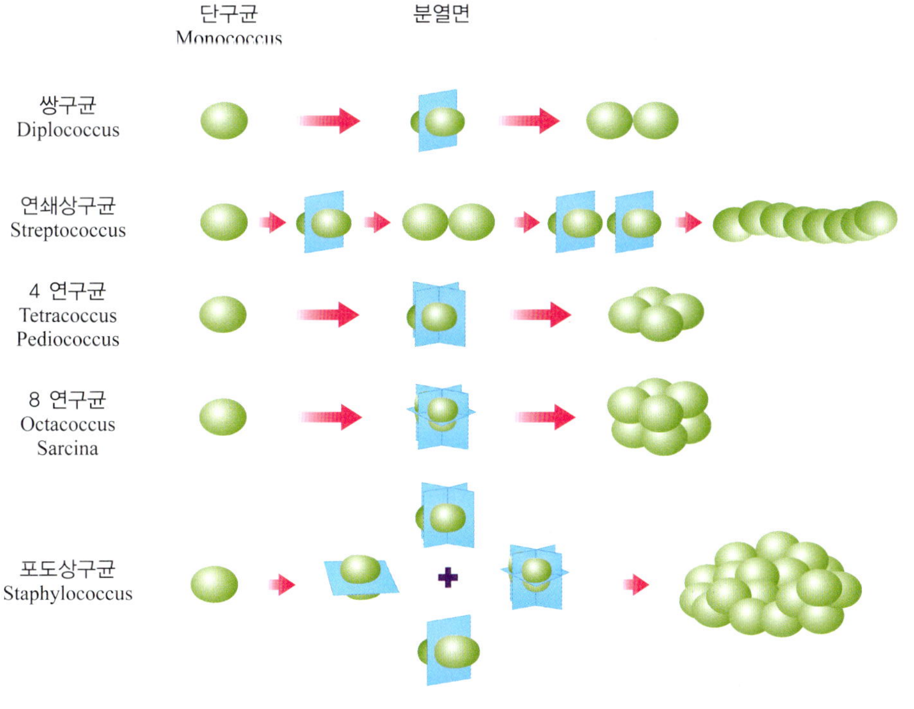

그림 6-1 구균의 분열형태

(2) 간균(bacillus)

간균은 구균처럼 여러 가지의 특이한 배열을 하지 않는다. 때로는 간균이 쌍을 이루거나 연쇄상으로 배열하는 경우가 있는데 이것을 연쇄상간균(streptobacillus)이라고 하며 디프테리아(Corynebacterium diphtheriae)균에서 볼 수 있다.

간균은 그 길이가 폭보다 약간 긴 것이 보통이나 편의상 길이가 폭의 두 배 이상인 것을 장간균(long rod bacteria), 두 배 이하인 것을 단간균(short rod bacteria)으로 대별한다. 간균은 양쪽 끝이 둥근 것이 보통이나 *Bacillus anthracis*와 같이 각이 진 것도 있으며 또한 포자를 형성하는 세균 중에서 포자 때문에 세포의 일부가 팽대하여 중앙이 방추형처럼 두터워진 것을 *Clostridium*, 끝이 팽대하여 곤봉처럼 된 것을 *Plectridium*이라고 한다.

(3) 나선균(spirillum)

나선상의 균을 말하며, 짧은 콤마처럼 생긴 호균(vibrio), 나선이 3개 이상인 것을 *Spirochaeta*라고 부른다.

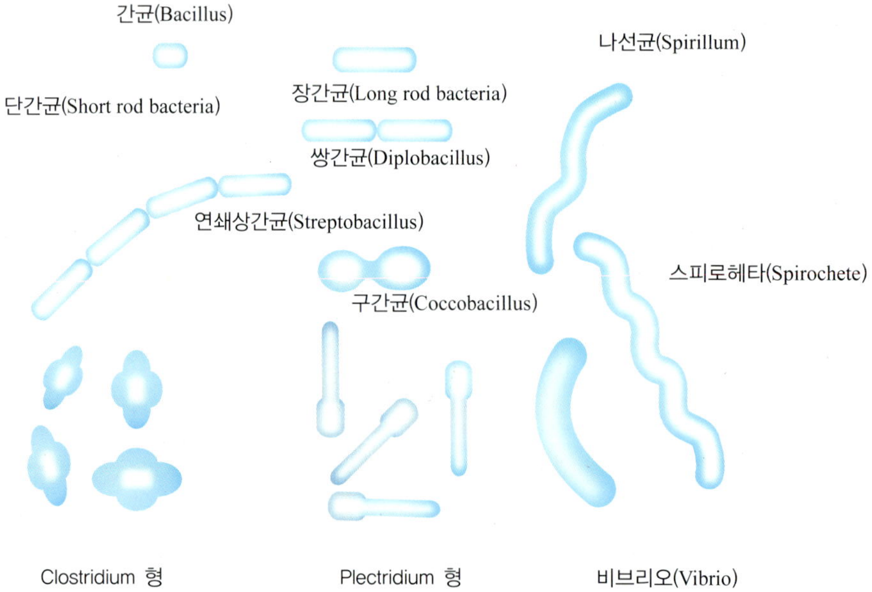

그림 6-2 간균 및 나선균의 형태

2. 세균 세포의 구조

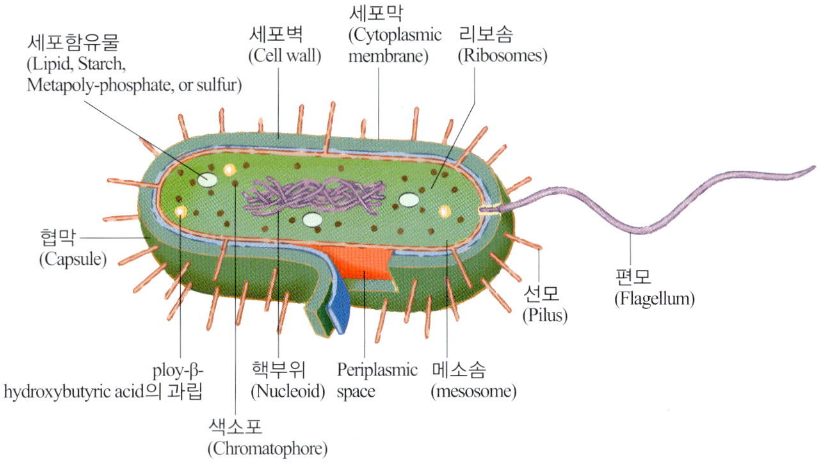

그림 6-3 세균 세포의 구조

(1) 편모(flagellum)

세균에는 운동성이 있는 것(motile)과 없는 것(non-motile)이 있는데 이 운동성은 가늘고 긴 털과 같은 편모에 의한 것으로 편모의 유무, 수, 위치는 세균의 분류학상 중요한 기준이다.

편모의 위치에 따라 극모(polor flagella)와 주모(peritrichous flagella)로 대별하고, 극모는 다시 단극모(monotrichous flagella), 양극모(amphitrichous flagella), 극속모(lophotrichous flagella)로 나눈다. Pseudomonas 목에 속하는 *Pseudomonas, Spirillum, Vibrio* 등과 같은 세균은 단극모 또는 극속모로 된 편모를 가지며 진정세균목(Eubavteriales)에 속하는 *Salmonella, Bacillus* 등은 주모성 편모를 갖는다. 편모는 주로 간균이나 나선균에만 있으며 구균에는 거의 없다.

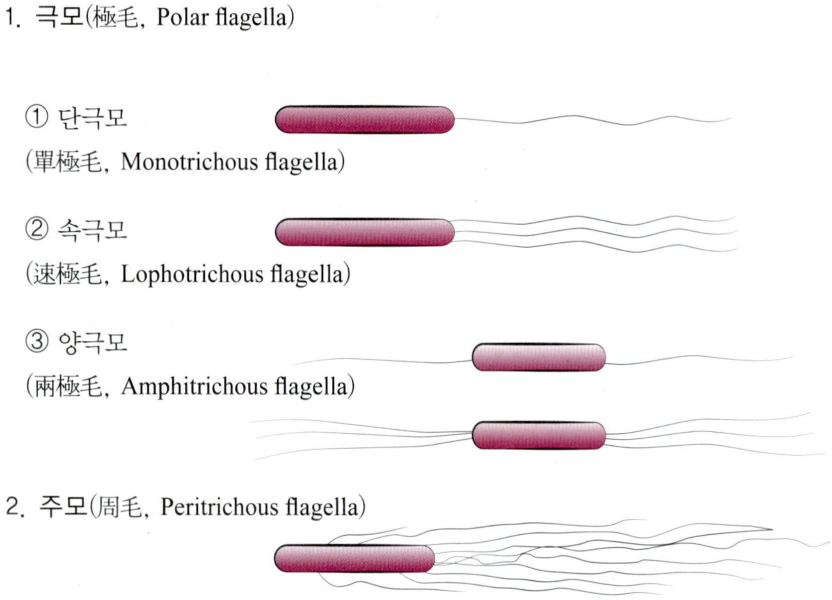

그림 6-4 편모의 종류와 형태

(2) 선모(線毛, pilus)

형태적으로 편모와 명확하게 구분되는 균체의 조직으로서 특히 그람음성세균(Gram negative bacteria)에서 많이 발견된다. 선모는 유성적인 접합과정에서 중요한 역할을 한다는 것이 알려져 있다. 즉, 웅성세포로부터 자성세포로 DNA가 이동하는 통로역할을 한다. 또 다른 종류의 선모는 다른 물체에 부착하는 부착기관으로서의 역할을 하는 것으로 알려져 있다.

(3) 세포벽(細胞壁, cell wall)

세포벽은 세균 세포의 세포막, 즉 원형질막을 둘러싸고 있는 단단한 막으로 세포를 보호하고 형태를 유지하는 역할을 한다. 세포벽의 화학적 조성은 보통 mucopeptide로 이루어져 있어 세균 세포벽의 견고성을 유지해 주며 리소자임(lysozyme)의 작용을 받는 기질(substrate)이 된다.

그람양성균은 그람음성균에 비하여 보다 많은 양의 mucopeptide를 함유하고 있으며, 그람양성균은 이 외에도 테이코산(teichoic acid), 아미노당류, 단당류 등으로 구성된 mucopolysaccharide를 함유하고 있다. 그람음성균의 세포벽은 mucopeptide로 된 내층과 lipopolysaccharide와 lipoprotein으로 된 외층으로 구성되어 있으며, 단백질에는 통상적인 모든 아미노산이 함유되어 있으나 teichoic acid는 존재하지 않는다.

(4) 협막(莢膜, capsule)

대부분의 세균 세포벽은 점성 물질로 둘러싸여 있는데 이것을 협막 또는 점질층(粘質層, slime layer)이라고 한다. 화학적 성분은 다당류나 polypeptide의 중합체(重合體, polymer)로 구성되어 있다. 협막의 형성이나 양은 세균 세포의 유전적 조성이나 환경에 의하여 지배되며, 돌연변이나 환경에 따라서 달라질 수도 있다.

(5) 세포막(細胞膜, cell membrane)

세포벽 바로 밑에서 원형질(原形質, protoplasm)을 둘러싸고 있는 얇은 막을 원형질막(原形質膜, protoplasm membrane) 또는 세포막이라고 한다. 세포막의 화학적 조성은 주로 단백질과 지질로 구성되어 있으며, 산소호흡에 관여하는 효소계와 물질의 능동수송(active transport)에 관여하는 permease라고 하는 담체단백(carrier protein)이 함유되어 있다. 따라서 세균 세포의 세포막은 선택적 투과성 막으로서 세포 속으로의 물질 출입을 제한하는 기능과 진핵세포(眞核細胞, eucaryotic cell)의 미토콘드리아의 기능도 수행하는 것으로 생각되고 있다.

그람양성균인 간균이나 나선균 또는 방선균 등에서는 메소솜(mesosome)이라고 하는 원형질막성 기관을 찾아 볼 수 있는데 이곳은 세포의 호흡능이 집중되어 있는 부위일 것으로 추정되고 있다.

(6) 리보솜(ribosome)

약 60%의 RNA와 40%의 단백질로 구성된 작은 과립으로서 진핵세포에서처럼 단백질을 합성하는 기관이다.

(7) 색소포(色素胞, chromatophore)

광합성 세균의 세포질에는 리보솜 속에 색소포가 산재해 있다. 세균의 광합성 색소와 효소를 포함하고 있는 색소포는 건조 균체량의 50% 이상을 차지하는 경우도 있으며, 주요한 화학적 조성은 단백질과 지질이고, 광합성 색소인 엽록소(葉綠素, chlorophyll)와 카로티노이드(carotenoid) 및 광화학적 전자전달계에 관여하는 효소계를 포함하고 있다.

(8) 핵(核, nucleus)

원시핵세포(原始核細胞, procaryotic cell)는 핵막(核膜, nuclear membrane)을 가지지 않으므로 진핵세포의 핵과 구분하여 염색질체(染色質體, chormatin body)또는 핵부위(核部位, nucleoids), 세균염색체(細菌染色體, bacterial chromosome) 등으로 부르고 있으나 원시적인 핵으로 보아야 할 것이다. 세균세포의 핵은 DNA로 이루어져 있으며 유리상태인 단 하나의 DNA가 복잡하게 겹쳐서 원시핵세포의 유전담체(遺傳擔體, genophore)를 형성하고 있다. 세균 세포의 DNA는 자기복제를 하나 세포분열은 유사분열(有絲分裂, mitosis)에 의하지 않는다.

(9) 메소솜(mesosome)

그람 양성균인 간균이나 나선균 또는 방선균 등에서 찾아볼 수 있는 기관으로 세포의 호흡능이 집중되어 있는 기관이다.

(10) 세포함유물(細胞含有物, inclusion body)

세포는 원형질의 활동에 의하여 2차로 생성된 후형질(後形質, metaplasm)을 세포 내에 함유하고 있다. 세균 세포가 물에 용해되지 않는 여러 종류의 후형질을 세포 내에 축적할 때, 이러한 물질은 세포질 부위에 명확한 과립 또는 유적(油跡)의 형태로 퇴적하는데 세균 세포가 세포 내에 가지고 있는 후형질은 대개 세포의 저장물이 된다. 세균 세포의 저장물질은 그 화학적 조성과 생리학적 기능의 차이에 따라 세 가지 유형으로 구분할 수 있다.

즉, 탄소원 및 에너지원으로서 역할을 하는 유기중합체(有機重合體, organic polymer), 인산의 저장원으로서 역할을 하는 볼루틴 과립(volutin granule), 그리고 황세균(sulfur bacteria)에서 에너지원의 역할을 하는 황의유적(sulfur droplet) 등이다.

표 6-1 세균 세포 구조의 특징

구 조	기 능	화학조성분
편모(Flagellum)	운동력	단백질(flagellin)
선모(Pilus)	유성적인 접합과정에서 DNA의 이동통로와 부탁기관	단백질(pilin)
협막(또는 점질층) (Capsule)	건조와 기타 유해요인에 대한 세포의 보호	다당류나 폴리펩타이드 종합체
세포벽(Cell wall)	세포의 기계적 보호	다른물질(teichoic acid, lipopolysaccharide)과의 muco complex
세포막 (Cytoplasmic membrane)	투과 및 수송능	단백질과 지질
메소솜(Mesosome)	세포의 호흡능이 집중된 부위로 추정	단백질과 지질
리보솜(Ribosome)	단백질 합성	대부분 RNA와 단백질
세포함유물	영양원의 저장, 축적	변화가 심하나 대개 탄수화물
핵부위(Nucleoid)	세균세포의 유전(genome)	대부분 DNA

SECTION 2 세균의 번식

1. 분열법(分裂法, fission)

세균은 분열의 방법으로 증식한다. 간균이나 나선균은 먼저 세포가 신장하여 두 배 정도로 길어지고 중앙에 격막이 생겨 두 개의 세포로 분열한다. 구균의 경우는 분열하기 전에 타원형이 되고 격막이 생겨 분열하는데, 분열하는 방향은 1방향(monococcus, streptococcus), 2방향(pediococcus), 3방향(sarcina), 부정방향staphylococcus) 등으로 진행된다.

세포가 성장하여 다시 분열할 때까지 소요되는 시간을 세대시간(世代, generation time)라고 한다. 예를 들어 고초균(枯草菌)인 *Bacillus subtilis*의 세대시간은 30분이고, *Vibrio cholerae*는 20분 정도이다.

2. 포자형성(胞子形成, spore forming)

세균의 포자는 배양 후기 등 환경조건이 나빠지면 외부적 조건에 대한 저항력이 강한 포자를 형성한다. 포자를 형성하는 세균은 주로 간균으로 호기성 세균인 *Bacillus* 속과 혐기성인 *Clostridium* 속, 드물게는 *Sporosarcina* 속이 있다. 이들 세균은 세포 내에 포자를 내생하므로 이를 내생포자(內生胞子, endospore)라고 한다.

보통 균체, 즉 포자를 가지지 않고 생장대사를 하는 세포를 영양세포(營養細胞, vegetative cell)라고 하며 영양세포 속에 포자가 형성될 때를 포자낭(胞子囊, sporangium)이라고 한다.

다른 세균과 마찬가지로 아포균도 분열에 의하여 증식한다. 하지만 어떤 조건 하에서는 증식을 정지하고 세포 내에 포자를 형성한다. 유리포자는 대사활성이 극히 낮고 건조나 가열 등의 악조건에서도 대단히 강하여 장기간 생존한다. 그러나 적당한 조건 하에서는 급속히 발아한다.

SECTION 3 세균의 분류

세균의 분류에는 세포의 형태, 생리 및 생화학적 성상, 에너지 획득방법 등을 과거부터 이용해 왔다. 근년에는 이 외에 세포를 구성하는 물질의 화학구조, DNA, RNA 등의 정보물질의 해석 등 화학분류 및 분자계통적 방법도 함께 이용되고 있다. 종은 DNA 교잡에 의해서 구별하는 것이 원칙이다.

세균의 분류법에는 ① 균의 형태 ② 그람 염색성 ③ 산소 요구성 ④ catalase 활성 ⑤ 당 발효성 ⑥ 색소 생성 유무 ⑦ 편모 유무, 형태 및 위치 ⑧ 영양 요구성 ⑨ 호염성 또는 내염성 및 삼투압성 ⑩ 포자의 형성 유무, 형태 및 위치 ⑪ 협막의 유무, 형태 및 위치 ⑫ 탄소원 및 질소원의 자화성 등 여러 가지 방법이 있으나 세균분류편람인 Bergey's Manual of Determinative Bacteriology를 세균분류의 지침서로 삼고 있다. Bergey의 manual 제7판(1957)에서는 47과 190속으로 분류하고 있으나 제8판(1974년)에서는 원시핵세포계(原始核, kingdom, kingdom procaryotae)를 남조문(藍藻門, division cyanbacteria)과 세균문(細菌門, division bacteria)으로 대별한다.

세균문은 다시 그람염색성, 산소 요구성, 균의 형태, 포자형성 유무, 편모의 유무와 종류 등에 따라 19부(部, part)로 분류하고 각 부는 다시 목, 과, 속이나 과, 속 또는 단순히 속 등으로 분류하고 있다. 세균을 분류하는 데는 무엇보다도 그람염색성을 중요시하고 있다.

그람 염색(Gram's stain)은 세균을 분류하는 가장 중요한 염색법으로 1884년 Christian Gram이 동물의 조직에 들어 있는 세균을 검출하기 위하여 고안한 방법으로 염색가능여부에 따라 그람양성(Gram positive)균과 그람음성(Gram negative)균으로 구별한다. 근래에는 그람염색법으로 Hucker의 변법(Hucker's modidfication)을 주로 사용하는데 그 방법을 보면 다음과 같다. 세균 세포를 slide glass 위에 도말, 풍건, 고정하여 crystal violet 용액으로 1분 동안 염색한다.

남은 염색액을 즉시 물로 세척하여 iodine 용액에 1분 동안 정착시킨 후 다시 물로 씻어내고 수분을 제거하여 95% 알코올 용액으로 30초 동안 탈색한 다음에 이것을 현미경으로 관찰한다.

이때 균체가 자주색으로 염색되었으면 그람양성균이고, 탈색되었으면 그람음성균으로 판정한다. 대개는 탈색한 후 분홍색의 묽은 fuchsin 용액이나 safranin 등의 염색액으로 대비염색(對比染色)을 하여 구별한다.

이러한 염색성의 차이에 관해서는 아직도 확실하게 규명하지 못하고 있으나 어떤 종류의 ribo핵 단백질의 존재가 그람염색성을 결정하는 것이라고 생각된다. 염색성이 다른 세균에서는 세포벽의 화학적 조성이나 항생물질에 대한 감수성 등 여러 가지 성질이 있어서 현저한 상이점이 알려지고 있다.

표 6-2 그람음성세균의 분류

세 포	운동성과 편모착생상태	산소 요구성	그 밖의 특징	추정되는 속
구균	없음	호기성		*Neisseria*
		혐기성		*Veillonclla*
간균	주편모	통성혐기성	당을 발효적으로 분해	*Escherichia* *Erwinia* *Enterobacter* *Serratia*
		호기성	질소 고정	*Azotobacter*
			공생적 질소 고정	*Rhizobium*
			식품 암(癌)을 형성	*Agrobacterium*
			당의 분해가 특히 미약	*Achromobacter* *Alcaligenes* *Flavobacterium*
			알코올을 강하게 산화	*Acetobacter*
나선균	극편모	호기성	세포는 콤마 모양	*Vibrio*
		혐기성	세포는 나선 모양	*Spirillum*

표 6-3 그람양성세균의 분류

<table>
<tr><th>세 포</th><th>운동성과
편모착생상태</th><th>산소
요구성</th><th>포자</th><th>그밖에 특징</th><th>추정되는 속</th></tr>
<tr><td rowspan="4">구균</td><td rowspan="2">없음</td><td>호기성</td><td>없음</td><td>당의 분해는 약함
당 염기적으로 분해</td><td>Micrococcus
Staphylococcus</td></tr>
<tr><td>미호기성</td><td>없음</td><td>세포는 연쇄상이며
당에서 젖산을 생성</td><td>Streptococcus
Leuconostoc</td></tr>
<tr><td rowspan="2">있음</td><td rowspan="2">호기성</td><td>없음</td><td></td><td>Planococcus</td></tr>
<tr><td>있음</td><td></td><td>Sporosarcina</td></tr>
<tr><td rowspan="2">간균</td><td rowspan="2">거의 없음</td><td>미호기성</td><td>없음</td><td>당에서 젖산을 생성
Propionic acid 발효</td><td>Lactobacillus
Propionibacterium</td></tr>
<tr><td>호기성</td><td>없음</td><td>여러 모양으로 됨</td><td>Corynebacterium
Arthrobacter</td></tr>
<tr><td rowspan="2">나선균</td><td rowspan="2">주편모 또는
없음</td><td>호기성</td><td>있음</td><td></td><td>Bacillus</td></tr>
<tr><td>혐기성</td><td>있음</td><td></td><td>Clostridium</td></tr>
</table>

SECTION 4 중요한 세균

1. 유산균(乳酸菌, lactic acid bacteria)

당류를 발효하여 유산(乳酸, lactic acid)을 생성하는 세균을 유산균이라고 한다. 유산균은 치즈, 버터, 요구르트, 유산균음료, ensilage, 젖산의 제조, 청주와 간장의 양조 등에 중요한 역할을 하며, 정장제(整腸劑)로서의 유산균제제, dextran의 제조, 비타민과 아미노산의 미생물정량(微生物定量, microbioassy)에도 이용하는 중요한 세균이다.

유산균은 그람 양성 비운동성이고 색소를 생성치 않는 간균 또는 구균으로 당을 발효하여 유산이나 유산 이외의 부산물을 생성한다.

대부분 catalase 음성으로 미호기성이며 산소의 분압이 낮은 환경에서 잘 증식한다. 또 복잡하고 까다로운 영양요구성을 가져서 여러 가지 비타민, 아미노산, 펩티드 등을 요구한다. 젖산을 생성하는 적온은 35~50℃ 범위이다.

유산균에는 포도당으로 젖산만을 생성하고 다른 부산물은 거의 생성하지 않는 정상발효유산균(正常醱酵乳酸菌, homo lactic acid bacteria)과 젖산 이외에 여러 가지 부산물을 생성하는 이상발효유산균(異常醱酵乳酸菌, hetero lactic acid bacteria)의 두 종류가 있다. *Streptococcus* 속, *Pediococcus* 속은 homo형 유산균이고, *Leuconostoc* 속은 hetero 형이며, *Lactobacillus* 속에는 종류에 따라 homo형인 것과 hetero형인 것의 두 가지가 있다.

Homo형(정상젖산발효, Homo lactic fermentation)

$$C_6H_{12}O_6 \longrightarrow 2CH_3 \cdot CHOO \cdot COOH$$

Hetero형(이상젖산발효, Hetero lactic fermentation)

$$C_6H_{12}O_6 \longrightarrow CH_3 \cdot CHOH \cdot COOH + C_2H_5OH + CO_2$$

$$2CH_{12} + H_2O \longrightarrow 2CH_3 \cdot CHOH \cdot COOH + C_2H_5OH + CH_3COOH + 2CO_2 + 2H_3$$

(1) 젖산생산균

전분당화액이나 당밀(糖蜜, molasses)을 원료로 할 때는 *Lactobacillus delbrueckii*을 이용한다. 이 균은 그람 양성, 간균, catalase 음성의 homo형 유산균으로 50℃에서 잘 발육한다.

우유나 유청(乳淸, whey)을 원료로 할 때에는 *Streptococcus cremoris*, *Sc. lactis*와 같은 homo형 구균이나 같은 homo형인 *Lactobacillus bulgaricus*, *L. acidophilus*, *L. casei* 등의 간균 중 적당한 균주를 선택하여 사용한다.

(2) 유산균 제제에 이용하는 균주

유산균은 동물의 장내에서 이상발효를 억제하고 정장작용을 하므로 정장제로 이용한다.

정장제로 이용되는 균주는 *Sc. faecalis, L. acidophilus* 등 장내에서 서식할 수 있는 균주들이다.

(3) 청주 등 주류 양조에 관여하는 균주

일본 청주의 양조 시 술밀(酒母)배양에 유산균이 관여하여 잡균의 번식을 억제하고 효모의 배양에 적합한 조건을 만들어 주는데, 이때 관여하는 유산균은 *Leuconostoc mesenteroides*, *L. sake*이다. 또 포도주와 맥주 양조에도 관여하여 특유한 향미를 생성한다.

(4) 유제품 제조에 이용되는 균주

치즈나 버터를 제조할 때 자연적으로 착생하는 유산균이 번식하는 것을 기다리지 않고 유산균을 순수 배양한 starter를 첨가하는데 치즈의 starter로는 *Sc. lactis*를, 버터의 starter로는 *L. bulgaricus*를 이용한다.

그 밖에 *L. casei*는 치즈의 숙성에 중요하며, 요구르트 제조에는 *L. bulgaricus*와 *Sc. thermophilus*를 이용하며 *L. delbrueckii*는 케퍼(kefir) 제조에 관여한다.

(5) 김치 및 장류에 관여하는 균주

김치의 산미는 젖산에 의한 것으로 주로 *L. plantarum*, *L. brevis*가 관여한다. 간장, 된장 등의 발효식품도 유산균에 의한 젖산의 산미와 향기 성분을 생성하여 장류의 향미에 중요한 역할을 한다.

간장에 중요한 유산균은 *Pediococcus sayae*이다. 목초를 만들 때도 유산균이 관여하는데 주로 *L. plantarum*이 작용한다.

(6) Dextran 제조에 이용하는 균주

*Leuconostoc mesenteroides*는 sucrose로부터 대량의 덱스트란(dextran)을 생성하며 이것은 대용혈장(代用血漿)으로 사용한다. 한편, 제당공장에서는 파이프를 막히게 하는 유해균이기도 하다.

(7) 미생물 정량에 이용하는 균주

*L. casei*는 amino acid를, *L. leichmannii*는 비타민 B_{12}를, *L. fermenti*는 맥주에 들어 있는 비타민 B_1을 정량하는 데 이용된다.

(8) 식품의 부패에 관여하는 균주

유산균은 여러 가지로 유익하게 이용되나 경우에 따라서는 필요 이상으로 번식하고 산을 생성하여 식품을 산패시킨다.

저장중인 청주에 백탁(白濁)을 일으키고 악취가 나게 하는 화락균(火落菌, *hiochi*)도 유산균으로서 *L. homohiochi*와 *L. heterohiochi*의 두 가지 균종이 있다.

*Pediococcus cerecisiae*는 맥주를 탁하게 하고 pH를 낮추며 나쁜 냄새를 나게 하여 예로부터 beer sarcina라고 불러온 맥주양조에 유해한 균이다.

*L. thermophilus*는 생육적온이 50~60℃ 정도이므로 내열성이 커서 장시간 저온 살균하여도 죽지 않아 우유를 산패시킨다.

2. 초산균(醋酸菌, acetic acid bacteria)

에탄올을 산화 발효하여 초산(醋酸, acetic acid)을 생성하는 세균을 총칭해서 초산균이라고 하며, 그람 음성, 호기성, 간균으로서 운동성이 있는 것과 없는 것이 있다. 액체배양 시 피막을 만들고 에탄올을 산화하여 초산을 만드는 것과 포도당으로부터 gluconic acid를 만드는 것이 있다. 초산 생성력이 강하고 주모(周毛, peritrichous flagella)를 갖고 있는 것은 *Acetobacter*속이고, 극모(極毛, polar flagella)를 갖고 초산 생성력이 약하며, 포도당을 산화하여 gluconic acid를 만드는 능력이 강한 것은 *Gluconobacter*속으로 분류한다.

식초양조에는 *Acetobacter aceti*, *A. schutzenbachii* 등을 이용한다. *A. xylinum*(*A. aceti subsp. xylinum*)은 두꺼운 cellulose의 피막을 형성하고 있는데, *A. suboxydans* (*Gluconobacter oxydans subsp. suboxydans*)와 함께 식초양조에 유해한 균주이다. *Gluconobacter roseus*(*G.oxydans subsp. suboxydans*)는 포도당을 산화하여 gluconic acid를 생성하며, D-sorbitol을 산화하여 L-sorbose를 생성하는 sorbose발효를 하여 비타민 C의 제조원료가 된다.

3. 프로피온산균 (propionic acid bacteria)

당류나 젖산을 발효하여 프로피온산(propionic acid)을 생성하는 세균을 프로피온산균이라고 한다. 프로피온산균은 그람 양성, catalase 양성, 비운동성, 단간균 또는 구균을 유기산, 탄수화물, 다가 알코올(多價 alcohol) 등을 산화하여 프로피온산, 초산, CO_2, 호박산(琥珀酸, succinic acid) 등을 생성하는 혐기성균이다. 최적온도는 30℃로서 생육이 늦어 집락(集落, colony)은 5~7일 이상이 되지 않으면 육안으로 확인하기 어렵다. 영양요구성이 있어 pantothenic acid와 biotin을 요구한다.

*Propionibacterium shermanii*는 건성 치즈인 Emmental 치즈의 숙성에 관여하고 숙성 중에 CO_2를 발생하여 치즈에 많은 구멍을 만들게 된다. 비타민 B_{12}를 생성하는 균으로 *P. freudfnreichii*가 있다.

4. 포자형성균 (胞子形成菌, spore forming bacteria)

세균 중에서 포자를 형성하는 세균은 그람 양성, 간균, 호기성인 *Bacillus* 속과 혐기성인 *Clostridium* 속의 2속이 있다. 이들 세균의 포자는 내열성이 대단히 강하고, 그 밖에 불리한 환경조건에서도 잘 견딘다. 포자는 토양 중에 비산하여 자연계에 널리 분포되어 있다. 식품에 혼입할 기회가 많기 때문에 식품저장 특히 통조림에 문제가 되는 균군이다.

(1) *Bacillus* 속

그람 양성, 호기성 내지 통성혐기성의 중온, 고온성의 유포자 간균으로 catalase 양성을 나타내는 특징이 있다. *Bacillus natto* 는청국장 제조에 관여하는 끈기 있는 균으로 일종의 고초균(枯草菌)이다.

이 균은 마른 풀 등에서 생육하는데 biotin을 필요로 한다. 삶은 콩에 잘 번식하고 백색의 끈끈한 점질물을 만드는 균으로 독특한 향기를 내며, 실을 길게 내는 것도 있다.이때 콩단백질의 일부가 분해되어 가용성 질소화합물이 생김으로써 소화가 잘 되므로 식품의 가치를 향상시킨다. 강력한 amylase와 protease를 분비하며 생육적온은 42℃로 비교적 높다.

*Bacillus subtilis*는 고초균으로 85~90℃의 고온액화효소인 α-amylase와 protease를 생산하는 균주로 유명하며 subtilin이라는 항생물질을 생산하는 균주노 있다. *B. natto*와 형태는 같으나 biotin을 생필요로 하지 않는 점이 다르다.

Bacillus coagulans, *B. stearothermophilus*, *B. circulas*는 고온에서 생육하며 내열성이 강한 포자를 형성한다. 병조림 식품이나 포장가열 식품의 부패균으로 문제가 된다. 특히 *B. coagulans*는 어육 소시지에 반점 모양으로 번식하면서 부패를 일으키며, 통조림의 flat sour 변패의 원인균이다. 한편, 이 균은 젖산생성능이 있어 젖산제조에 이용한다. 또한 *B.stearothermophilus*는 증기멸균의 지표세균이다.

⑵ *Clostridium* 속

그람 양성, 편성혐기성, 유포자, 간균으로 catalase 음성이다. 포자는 세포의 중앙이나 말단에 생기고, 보통 포자낭이 그 부위에서 부풀어 오른다. 단백질을 분해하여 부패시키는 것과 탄수화물을 발효하여 낙산(酪酸, butyric acid), 초산, CO_2, H_2, 알코올과 아세톤을 생산하는 두 가지로 대별한다.

*Clostridium butylicum*은 당류를 발효하여 낙산을 생성하는 낙산균(낙산균, butyric acid bacteria)의 일종으로 치즈나 단무지 등에서 분리되며 생육적온이 35℃이다. *Clostidium botulinum*은 식품의 부패보다는 오히려 식중독을 일으키는 botulinus균으로 유명하다.

내열성이 강하여 통조림 살균 후에도 살아남는 경우가 있어 문제되는 식중독 세균이다. A, B, C, D의 네 가지 종류가 있는데 A, B형이 독성이 가장 강하다. 육류를 암갈색으로 변질시키며 독소인 botulin을 생성하여 악취를 낸다. *Clostidium sporogenes*는 혐기적 조건 하에서 육류를 부패시키며 내열성이 강한 포자를 만들어 통조림의 부패에 관여하는 부패균이다. *Clostidium perfringens* 생체내 독소형 식중독균으로 서구에서 자주 발생한다. Welchii균 식중독으로 알려져 있다.

5. 부패균(腐敗菌, putrefactive bacteria)

부패세균이란 주로 단백질을 분해하여 식품을 부패시키는 세균을 총칭하는 것으로 다음과 같은 것이 잘 알려진 부패성 세균들이다.

(1) 대장균군 세균(腐敗菌, coliforms bacteria)

대장균군(大腸菌郡)이란 사람이나 동물의 장내에 서식하면서 장내 세균의 무리를 형성하고 있는 제8부 Enterobacteriaceae과에 속하는 세균들로 그람 음성, 무포자, 통성혐기성 간균으로 주모(周毛, peritrichous flagella)가 있다. 대표적인 대장균군으로는 *Escherichia coli Citrobacter, enterobacter, Klebsiella* 속을 포함한다.

어떤 식품에서 대장균이 검출되었다는 것은 이들 식품이 사람이나 동물의 분변에 오염되었을 가능성을 나타낸다. 다른 세균과는 달리, 대장균은 유당(乳糖, lactose)을 분해하여 CO_2와 H_2 등의 가스를 발생하는 특성이 있으므로 이러한 성질을 이용하여 대장균검사를 한다.

식품위생상 대장균 검사는 장내에 서식하는 장티푸스균, 이질균, 살모넬라 식중독균 등의 병원성 세균에 의해 오염되어 있을 위험성에 대한 지표(指標)로서 음식물이나 음료수 등 위생검사에 이용한다. 특히 우유, 아이스크림, 빙과류, 어패류 등에 대한 대장균 검사는 필수적이다.

(2) *Pseudomonas* 속

제7부 Pseudomonadaceae과에 속하는 그람 음성, 무포자, 운동성 편모가 있는 간균으로 흔히 형광성인 녹, 청, 보라, 홍, 황색 등 수용성 색소를 생성하는 특성이 있다. 토양, 담수, 해수 등에 널리 분포한다. 동식물의 병원균, 어패류의 부패균인 것이 많다.

진탕배양 또는 통기배양하면 당류나 방향족화합물(芳香族化合物, aromatic compounds)을 산화시키는 산화작용이 강하고, glucose로부터 gluconic acid,

2-ketogluconic acid를 생성하는 균종도 있다.

탄화수소(炭火水素, hydrocarbon)와 방향족화합물을 분해하는 능력이 있으므로 공업폐수의 처리, 탄화수소 자화성균으로의 이용이 유망시되고 있다. *Pseudomonas*속 세균들은 증식속도가 빠르고, 대부분 저온(최적온도 20℃ 이하)에서 잘 자라는 호냉균(好冷菌, psychrophile)이며, 부패 생성물로서 암모니아(ammonia, NH_3) 등의 생성량이 많고, 단백질 및 유지에 대한 분해력이 강하며, 몇 가지 균종은 색소를 생성한다.

여러 종류의 방부제(防腐劑, antiseptics)에 대한 강한 저항성을 나타낸다. 이러한 여러 가지 이유로 *Pseudomonas*속 세균들은 부패 세균으로 중요하게 취급되고 있다. *Pseudomonas fluorescens* 형광균(螢光菌)이라고 부르는 호냉성 부패균으로 녹색 형광을 내며 겨울철에 살균하지 않은 생유(生乳, raw milk)에 발생하면 우유에 쓴맛이 나게 하여 고미유(苦味乳)의 원인이 된다.

Glucose로부터 2-ketogluconic acid를 생성하며, 탄화수소 자화성이 있다. *Pseudomonas aeruginosa* 녹농균(綠膿菌)이라고 부르며, 상처의 화농부(化膿部)에서 청색색소인 pyocyanin을 생성하고, 식품의 부패와 우유의 청변(靑變) 원인균이다. *Pseudomonas mildenbergii*는 L-idonic acid로부터 비타민 C의 합성과 관계있는 2-ketogluconic acid를 생성한다.

(3) *Proteus* 속

그람 음성, 간균의 주모로서 활발한 운동성을 가진 중온균(中溫菌, mesophile)으로 *Salmonella* 속, *Shigella* 속과 더불어 병원성 장내세균이다. 자연계에 널리 분포하며, 단백질 분해력이 강한 대표적인 호기성(好氣性, aerobic) 부패균이다.

대표적인 균주는 *Proteus vulgaris*로 단백질 분해력이 강하여 심한 부패취(腐敗臭)가 나게 하며, 설탕을 분해하여 산과 가스를 생성하고, 발효식품의 변패에서 관여한다. 또한 우유를 산패시켜 불쾌한 냄새를 풍기게 한다. 이 균은 생육소(生肉素, growth factor)로서 nicotinic acid를 요구한다. 그 밖에 알레르기성 식중독의 원인균으로 알려져 있는 *Morganella morganii*가 있다.

(4) *Serratia* 속

제8부 Enterobacteraceae과에 속하는 그람 음성, 호기성, 단간균, 주모를 갖는 운동성 세균으로 적색색소인 prodigiosin을 생성하며, 토양 · 하수 · 우유 · 수산물 등에서 분리되고, 식품의 표면에 적변(赤變)을 일으킨다. 대표균인 *Serratia marcescens*는 단백질 분해력이 강하여 식품에 심한 부패취를 나게 하며, 생선묵과 우유를 적변시킨다.

(5) *Micrococcus* 속

제14부 Micrococcaceae 과에 속하는 그람 양성, 호기성, catalase 양성인 구균으로서 자연계에 널리 분포해 있으며, 황색 내지 적색 색소를 생성하는 경우도 있다. 내염성과 내열성이 강하고 많은 균종이 당류를 발효하여 산을 생성하며 점질물(粘質物, slime)을 형성한다.

육제품의 curing에서 질산염(窒酸鹽, nitrate)을 환원하여 아질산을 생성하고, 고기를 발색시킨다. 발색은 pH의 영향을 받아 산성 조건에서 쉽게 진행하기 때문에 glucose로부터 산을 생성하고 고기 색깔에 큰 영향을 준다. 또한, 식품표면에 생육하여 표면을 변색시킨다. 식빵에 번식하여 분홍빛으로 변색시키는 *Micrococcus roseus*가 대표적인 균이다.

SECTION 5 방선균

방선균(放線菌, ray fumgi, Actinomycetes)이란 하등미생물 중에서 형태의 분화(分化) 정도가 가장 앞선 균사상(菌絲狀)의 세균으로서, 균사의 지름이 0.3~1.0㎛정도로 미세한 사상세균(絲狀細菌)으로 분류체계에 있어서의 범위와 관계없이 효모와 곰팡이 등과 같은 특정 미생물군에게 주어진 명칭이다.

대부분의 방선균은 토양에 존재하는데 토양 1g당 약 104~106 정도로 들어있어 토양으로부터 분리되는 총 미생물 수의 10~40%에 해당하며, 흙 냄새는 바로 이들 방선균의 냄새 때문이다. 세포의 형태는 원시핵 세포형이고,

세포벽의 화학적 성분이 그람 양성 세균과 유사하다. 즉, 세포벽의 기본성분으로서 muco 복합성분을 함유하고 있을 뿐만 아니라 teichoic acid도 함유하고 있으며, 형태학적으로도 일반세균에 가깝다는 점 등에서 세균에 속한다.

대부분의 방선균은 토양에 존재하고 일부는 동식물의 병원균으로 분리된다. 특히 방선균 중에서는 항생물질(抗生物質, antibiotics)을 생산하는 것도 있어 중요하게 생각된다. 방사선균 중에서 가장 중요한 균종은 *Streptomyces* 속으로써, 이 속은 Streptomycetaceae과에 속하며, 토양 중에서 쉽게 분리되는 항생물질 생성균으로서, 분생자를 만들며 생육적온이 대부분 25~30℃ 범위이고 최적pH는 8~9이며, 5℃ 이하에서는 증식을 중지한다.

1943년 Waksman에 의하여 대표적인 항생물질의 하나인 streptomycin이 *Streptomyces griseus*로부터 발견된 이래 많은 균주들이 발견되어 *Streptomyces* 속이 항생물질 생산균주로 중요시되어 왔다. *Str. aurepfaciens*는 aureomycin을, *Str. venezuelae*는 chloramphenicol을, *Str. kanamyceticus*는 kanamycin을 생산하는 균주로 유명하며, *Str. olivaceus*는 비타민 B_{12}를 생성하며, *Str. griseus*는 streptomycin 생산균주일 뿐만 아니라 강력한 protease도 생성한다. 또 핵산분해효소나 세포막 용해효소 등을 생산하는 균주도 있다.

표 6-4 항생물질을 생성하는 호기성 방선균

균 주	항생물질(抗生物質, Antibiotics)
Streptomyces griseus	Streptomycin, Cycloheximide, Candicidin
Streptomyces aurefaciens	Aureomycin, Chlorotetramycin, Tetracycline
Streptomyces venezuelae	Chloramphenicol
Streptomyces rimosus	Tetamycin, Oxytetracycline
Streptomyces kanamyceticus	Kanamycin
Streptomyces hachijoensis	Trichomycin
Streptomyces kasugensis	Kasugamycin
Streptomyces antibioticus	Actinomycin
Streptomyces erythreus	Erythromycin
Streptomyces fradiae	Neomycin
Streptomyces nodosus	Amphotericin B
Streptomyces noursei	Nystatin
Micromonospora echinospora	Gentamicin
Micromonospora purpurea	Gentamicin

Chapter 07

진균류 (Eumycetes)

Chapter 7 진균류(Eumycetes)

여러 가지 미생물 중에서도 곰팡이는 우리 주변에서 흔히 볼 수 있기 때문에 다른 미생물보다 많이 알려져 있다. 곰팡이는 가장 오래전부터 인류의 일상생활과 깊은 관련을 맺어 왔다. 우리는 보관 중인 식품이나 장마철의 의복 등에 청색, 녹색, 황색, 적색, 흑색 등의 곰팡이가 피어나는 것을 흔히 보게 된다. 이처럼 곰팡이는 식품을 썩히거나 물품을 손상시키는 등 우리에게 해를 주는 작용을 하는 반면에 한편으로는 발효식품뿐만 아니라 의약품이나 효소 등의 제조에 공업적으로 이용되고 있다.

SECTION 1 곰팡이

1. 곰팡이의 형태적 특징

곰팡이는 분류학상 진균류(眞菌類, Eumycetes)에 속하며 육안으로 보기에는 착색된 가루 같은 포자(胞子, spore)를 갖는 깃털 모양을 하고 있다. 여러 개의 분지된 실 모양의 관에 다핵의 세포질이 들어 있는 구조를 균사(菌絲, hyphae)라고 하며 균사의 집합체를 균사체(菌絲體, mycelium)라고 한다.

진균류 중 균사를 형성하고 생활하는 것을 가리켜 사상균(絲狀菌, filamentous fungi)이라고도 부르다. 균사체에서 갈라져서 가지가 위로 뻗고 그 끝에 포자를 착생하는 것을 자실체(字實體, fruiting body)라고 하며 그물과 같이 얽힌 균사체와 자실체 전체를 균총(菌叢, colony mycerial-mat)이라고 한다.

곰팡이에 있어서 균사체는 영양기관이고 자실체는 번식기관이다. 곰팡이의 균사는 영양분의 섭취와 발육을 담당하는 기관으로 그것이 자라는 형태에 따라 기질(基質, substrate) 속으로 침투해 들어가며 자라는 것을 기중균사(基中菌絲, submerged hyphae)라고 하며, 균사가 기질표면에 밀착하여 뻗어나가는 것을 영양균사(營養菌絲, vegetatice hyphae)라고 한다. 자실체는 보통 기질의 표면에서 공기 중으로 곧게 뻗어 자란다. 또한 균사 끝에 번식기관을 형성하지 않고 기질의 표면에서 공중으로 곧게 뻗는 것을 기균사(氣菌絲, aerial hyphae)라고 한다.

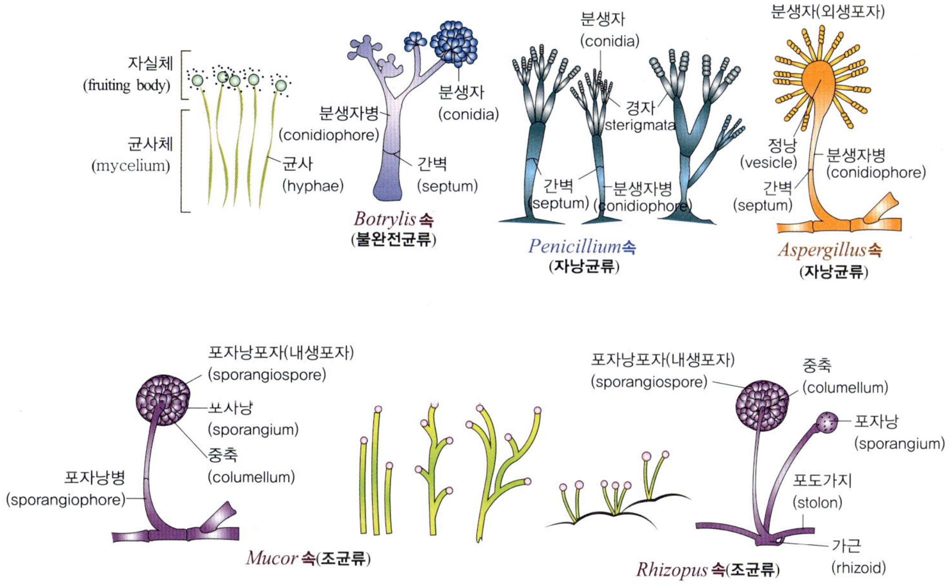

그림 7-1 곰팡이의 일반적인 형태

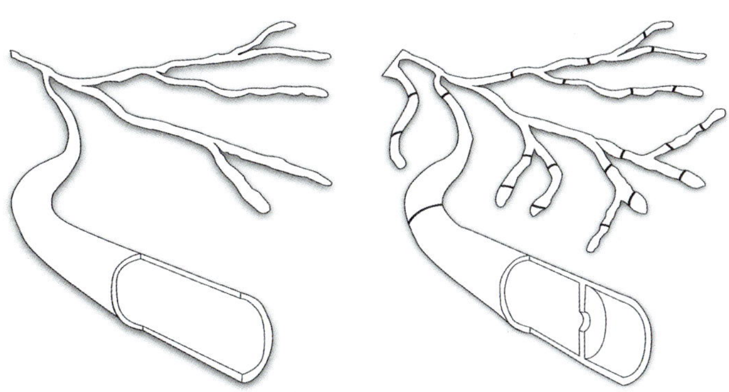

(a) 격막이 없는 조상균류의 균사 (b) 격막이 있는 순정균류의 균사

그림 7-2 곰팡이 균사의 격막

균사는 발육함에 따라 분지(分枝)하며, 격벽(隔壁) 또는 격막(膈膜)이라고 하는 칸막이가 생기는 것도 있고 생기지 않는 것도 있는데, 원어로는 'septum(복수일 때는 septa)' 이라고 한다. 이러한 격벽의 유무는 신균류의 분류에 중요한 지표가 된다.

조상균류(Phycomycetes)의 균사는 격벽이 없으며, 자낭균류(Ascomycetes), 담자균류(Basidiomycetes), 불완전균류(Fungi imperfacti)의 균사는 격벽이 있다. 따라서 털곰팡이과(Mucoraceae)에 속하는 곰팡이의 균사에는 격벽이 없고, 그 속에 많은 핵을 가진 다핵체적 세포(多核體的 細胞, coenocytic cell)로 되어 있다. 그러나 국균과(Aspergillaceae)와 불완전균(Fungi imperfecti)에 속하는 곰팡이는 균사에 격벽이 있고 그 격벽에 작은 구멍이 있어 세포질이 서로 연결된다.

2. 곰팡이의 세포구조

곰팡이는 세균과는 달리 다세포 미생물이며 균사의 폭도 상당히 넓은 편이다. 세포 내부는 막이 달린 진핵을 중심으로 골지체(golgi body), 호흡효소계를 함유한 미토콘드리아(mitochondria), 저장물질을 저장하여 세포의 내압을 조절하는 액포(vacuole), 이러한 막계를 연결시키는 막조직(membrane system)으로 되어 있다. 세포벽은 단단하여 세포의 형태를 유지시키는 역할을 담당하며, 주로 cellulose, hemicellulose, chitin 등의 섬유질 성분으로 구성되어 있다.

3. 곰팡이의 번식

곰팡이의 번식은 주로 포자에 의하여 이루어진다. 그 착생기관인 자실체는 균사의 끝에 형성되는 경우가 많고 때로는 균사와 별도로 만들어진다. 포자는 적당한 환경에서만 발아하여 균사가 되고, 곧 균사체를 형성한다. 이 포자를 형성하는 기관이 자실체이며 곰팡이의 종류에 따라 특징적인 모양으로 나타난다. 포자는 유성생식으로 형성되는 유성포자와 무성생식으로 형성되는 무성포자가 있다. 이들의 형태, 형성방법, 기타 성질은 다양하여 진균류, 특히 곰팡이의 분류에 중요한 지표가 된다.

4. 곰팡이의 분류

곰팡이는 분류학상 진균류(眞菌類, Eumycetes)에 속한다. 진균류는 먼저 균사의 격벽 유무에 따라 분류하고, 다시 유성포자의 특징에 따라 분류한다. 즉, 균사의 격벽이 없는 것을 조상균류(藻狀菌類, Phycomycetes)라고 하며 격벽이 있는 것을 순정균류(純正菌類, Mycomycetes)라고 한다.

순정균류는 다시 유성생식기관의 형성방법에 따라 자낭균류(子囊菌類, Asco-mycetes), 담자균류(擔子菌類, Basidimycetes)라고 부르며, 유성포자를 형성하지 않는 것을 일괄하여 불완전균류(不完全菌類, Fungi imperfecti, Deuteromycetes)로 분류한다.

Ainsworth와 Bisby의 "Dictionary of the Fugi" 에 의하면 진균류는 총 4,980여 속과 약 43,700여 종으로 되어 있다고 한다.

Ainsworth의 체계를 개정한 최신 분류체계에 따르면 균류계는 호상균문(壺狀菌門, Acrasiomycota), 담자균문(擔子菌門, Basidomycota)을 4문으로 분류하고 이들을 "진정한" 균류("true" fungi)로 취급하고 있다. 불완전균류는 효모의 분류와 같이 계통적으로 자낭균문 또는 담자균문에 포함해야 할 것이며, 유성시대를 볼 수 없다고 해서 따로 문(門, division)이나 강(綱, calss) 등의 높은 분류군으로 분류할 수 없으므로 이 책에서는 편의상 끝에 한 개의 균군(불완전균류, Fungi imperfecti, Deuteromycetes)으로 추가하였다.

일반적으로 사용하고 있는 곰팡이, 버섯, 효모 등의 명칭은 분류학상의 명칭이 아닌 속칭에 지나지 않는다. 버섯은 대부분 담자균류에 속하고, 효모 중에서 포자를 형성하는 것은 대부분 자낭균류에 속하되, 일부는 담자균류에 속하며, 포자를 형성하지 못하는 효모는 모두 불완전균류에 포함한다. 곰팡이는 사상균(絲狀菌)이라고 하나 보통 진균류 중에서 효모와 버섯을 제외하고 균체(菌體)가 실 모양인 것을 말한다.

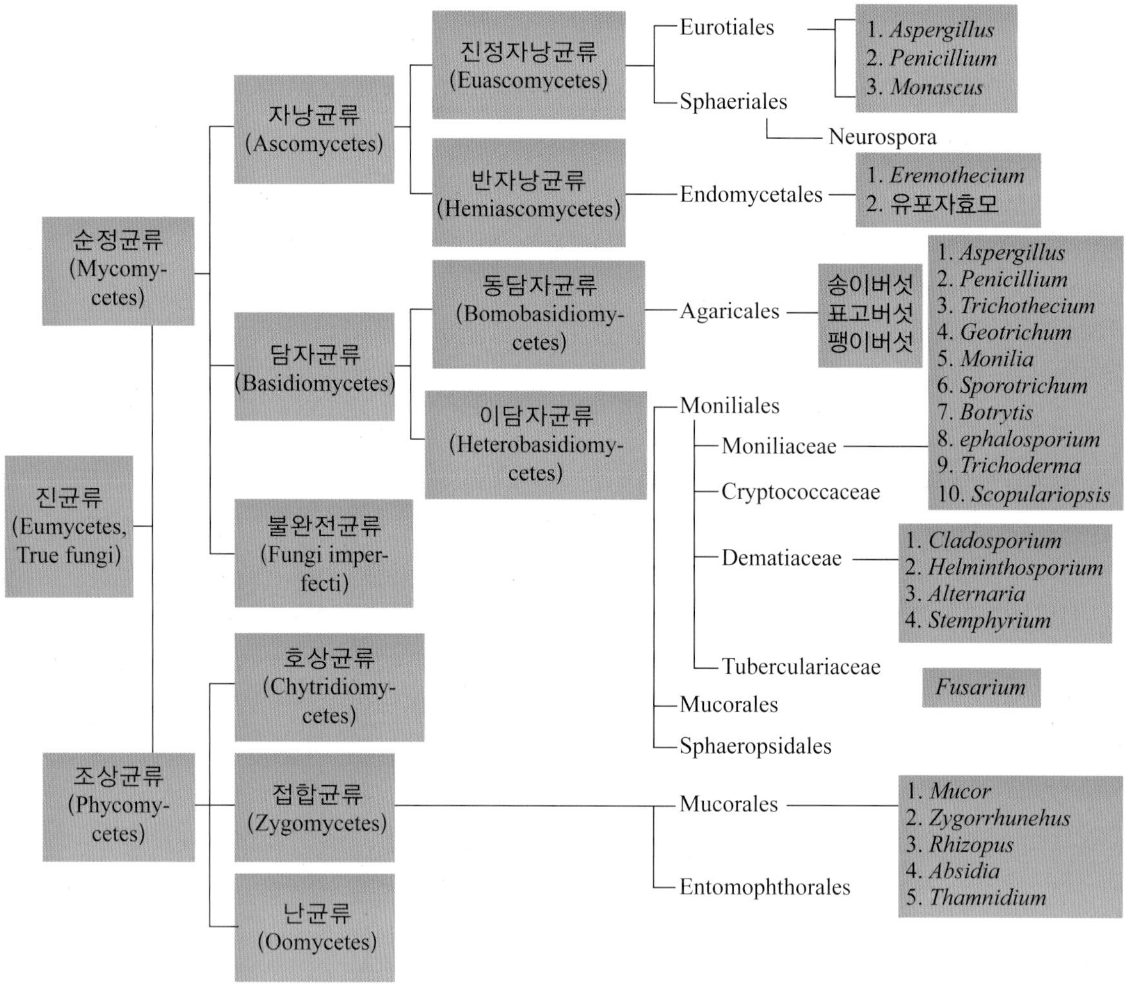

그림 7-3 진균류의 분류

5. 중요한 곰팡이

(1) 조상균류 (Phycomycetes)

1) 조상균류의 특징

조상균류는 호상균류(壺狀菌類, Chytridiomycetidae), 난균류(卵菌類, Oomycetidae), 접합균류(接合菌類, Zygomycetidae)의 세 가지 아강(亞綱, subclass)으로 나눈다.

조상균류는 균사에 격벽이 없고 다핵체적 세포(Coencocytic cell)이다. 조상균류 중 접합균류는 유성생식으로 접합포자를 형성하나 특별한 경우에만 관찰되고 일반적으로 무성생식기관인 포자낭 포자(sporangiospore)를 내생하여 내생포자(endospore)로 증식하는 것이 보통이다.

식품에 관여하는 곰팡이 중에서 조상균류에 속하는 것은 그 대부분이 접합균류로서 Mucorales(털곰팡이) 목에 속하고, 유기산, 주류, 치즈 등의 발효에 관여하며, 식품병원균이나 식품 기타 공산품 변패의 원인이 되기도 한다.

Mucorales 목에 속하는 대부분의 곰팡이들은 포자낭병(sporangiophore)의 끝이 팽대해서 중축(中軸, columella)을 형성하고 여기에 포자낭(sporangium)을 만든다. 중축의 형태는 균종에 따라 다르고, 포자낭은 성숙하면 터져서 포자가 흩어져 비산하고 중축만 남게 된다.

Mucorales목에는 7개의 속이 있는데 그 중 중요한 것은 *Mucor*(털곰팡이)속, *Rhizopus*(거미줄곰팡이)속, *Absidia*(활털곰팡이)속의 세 가지가 있다.

2) 조상균류의 종류

① *Mucor* 속(털곰팡이 속)

털곰팡이(Mucorales)목의 가장 대표적인 속으로 토양이나 퇴비 등 부패한 동 · 식물, 과일 등에서 흔히 볼 수 있으며, 발효공업에 중요한 속으로 알려져 있다. *Mucor* 속의 특징과 격막이 없는 기균사(氣菌糸, aerial hyphae)가 길게 자라 털 모양의 사상균총(絲狀菌叢, mycelial tuft)을 만든다.

포자낭병의 분지(分枝)여부, 길이, 포자낭의 크기, 색깔, 포자낭막의 특성, 중축의 형태, colony의 형태와 색깔에 따라 균종을 감별한다. 포자낭은 구형이며 표면이 미세한 가시로 싸여 있다.

포자낭병이 균사로부터 직접 뻗어 올라가는 것을 Monomucor(단조)라고 하며, 가지를 처음 치는 것을 Racemomucor(방상), 줄기를 치는 것을 Cymomucor(가축상)라고 한다.

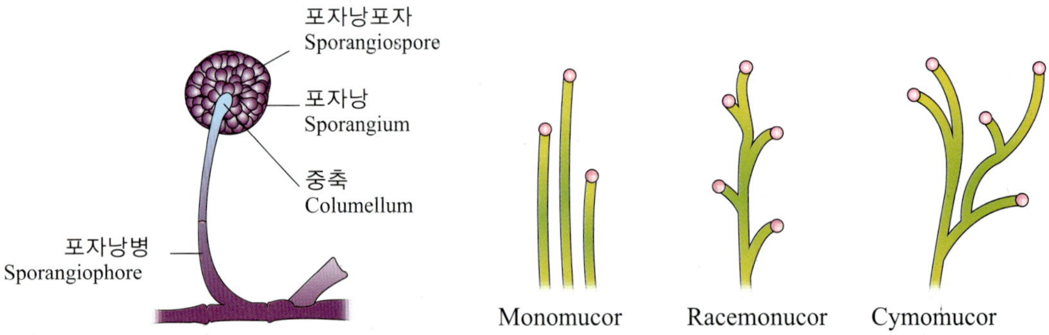

그림 7-4 *Mucor* 속의 형태

Monomucor 군의 *Mucor mucedo*는 육류, 빵, 채소, 과일, 퇴비, 토양, 흑분, 썩은 목재 등 분포 범위가 넓다. 균사는 백색이고 포자낭병은 직립성으로 길이가 3cm 이상 길게 자란다. 포자낭은 직경이 10~200μ이며 색은 회색이고, 중축은 서양배 형태에 등색이며 접합포자는 3~6×6~12μ의 흑색 구형이다.

생육적온은 20~25℃이며, 단백질이나 유지를 분해하므로 낙농, 피혁공업에서는 유해균이 되고 응용적 가치는 없다. glucose 및 maltose를 약하게 발효하며, gelatin 액화력, 알코올 발효력이 있으나 매우 약하다.

*Mucore hiemalis*는 토양 등에 넓게 분포하며 pectin 분해력이 강한 균주가 있다. 포자낭병의 길이가 1~2cm, 포자낭은 50~80μ, 중축은 난형이다. 균총은 황회색을 띠고 있으며 난형인 3~9×2.5~5μ의 후막포자(厚膜胞子, chalmydospore)를 만든다. 생육적온은 30℃이다. Pectinase 분비력이 강하여 삼(麻, hemp)을 정련할 때 이용한다.

Racemomucor군의 *Mucor racemosus*는 습기가 많은 곳에 잘 발생하여 여러 곳에 광범위하게 분포해 있다. 부패한 채소, 과일, 맥아, 사료 등에서 자주 발견된다. 포자낭병은 처음에는 분지하지 않으나 시간이 지남에 따라 포도송이처럼 가지를치는데 포자낭병의 길이가 1cm 정도로 자란다.

포자낭은 비교적 작아서 지름은 2~7μ정도이고 구형으로 황갈색의 벽을 가졌다. 포자는 6~10×5~8μ의 난형 또는 구형으로, 무색 또는 황색이다. 균총은 백색 또는 회갈색으로 후막포자를 만든다.

당액 중에서 알코올 발효(최대 7%)를 하고 glycerol을 생성하기도 하나 주로 과일을 부패시키는 곰팡이로 알려져 있다. 생육적온은 20~25℃이다. 간장 koji를 만들 때 혼입, 생육하여 간장 koji를 흑변시키고 나쁜 냄새가 나게 한다. 비타민 B_1 및 비타민 B_{12}의 합성력도 강하다.

*Mucor pusillus*는 생육적온이 높은 곰팡이로서 치즈(cheese) 제조에 필요한 응유효소를 생산하는 균주로 주목되며, 고초(枯草) 등에 많다.

Cymomucor 군의 *Mucor rouxii*는 중국 누룩에서 분리하였고 또 고량주용 누룩에서도 발견되었다. 균총은 회홍색 또는 담갈색이며 포자낭병은 1mm 이하로 짧고 드물게 분기한다. 포자낭은 20~30μ, 중축은 원추형 후막포자를 만든다. 포자는 타원형에 5μ내외이고, 분열자는 액체 배지에서 잘 형성된다. 처음에는 *Amylomyces rouxii*라고 하였다. 전분당화력이 강하기 때문에 amylomyces α라고 불리우며, amylo법에 의한 알코올 발효에 이용되기도 하였고, oxalic acid도 생산한다. 생육적온은 30~40℃이다.

② *Rhizopus* 속 (거미줄곰팡이 속)

이 곰팡이는 생육이 빠른 점에서 *Mucor*속과 비슷하나 긴 포복지(stolon)가 칡넝쿨처럼 뻗어서 번식하고 배지에 닿는 곳에 가근(rhizoid)을 내린다.

포자낭병은 가근이 있는 곳에서 1~5개 생기고, 중축은 반구형이다. 포자낭은 구형이며 포자낭의 기부(基部)에 깔때기 모양의 지낭(支囊, apophysis)을 형성하기도 한다.

포자는 구형 또는 다각형이고 표면에 주름이 잡혀 있다. 후막포자를 만들며, 균총은 보통 회백이고 포복지가 계속하여 생기므로 *Mucor*속보다 번식력이 왕성하다. 곡류나 과일에 발생하여 해를 끼치기도 하나 전분당화력이나 유기산 생성능이 강하여 발효공업에 이용하는 균종도 많다.

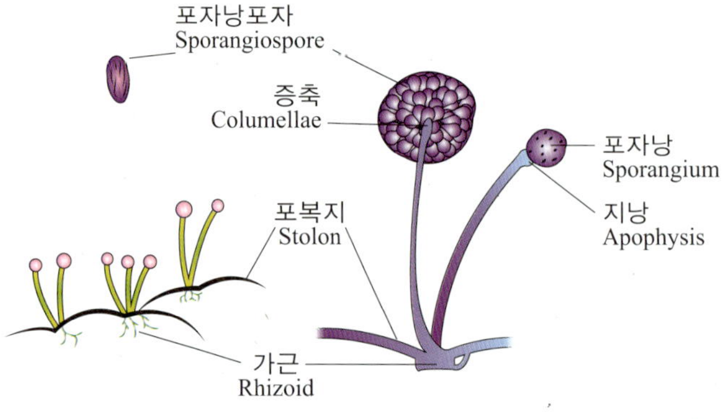

그림 7-5 *Rhizopus* 속의 형태

• *Rhizopus nigricans*

*Rhizopus*속의 대표적인 균종으로 공기 중에는 이 곰팡이가 가장 많다. 포자낭병의 길이가 8cm에 달하는 것이 있으며 포자낭은 흑색 구형으로 200μ정도이다.

균총은 회흑색으로 크기 9~12×8μ의 접합포자를 만든다. 전분 당화력이 강하며 약한 알코올 발효력을 가진다. Gelatine을 빨리 용해시키며 oxalic acid, fumaric acid를 생성한다. 고구마 연부(soft decay)의 원인이 되며, 딸기 등의 과일, 곡류, 빵 등에 번식하여 부패원인이 된다. 생육적온은 32~34℃이다.

• *Rhizopus delemar*

*Rhizopus delemar*가 중국 소홍주의 주약(누룩의 일종)에서 분리한 균으로 균총은 회갈색, 회색의 구형 또는 타원형의 포자낭이 군생(群生)하며 접합포자를 만들지 않는다. 특히 전분당화력이 강하여 포도당 제조시에 사용하는 당화효소(glucoamylase) 제조에 이용하고, amylo법에 의한 알코올 발효에 사용하기도 한다. 생육적온은 25~30℃이다.

• *Rhizopus javanicus*

Java의 Ragi에서 분리하였으며 특히 감자류 전분의 당화력이 강하여 현재 amylo법에 중요하게 쓰이는 amylo균이다. 번식력이 왕성하여 포자낭의 형성도 많고, 균총은 백색인데 오래되면 황갈색으로 변한다.

포자낭은 둥글고 표면에 가시가 있으며, 자낭이 발달되어 있다. 생육적온은 36~38℃이다.

• *Rhizopus japonicus*

일본산 koji에서 분리한 균으로 전분당화력이 강하여 amylo법에 이용하며, amylomyces β라고도 한다. 간장국에도 존재하며 포자낭은 타원형, 흑색이고 포자는 난원형 또는 다각형이며, 후막포자는 형성하나 접합포자는 형성하지 않는다. Raffinose를 발효하며, pectin 분해력도 강하다. 생육적온은 30℃, 맥아(麥芽, malt) 대용으로 사용하기도 한다.

• *Rhizopus tonkinensis*

Tonkin산 koji에서 분리한 균으로 *Rh. japonicus*와는 달리 raffinose를 발효시키지 못한다. Amylo법에 이용되며 amylomyces γ라고도 한다. 포도당을 발효시켜 lactic acid와 fumaric acid를 생산하며 생육적온은 36~38℃이다.

• *Rhizopus oryzae*

Java의 Ragi에서 분리한 균으로 균총은 흑색, 포자낭은 50~200μ, 포자는 작으며 8~16μ로 작으며, 접합포자는 만들지 않지만 때로 후막포자가 발견된다. 전분당화력이 강하여 amylo법에 의한 알코올 제조에 사용한다. Sucrose를 발효하여 알코올, fumaric acid, lactic acid(소비 당의 80%까지)를 생산하므로, 특히 우선성의 젖산 제조에 응용한다. 인도네시아에서는 Arrak 주, Boukrek 및 Tempeh 등의 제조에 이용한다. 생육적온은 30~40℃이다.

③ Absidia 속 (활털곰팡이 속)

전체적인 형태는 *Rhizopus*와 비슷하게 생겨서 포복지와 가근이 있으나 *Rhizopus*처럼 포자낭병이 가근의 기부로부터 발생하지 않고 가근과 가근의 중간에서 발생하는 점이 다르다.

포자낭은 작은 서양배 모양이고, 지낭이 인정된다. 접합포자는 지지기(支持器)에서 발생하는 돌기에 비비 꼬여 싸여 있다. 일반적으로 토양 중에 광범위하게 분포하고 있으며, 고량주의 곡자에서 분리하였다. 또한 동물의 병원균이기도 하며, 식품에서는 부패한 통조림에서 분리되었다. 곰팡이에 의한 통조림의 부패원인이 되기도 한다.

*Absidia lichtheimi*는 중국산 소흥주(騷興酒)의 곡자에서 분리한 균으로 균총은 처음엔 백색이고 후에 회백색이 된다.

④ *Thamnidium* 속 (탐니디움 곰팡이 속)

포자낭병의 맨 끝에 포자낭을 만들고 기부(基部) 근처에 소포자낭(小胞子囊, sporangiole)을 방상(房狀)으로 착생한다. 소포자낭은 포자낭과 같은 형태나 그 속에 포자가 2~12개 들어 있으며, 여러 개의 가지로 나누어진 곁가지의 끝에 착생한다. *Thamnidium elegans*는 저온저장 중인 육류에서 발생한다. 포자낭은 암갈색으로 지름이 150~200μ정도이고 실온에서 생육한다.

⑵ 자낭균류 (子囊菌類, Ascomycetes)

1) 자낭균류의 특징

자낭균류는 균사에 격벽이 있고 유성적으로는 자낭포자를 자낭 속에 내생하기도 하지만 보통은 무성적으로 균사에 그 균종 특유의 분생자병(分生子柄, conidiophore)을 형성하고 있으며, 그 위에 여러 개의 분생자(分生子, conidium) 또는 분생포자(分生胞子, conidiospore)라는 외생포자(外甥胞子, exospore)를 형성하여 이것으로 증식하는 것이 보통이다.

자낭균류에는 자낭(子囊, ascus)이 그대로 나출(裸出)되어 있는 원시자낭균류(原始子囊菌類, Hemiascomycetes)와 자낭이 다시 자낭과(子囊果, ascocarp)로 싸여 있는 진정자낭균류(眞正子囊菌類, Euascomycetes)의 세 가지 아강(亞綱, subclass)으로 나눈다.

표 7-1 조상균류와 자낭균류의 차이점

구 조	조상균류 (藻狀菌類, phycomycetes)	자낭균류 (子囊菌類, Ascomycetes)
격막 또는 격벽	없음	있음
균사(hyphae)의 명칭	포자낭병 (胞子囊炳, sporangiophore)	분생자병 (分生子炳, conidiophore)
균사(hyphae)의 끝	중축(中軸, columella)	정낭(頂囊, vesicle) 경자(梗子, sterigmata)
포자(spore)의 형태	내생포자(內生胞子, endospore) 포자낭포자 (胞子囊胞子, sporangiospore)	외생포자(外生胞子, exospore) 분생포자 (分生胞子, conidiospore)
균사(hyphae)의 끝	*Mucor* 속 *Rhizopus* 속 *Absidia* 속	*Aspergillus* 속 *Penicillium* 속 *Monascus* 속 *Neurospora* 속

원시 자낭균류에는 *Eremothecium* 속, *Ashbya* 속, *Byssochlamys* 속과 유포자효모(有胞子酵母)가 들어 있는데, 이들은 모두 Endomycetales목에 속한다.

자낭균류 중에서 식품미생물로 중요한 곰팡이는 진정자낭균류 Eurotiales 목의 Aspergillaceae과에 *Aspergillus*(누룩곰팡이)속, *Penicillium*(푸른곰팡이)속, *Monascus*(홍국곰팡이)속과 Sphaeriales 목의 *Neurospora*(빨강곰팡이)속이다.

자낭균류와 조상균류의 근본적인 차이점은 다음과 같다.

① 자낭균류는 균사에 격벽이 있지만, 조상균류에는 격벽이 없다.
② 자낭균류는 분생자를 외생하지만, 조상균류는 포자낭포자를 내생한다.
③ 자낭균류는 자낭속에 일정한 수의 포자(보통 8개)를 형성하지만, 조상균류는 접합자(zygote) 속에 형성하는 포자의 수가 일정치 않다.
④ 자낭균류는 대부분 유성생식으로 생긴 세포가 균사에 싸여 자실층(hymenium)을 형성하지만, 조상균류는 자실층을 형성하지 않는다.
⑤ 조상균류는 대개 운동성 포자를 형성하지만, 자낭균류는 운동성 포자를 형성하지 않다.

2) 자낭균류의 종류

① *Aspergillus* 속 (누룩곰팡이 속)

된장, 간장, 약탁주, 감주 등 양조공업에 널리 이용하는 곰팡이 대부분은 *Aspergillus* 속에 들어 있다. 균총의 색깔은 백색, 황색, 녹색, 흑색 등 매우 다양하며 이에 따라 황국균(黃麴菌), 흑국균(黑麴菌), 백국균(白麴菌) 등으로 나눈다. 이들 곰팡이는 각종 효소를 다양하게 생성하는데, 특히 전분당화력과 단백질분해력이 강하다. 일반적으로 균사가 긴 장모균(長毛菌)은 전분당화력이 강하고 균사가 짧은 단모균(短毛菌)은 단백질분해력이 강하고, 국산(麴酸, kojic acid)을 생성한다.

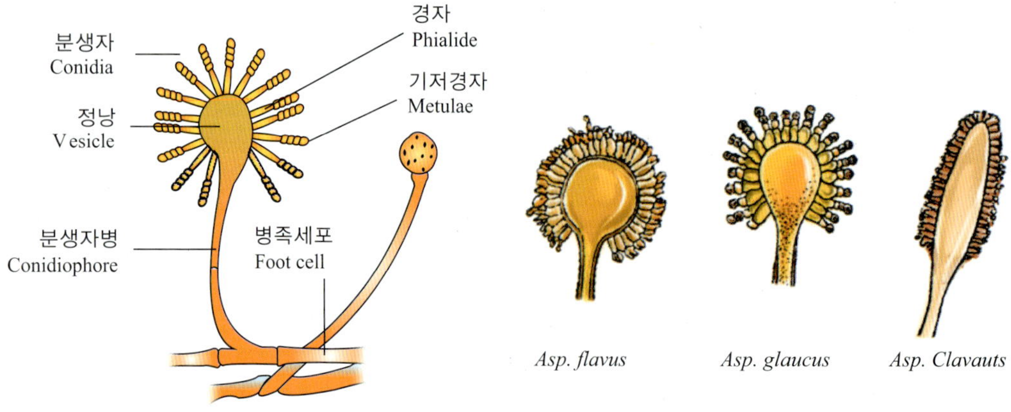

그림 7-6 *Aspergillus* 속의 형태와 정낭

균사에 격벽이 있으며 무색 또는 약간의 색깔이 있는 것도 있다. 균사의 일부가 두껍게 팽배한 병족세포(柄足細胞, foot cell)에서 분생자병이 분기하고 그 끝에 정낭(精囊, vesicle)이 생기며 여기에 경자(梗子, sterigamta)가 연쇄적으로 착생하고 분생포자가 염주알처럼 달리게 된다.

• *Aspergillus oryzae*

누룩, koji 곰팡이의 대표적인 것으로 전분당화력과 단백질분해력이 강하여 양조공업에 널리 사용된다. 균총은 처음에는 백색이었다가 분생자가 생기면 황록색이 되고 오래되면 갈색으로 변한다. 발육적온은 30℃ 정도이다. 각종 효소를 다양하게 생성하므로 koji로부터 효소를 추출하여 소화제를 만들기도 한다.

• *Aspergillus sojae*

*Asp. oryzae*와 비슷하나, 균총이 낮게 밀집되어 있고, 짙은 초록색 또는 짙은 황색인 것이 있으며 포자의 표면에 작은 돌기가 있다는 것이 *Asp. oryzae*와 다른점이다. 단백질분해력이 강하여 개량식 간장제조에 흔히 이용한다.

• *Aspergillus tamari*

단백질분해력이 강하여 일본의 Tamari(溜) 간장의 koji에 이용하기도 한다. Colony는 갈색이고 포자에는 가시가 있으며 Kojic acid를 다량으로 생성한다.

• *Aspergillus niger*

습기가 많은 식물성 식품에 잘 번식하는 곰팡이로서 cork에 기생하며 cork 특유의 냄새를 내는 원인균이 되기도 한다. 포자가 흑색인 것이 특징이며 구형이다. 경자는 보통 2단으로 되어 있고 과실이나 빵에 잘 번식한다. 전분당화력이 강하고 당액을 발효하여 oxalic, citric, gluconic acid 등을 대량 생성하는 균주가 많으므로 유기산 발효공업에 이용하며, pectinase를 강하게 분비하는 균주는 과실 주스의 청징제 제조에 이용한다.

이와 유사한 흑갈색의 누룩곰팡이로서 Okinawa의 Awamori(泡盛) 제조에 이용되는 *Asp. awamori*나 알코올 제조용 전분질 원료의 당화에 이용되는 *Asp. usami* 등이 있으며 *Asp. oryzae* 등의 황국균(黃麴菌)은 흑국균(黑麴菌)이라고 부르기도 한다.

• *Aspergillus glaucus*

균총은 청록색이고 포자에는 기시가 있으며 황색의 피자기(perithecium)를 만드는 것이 특징이다. 삼투압이 높은 곳에서도 자라고 피혁제품이나 훈제품에서 잘 볼 수 있으며 일본의 가다랭이포에 특유한 향기를 부여하는 균이다. *Asp. glaucus* 군에는 *Asp. repens, Asp. ruber, Asp. chevalieri* 등이 있다.

• *Aspergillus flavus*

*Asp. oryzae*와 비슷한 점이 많으나 포자가 처음부터 녹색인 점이 다르다. 토양이나 식품에서 흔히 볼 수 있고, 널리 분포하는 곰팡이로서 aflatoxin이라는 독소를 생성하는데 이 곰팡이 독소는 발암성이 있다.

② *Penicillium* 속 (푸른곰팡이 속)

자연계에 널리 분포하며 colony는 청록색인 경우가 많기 때문에 푸른곰팡이라고 불려지나 회백색 · 황갈색 · 적색 등을 나타내는 것도 있다. 빵 · 과일 · 야채 등에 잘 번식하여 이들을 변패시키며, 또한 황변미(黃變米, yellow disease rice)의 원인이 되는 등 유해한 균종도 많으나 치즈의 숙성, 유지 생산, 페니실린의 생산에 이용하는 유익한 균종도 있다. 생육적온은 20~25℃이며 낮은 온도에서 영양분이 적어도 잘 자란다.

균사는 무색투명하며 격벽이 있다. *Aspergillus* 속과 분류학상 가까우나 분생자병의 끝에 정낭을 만들지 않고 직접 분기하여, 경자가 빗자루나 붓 모양으로 배열하여 추상체(帚狀體, penicillus)를 형성하는 점이 다르며 병족세포도 없다. 경자의 상단에는 분생포자가 염주 모양으로 외생한다.

추상체가 분기하지 않는 것을 단윤생(單輪生, monoverticillata), 분기하여 2단으로 되는 것을 쌍윤생(雙輪生, biverticillata), 그 이상으로 분기된 것을 다윤생(多輪生, polyvericillata)이라고 하며, 또 추상체가 분기하여 좌우대칭을 이루는 것을 symmetrica, 비대칭을 이루는 것을 asymmetrica라고 한다.

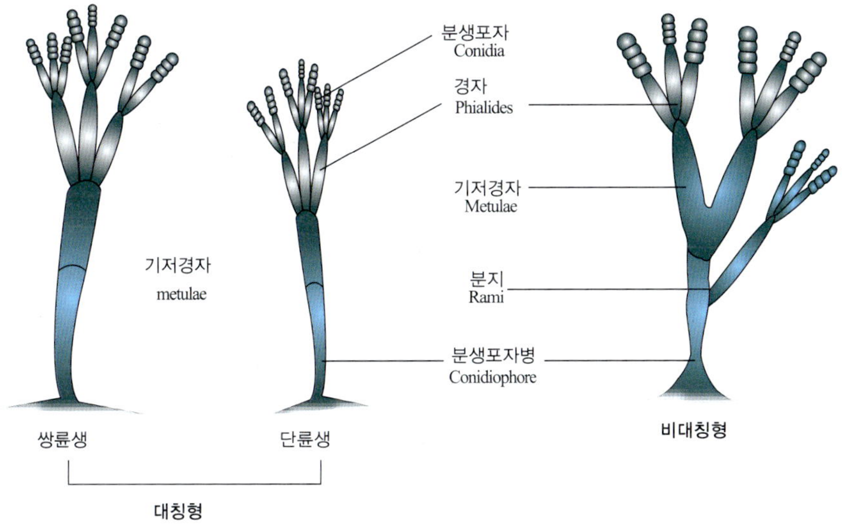

그림 7-7 *Penicillium* 속의 형태

• *Penicillium chrysogenum*

과일에서 분리한 균으로 페니실린 생산에 이용되는 유익한 곰팡이다. 페니실린을 생산할 때는 황색 색소를 만들지 않는 변이주(變異株, mutant)를 사용한다. Asymmetrica에 속하며 균총은 선녹색에서 회갈색으로 변하고, 포자는 타원형이다.

• *Penicillium notatum*

Fleming에 의해 발견된 최초의 페니실린 생성균주이다. *Pen. chrysogenum*과 같이 asymmetrica에 속하나 포자가 구형인 점이 다르다.

• *Penicillium roqueforti*

프랑스의 유명한 Roquefort 치즈의 숙성과 향미에 관여하는 곰팡이로서 치즈의 casein을 분해하여 독특한 향기와 맛을 부여하고, 녹색 반점을 나타낸다. Asymmetrica에 속한다.

• *Penicillium camemberti*

프랑스 까망베르 치즈의 숙성에 관여하는 asymmetrica의 곰팡이이며, 균총은 양털 모양으로 백색에서 엷은 녹색으로 변한다.

• *Peniciilium citrinum*

황변미의 원인이 되는 균으로서 신장장애를 유발하는 황색 유독색소인 citrinin($C_{13}H_{14}O_5$)을 생성한다. Asymmetrica에 속하며 균총은 비로드 모양에 암청색을 띤다. 이 외에도 황변미의 원인이 되는 균종으로 쌍윤생의 asymmetrica인 *Pen. islandicum*과 단윤생인 *Pen. toxicarium* 등이 있다.

• *Penicillium expansum, Pen. digitatum, Pen. italicum*

이들 곰팡이는 과일을 부패시키는 원인균인데 앞의 것은 사과를, 나머지 두 균주는 감귤류를 변패시키는 것으로 모두 asymmetrica에 속한다.

③ *Monascus* 속 (홍국곰팡이 속)

진분홍색 색소인 monascorbine($C_{22}H_{24}O_5$)을 생성하므로 균총은 선홍색을 나타낸다. 균사는 분기하여 격벽을 갖는다. 균사의 끝에 폐자기(閉子器, cleistothecium)를 형성하고 그 속에 타원형 또는 구형의 자낭포자를 형성한다. 무성생식의 경우에는 균사의 곁가지에 분생자를 연결하여 착생한다.

*Monascus purpureus*는 중국의 남부나 말레이시아 반도 등지에서 쌀에 이 곰팡이를 번식시켜 홍국(紅麴)을 만들어 이것으로 홍주(紅酒)를 양조한다. *Monascus anka*는 *Mon. purpureus*와 비슷하며 홍국과 홍유부(紅乳腐)의 제조에 이용한다.

균사의 색깔은 *Mon. purpureus*의 경우 처음에는 무색이었다가 차차 분홍색으로 변하는 데 비하여 *Mon. anka*는 처음부터 분홍색인 점이 다르다. Pectinase 분비력이 강하여 과즙의 청징제로 이용되기도 하며, 근래에는 이들 곰팡이로부터 색소를 추출하여 이용하려는 연구가 활발히 이루어지고 있다.

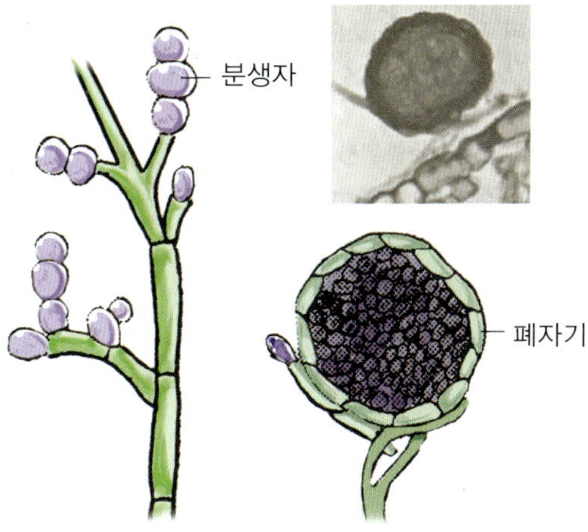

그림 7-8 *Monascus* 속의 형태

④ *Neurospora* 속 (빨강곰팡이 속)

고온다습한 여름철에 옥수수의 속대나 불에 타다 남은 나무에서 흔하게 번식하여 오렌지색으로 나타나며, 빵에도 잘 발생하기 때문에 빨강빵곰팡이라고도 한다.

대부분이 자웅이주이며 갈색 또는 흑색의 피자기를 만들어 그 속에 원통형인 자낭을 형성하여 자낭포자를 4~8개 내생한다. 무성세대에서는 오렌지색 또는 담홍색의 분생자가 가루처럼 덩어리가 되어 착생한다.

*Neurospora sitophila*는 무성포자로서 홍색의 분생자를 만들며, 포자의 색소는 carotene이다. Lipase 분비력이 강하다. 인도네시아에서는 이 곰팡이를 땅콩에 번식시켜 온쫌(ontjom)이라는 발효식품을 만들기도 한다.

무성세대는 *Monilia sitophila* 또는 *Oospora lupuli*라고 부른다. *Neurospora crassa*는 미생물 유전의 연구재료로 유명한 곰팡이이다. 1941년 Beadle과 Tatum이 이 균주를 이용하여 미생물의 유전에 관한 실험을 하였다.

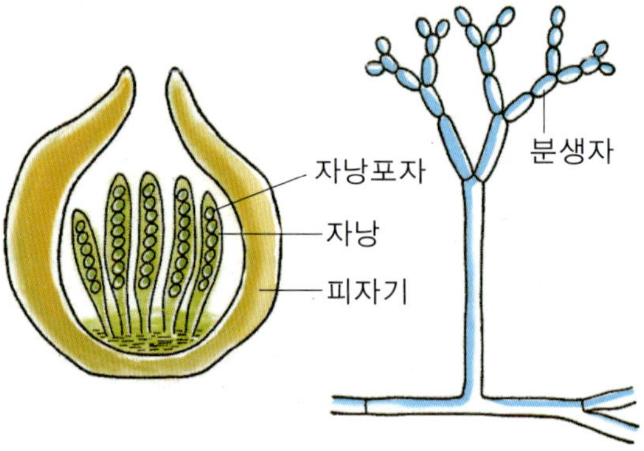

그림 7-9 *Neurospora* 속의 형태

⑤ *Eremothecium* 속

*Eremothecium ashbyii*는 아프리카산 목화씨에서 분리한 곰팡이로서 균사가 포복지만으로 되어 있고 기균사는 없다. 균사는 처음에는 백색이지만 점차 황색으로 변한다. 이는 riboflavin의 색깔에 기인하며 때로는 균사 중에 결정이 생기는 수도 있다.

균사에는 격벽이 없으나 오래되면 격벽이 생겨 방추형의 포자낭을 만들며 초생달처럼 생긴 포자를 4~32개 정도 내생하고, riboflavin의 공업적 생산에 이용된다. Riboflavin 생산균으로서 *Ashbya gossypii*도 알려져 있다.

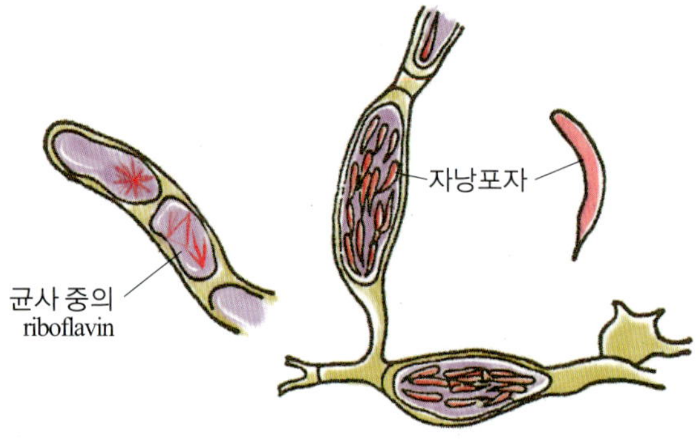

그림 7-10 *Eremothecium* 속의 형태

⑥ *Byssochlamys* 속

균총은 면모상(綿毛狀)으로 암갈색이며 분생자는 연쇄적으로 연결되어 있다. 자낭 속에 자낭포자 8개를 내생한다. *Byssochlamys fulva*는 산소가 적은 배지에서도 생육할 수 있는 곰팡이이며, 내열성인 포자를 만들기 때문에 과일 통조림이나 병조림에 오염되어 부패를 일으켜 용기를 팽창시키기도 한다.

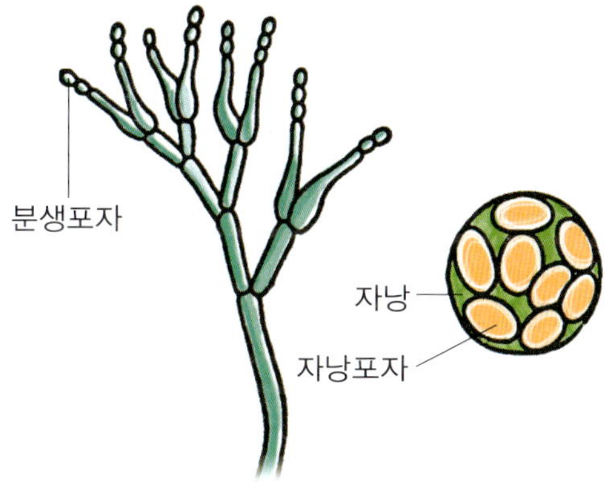

그림 7-11 *Byssochlamys* 속의 형태

(3) 불완전균류 (不完全菌類, Fungi imperfecti, Deuteromycetes)

1) 불완전균류의 정의

진균류(Eumycetes) 중에서 균사체와 분생자만으로 증식하는 균류, 즉 핵융합을 행하는 유성생식(완전세대)이 전혀 인정되지 않는 균류와 유성생식이 인정되는 균류의 불완전시대(무성시대)를 총칭하여 불완전균류라 한다. 현재까지 알려져 있는 불완전균류는 15,000 종류 이상으로서 곰팡이 외에도 무포자효모와 사출포자효모를 포함한다.

2) 불완전균류의 특징

불완전균류의 분생자는 균사가 특별히 자라서 형성한 분생자병(分生子柄, conidiophore)의 선단에 형성되는데 특히 분생자병이 밀생하여 층을 이루어

기부(基部)의 세포에 밀착한 것을 분생자층(分生子層, acervulus)이라고 하며, 바구니와 비슷한 지실층(子實層, hymenium), 즉 병자각(柄子殼, pycnidium) 속에 형성되는 분생자를 병포자(柄胞子, pycnidiospore)라 부른다. 다발로 된 분생자병, 즉 분생병자속(分生柄子束, coremium)에서나 밀집한 덩이에서 많은 분생자병이 만들어진 분생자좌(分生子坐, sporodochium)에서도 분생자를 형성한다.

3) 불완전균류의 분류

불완전균류는 병자각균목(柄子殼 菌目, Sphaeropsidales), 흑분균목(黑粉菌目, Melanconiales), 선균목(線菌目, Moniliales), 무포자균목(無胞子菌目, Myceliasterilia)의 네 가지 균목으로 분류한다.

병자각균목과 흑분균목은 각각 병자각과 분생자층과 같은 무성생식기관을 형성하며 거의 대부분이 식물의 병원균인데 비해서 선균목의 경우는 이와 같은 기관을 만들지 않고 분생자병이 단독으로 생기는 곰팡이로 불완전균류에 속하는 효모와 함께 응용미생물로서 관계되는 것이 많다.

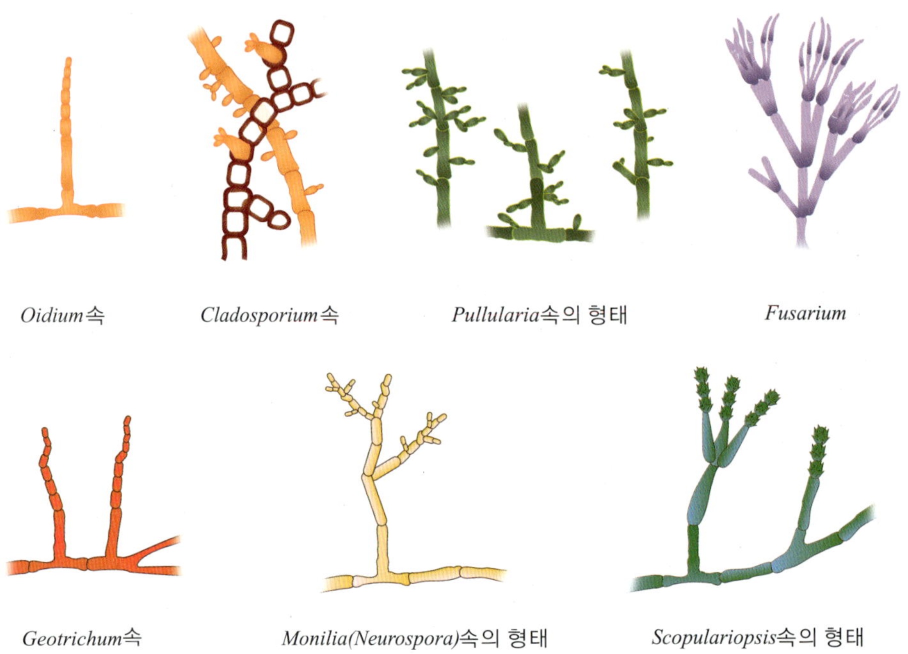

그림 7-12 불완전균의 형태

(4) 담자균류 (擔子菌類, Basidiomycetes)

버섯이란 균류(fungi) 중에서 대형의 자실체(字實體, fruiting body)를 형성하는 것을 편의상 버섯의 범주로 분류하고 있다. 버섯의 본체는 영양원이 되는 토양이나 나무 또는 배지 속으로 뻗어 있는 미세한 균사(菌絲, hyphae)로 이루어져 있다. 균사는 독립적 영양을 할 수 없으므로 활물기생(活物寄生, parasitism)을 하거나 사물기생(死物寄生, saprophytism)을 하면서 적당한 시기에 번식에 필요한 포자(spore)를 형성하기 위하여 자실체에 해당하는 버섯을 형성한다. 따라서 균사는 고등식물의 뿌리, 줄기, 잎에 해당하며 자실체인 버섯은 꽃이나 열매에 해당한다.

버섯을 이용하는 방법으로 분류할 때에는 식용버섯, 약용버섯, 독버섯 등으로 나눈다. 그러나 미생물학적으로 분류할 때에는 포자의 형성방법에 따라 담자균류(Basidiomycetes)에 속하는 버섯과 자낭균류(Ascomycetes)에 속하는 버섯으로 대별한다.

1) 버섯의 형태와 구조

버섯은 분류학상 곰팡이의 일종으로서 그 형태도 곰팡이와 유사하여 자실체, 균사체, 균사 등 어느 정도는 조직의 분화가 이루어진 고등미생물이다. 버섯의 형태는 어느 것이나 자실체가 비정상으로 비대(肥大)된 것이다.

버섯의 형태 중에서 가장 흔하게 볼 수 있는 것은 우산 모양을 한 것이다. 포자가 발아하여 균사체(菌絲體, mycelium)가 되고, 여기에서 아기버섯인 균뢰(菌蕾, volva)로부터 균병(菌柄, stem 또는 stalk)이 위로 뻗어나와 상단에 균륜(菌輪, annulus)이 환대(環帶, ring)를 형성하고 그 위에 균산(菌傘, pileus)이 갓 모양으로 완성된다.

갓의 뒷면에는 자실층(子實層, hymenium)이 생김으로써 담자기(basidium)를 형성하여 담자포자(膽子胞子, basidiospore)를 착생하게 되는데 이것을 균습(菌褶, lamella) 또는 주름살(gills)이라 한다. 버섯의 종류에 따라서는 균산의 표면에 비늘이 있는 것도 있다.

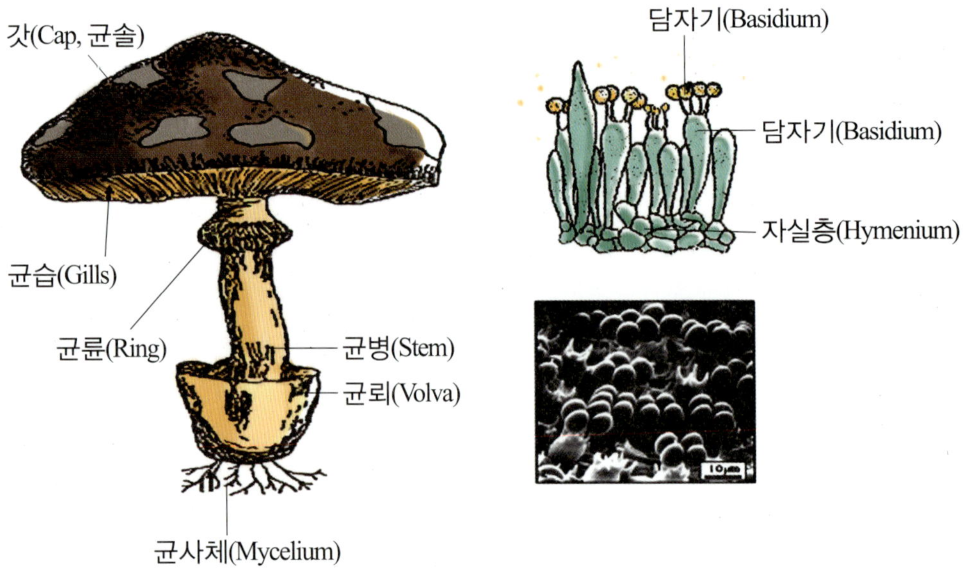

그림 7-13 버섯의 형태

2) 버섯의 생활사

① 균사의 생육과 버섯의 발생

버섯의 포자는 적당한 수분과 온도가 주어지면 발아하여 실 모양의 1차 균사(primary mycelium)를 형성한다. 이 균사는 세포질(細胞質, cytoplasm)이 서로 융합하여 2차 균사(secondary mycelium)가 된다.

이때 두 핵은 융합하지 않고 균사의 성장에 따라 취상돌기(clamp connection)을 형성하여 두 핵이 동시에 분열하는 유사분열(有絲分裂, mitosis) 과정을 거치는 동안에 정확하게 2핵 상태를 유지한다. 2차 균사는 영양, 빛, 온도, 습도 등의 적당한 환경조건이 갖추어지면 자실체인 버섯을 만드는데 이것을 3차 균사(tertiary mycelium)라 한다.

한편, 2차 균사는 성장하여 일부에 담자기를 형성하며 담자기에서 핵은 융합하여 2핵(diploid)이 되지만 감수분열(meiosis)로 병자(柄子, sterigmata) 네 개를 형성하고 여기에 한 개씩의 담자포자(膽子胞子, basidiospore)가 착생한다. 담자기는 감수분열이 이루어지는 곳으로서 1핵(haploid)으로 되어 있다.

② 균사의 세대

• 1차 균사(primary mycelium)

단상균사(單相菌絲), 단핵균사(單核菌絲) 또는 1핵균사(一核菌絲, mono-caryon)라고도 한다. 단포자(單胞子, monospore)에서 발아한 솜털 같은 균사를 말하며 세포 한 개 속에 핵 한 개를 가지는 무성세대(無性世代, asexual generation)로서 버섯이 아닌 단순한 균사에 지나지 않는다.

• 2차 균사(secondary mycelium)

2차균사는 세포 한 개 속에 핵 두 개가 들어 있어 복상균사(複相菌絲) 또는 디핵균사(多核菌絲, polycaryon)라고도 한다.

서로 다른 두 개의 1핵균사가 접합하여 세포질이 융합되나 핵은 융합되지 않으므로 한 개의 세포 내에 두개의 핵이 존재하게 되며, 세포분열 시 취상돌기(clamp connection)를 형성하여 유사분열하게 된다.

• 3차 균사(tertiary mycelium)

2차 균사는 성장하여 균뢰(菌蕾)가 되고 더욱 성장하여 조직의 분화(分化)가 이루어지면 버섯으로서 형태를 갖추게 되어 담자기가 배열된 자실층을 형성하고 담자기 속에서 2핵이 융합하여 감수분열을 거쳐 담자포자 네 개를 만들게 되는데 이 기간 동안을 3차 균사라 한다.

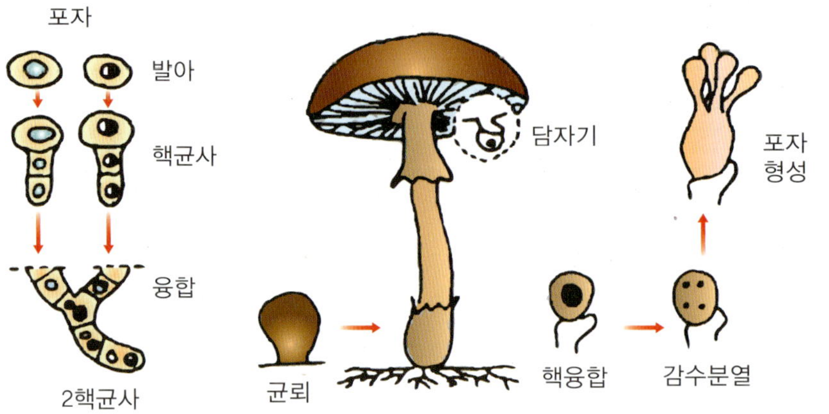

그림 7-14 버섯의 생활사

3) 버섯의 분류

대부분의 버섯은 분류학상 담자균류(Basidiomycetes)에 속하며, 일부는 자낭균류(Ascomycetes)에 속한다. 담자균류는 균사에 격막(膈膜, septum)이 있고, 담자포자인 유성포자(有性胞子)가 담자기 위에 외생하는 것인데, 담자기에 격막이 없는 동담자균류(同擔子菌類, Homobasidiomycetes)와 담자기가 부정형이고 간혹 격막을 가지거나 분지된 이담자균류(異擔子菌類, Heterobasidiomycetes)의 2아강으로 나뉜다.

① 동담자균류 (同擔子菌類, Homobasidiomycetes)

진정담자균류(眞正擔子菌類, Homobasidiomycetes)라고도 하며 격막이 없고 분지하지 않는 동담자기(同擔子器, homobasidium)를 가진 것으로 균심류(菌蕈類, Hymenomycetes)와 복균류(腹菌類, Gastromycetes)로 대별한다.

② 이담자균류(異擔子菌類, Heterobasidiomycetes)

이담자균류는 동담자균류와 달리 격막이 있거나 분지하고 있는 이담자기(異擔子器, heterobasidium)를 가진 것으로 5개의 목으로 되어 있다.

SECTION 2 효 모(酵母, yeast)

효모 세포를 관찰하기 시작한 것은 1680년경 Antony Van Leeuwenhoelk (1632~1723)가 직접 제작한 현미경을 사용하면서부터이다. 그 이래 많은 미생물 학자에 의하여 연구가 진행되어, 1895년에 프랑스의 Louis Pasteur(1822~1895)는 알코올 발효가 살아 있는 효모에 의해서 행해지는 것임을 처음으로 실험을 통하여 입증하였다. 1897년 E. Buchner (1860~1917)는 마쇄효모(효모의 무세포 추출액)에 의해서도 알코올 발효가 일어나는 것을 보고, 발효는 효모 세균 내에서 생산하는 효소에 의하여 일어난다는 것을 증명하고 이 효소를 지마아제(zymase)라 명명하였다. 이후 효모의 효소 화학적 연구가 현저하게 발달하였다.

효모란 진핵세포(Eucaryotic cell)로 된 고등미생물로서 주로 출아(budding)에 의하여 증식하는 진균류(Eumycetes)를 총칭하는 것이나 이는 분류학상의 명칭이 아니라 진핵세포로 된 진균류 중 곰팡이나 버섯과는 전혀 다른 성상을 가지고 있으므로 이들과 구별하기 위하여 붙여진 명칭이다. 효모를 일반적인 개념으로 정의하면 주로 출아에 의하여 영양체 증식을 하고, 단세포 세대가 비교적 길며, 진핵세포 구조를 갖는 진균류 중에서 소위 효모형의 세포를 갖는 미생물군이라고 할 수 있다.

효모는 과실의 표피, 수액, 꽃의 밀선(密腺), 토양, 해수, 우유, 공기, 곤충의 체내 등 자연계에 널리 분포해 있다. 출아(出芽, budding) 또는 일부 분열(分裂, fission)에 의하여 무성적으로 번식하고 생활환의 대부분을 구형, 난형 등의 단세포로 존재한다. *Saccharomyces*속과 같이 균사체를 형성하지 않는 것과 발효능이 있으나 균사체를 형성하는 *Saccharomyces*속, *Trichosporon*속 등과 발효능이 없는 *Lipomyces* 속 등도 있다.

100속, 700종 이상의 다양한 종류가 알려져 있다. 자연계에서 분리된 그대로의 효모를 야생효모(野生酵母, wild yeast)라 하고, 우수한 성질을 가진 효모를 분리하여 용도에 따라 순수분리 계대배양한 효모를 배양효모(培養酵母, culture yeast)라 한다.

배양효모는 발효식품의 제조에 이용되며, 포도주효모(wine yeast, *Sacch. ellipsoide*), 빵효모(baker's yeast, *Sacch. cerevisiae*), 맥주효모(brewer's yeast, *Sacch. sake*), 유지효모, 적색효모(*Rhodotorula* 속, *Sporobolomyces* 속), 산막효모(*Candida*속, *Hansenula*속, *Debaryomyces*속, *Pichia*속), 석유효모(Petrolium yeast) 등이 있다.

효모는 식품미생물학상 매우 중요한 미생물로서 알코올 발효능이 강한 균종이 많아 옛날부터 주류의 양조, 알코올 제조, 제빵 등에 이용해 왔으며, 식 · 사료용 단백질, 비타민, 핵산관련물질 등의 생산에 큰 역할을 하고 있다. 특히 당질원료 이외의 탄화수소(hydrocarbon)를 탄소원으로하여 생육하는 효모가 발견되어 단세포단백질(single cell protein, S.C.P)의 생산이 주목 받아 실용화하고 있다. 그러나 양조 식품에 유해한 효모나 병원성을 나타내는 효모도 있다.

1. 효모의 형태와 구조

(1) 효모의 형태

① 난형(卵形, cerevisiae type) : 효모의 대표적인 형태로서 맥주효모(*Sacchromyces cerevisiae*), 빵효모, 청주효모 등이 여기에 속한다.

② 타원형(楕圓形, ellipsodeus type) : 포도주 양조에 사용하는 *Saccharomyces ellipsoideus*가 대표적인 타원형이다.

③ 구형(球型, torula type) : *Torulopsis versatilis*가 대표적인 구형으로서 간장의 후숙에 관여하여 맛과 향기를 부여하는 내염성(耐塩性) 효모이다.

④ 레몬형(apiculatus type) : 방추형이라고도 하며 *Saccharomyces apiculatus*와 *Hanseniaspora*속 및 *Kloeckera*속에서 볼 수 있다.

⑤ 소시지형(pastorianus type) : 맥주 양조시 불쾌한 냄새가 나게하는 유해한 야생효모인 *Saccharomyces pastorianus*와 malt−alcohol 발효를 하는 *Schizosaccharomyces pombe*가 대표적인 소시지형이다.

⑥ 삼각형(trigonopsis type) : *Trigonopsis Variabilis*가 대표적인 삼각형이다.

⑦ 위균사형(僞菌絲型, pseudomycelium type) : 출아한 세포가 길게 신장하여 분리되지 않은 균사상인 것으로서 pseudomycelium과 truemycelium의 두 가지 형태가 있다. *Candida*속 등의 효모에서 볼 수 있다.

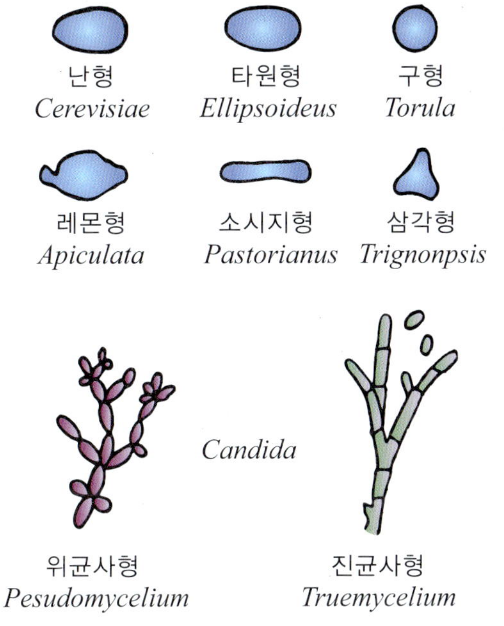

그림 7-14 효모의 기본형태

(2) 효모의 세포구조

효모세포의 크기는 종류, 환경조건, 발육시기에 따라 다르나 일반적으로 배양효모의 경우 5~6×7~8μ정도이며, 야생효모의 경우 3×3.5~4.5μ정도이다. 이들 효모세포는 세균보다 커서 300배 정도의 현미경으로도 볼 수 있으며, 일반적으로 600배 정도로 관찰이 충분하다.

효모세포의 구조는 외측으로부터 두터운 세포벽으로 둘러싸여 있고, 세포벽 바로 안에는 세포막이 있는데 이 막은 원형질막(原形質膜, cytoplasmic membrane)이라고도 부른다. 원형질막 속에는 원형질(原形質, cytoplasm)이 충만해 있으며, 그 속에는 핵(核, nucleus), 액포(液胞, vacuole), 지방립(脂肪粒, lipid granule), 미토콘드리아(mitochondria), 리보솜(ribosome) 등이 들어 있다.

세포벽은 효모세포의 형태를 유지하고 세포 내부를 보호하며 glucan, gluco-mannan 등의 고분자 탄수화물과 단백질, 지방질 등으로 구성되어 있으며, 두께가 0.1~0.4μ이나 된다.

원형질막은 세포와 외부의 물질이동이나 투과에 중요한 역할을 하며, 핵은 핵막(核膜, mucleus membrane)으로 둘러싸여 그 속에 핵산(核酸, mucleic acid)과 단백질이 들어 있어 생명현상의 중추적인 역할을 하는 중요한 기관이다.

미토콘드리아는 0.3~1×0.4~3μ의 크기를 가진 곤봉형 또는 원통형으로서 여러 개씩 들어 있으며 그 속에 많은 호흡효소를 함유하여 효모세포의 호흡을 담당한다.

원형질 속에는 많은 양의 원형질체, 즉 단백질을 함유하고 있는데 젊은 세포에서는 균일하나 성숙함에 따라 불균일하게 되고 glycogen립이나 지방구 등의 저장립(貯藏粒, granule)이 나타난다.

성숙한 세포의 중앙에는 큰 액포가 있으며 그 속에 브라운 운동을 하고 있는 미립자(微粒子, dancing body, central granule) 한 개를 볼 수 있는데, 이들 입자는 polymetaphosphate로 되어 있다.

효모세포의 표면에는 모세포(母細胞, mother cell)로부터 분리할 때 생긴 탄생흔(誕生痕, birth scar)과 낭세포(娘細胞, daughter cell)를 출아한 출아흔(出芽痕, bud scar)이 있다.

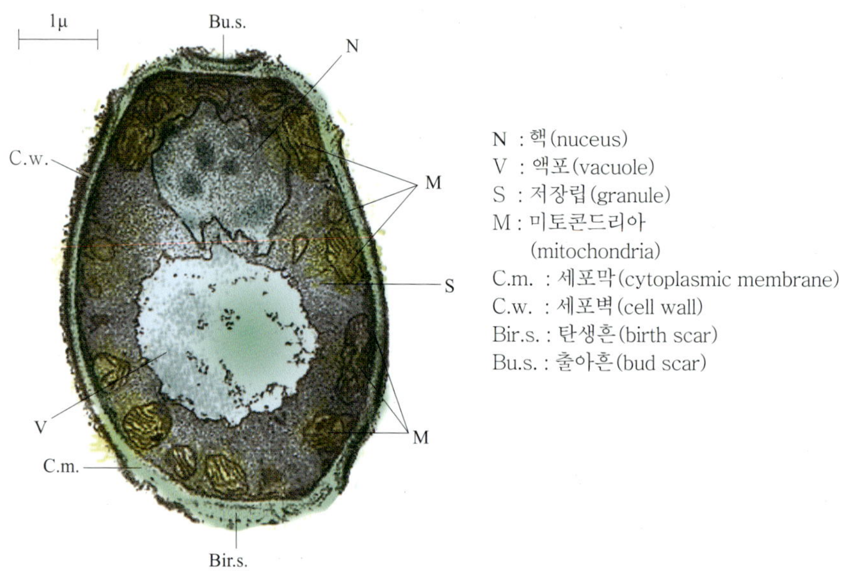

그림 7-16 효모세포의 구조

2. 효모의 번식

효모의 번식방법은 영양번식과 포자형성에 의한 번식법으로 대별하는데 영양번식 중에서 출아번식이 효모의 대표적인 번식방법이다.

(1) 번식방법

① 출아법(出芽法, budding)

영양번식의 대표적인 방법으로서 대부분의 효모는 출아(出芽, budding)에 의하여 번식한다. 즉, 성숙한 세포의 표면에서 식물의 싹(눈, bud)과 같은 작은 돌기가 생기고, 이것이 점차 커짐과 동시에 핵이 둘로 나누어져 독립된 세포로 된다. 이때 원래의 세포를 모세포(母細胞, mother cell)라 하고, 출아로 생긴 세포를 낭세포(娘細胞, daughter cell)라 한다.

낭세포가 모세포만큼 커지면 폐쇄막(close membrane)이 생겨 모세포에서 떨어져 나간다. 때로는 출아한 세포가 모세포에서 떨어지지 않고, 여러 개가 연결된 상태를 출아연결(出芽連結)이라고 하는데 배양효모에 자주 볼 수 있다. 세포 한 개의 출아수는 효모의 종류에 따라 다르나 맥주효모에서는 일반적으로 5~7회이다.

출아의 방법은 *Saccharomyces cerevisiae*와 같이 세포의 어느 곳에서나 출아하는 다극출아(多極出芽, multialteral budding)와 *Saccharomycodes* 속, *Hanseniaspora*속, *Nadsonia*속, *Wickerhamia*속, *Kloeckera*속, *Trigonopsis*속 등과 같이 세포의 양극에서만 출아하는 양극말단출아(兩極末端出芽, bipolar terminal budding)가 있으며 출아된 세포가 길게 늘어나고 연결되어 균사상으로 나타날 때 이것을 위균사(僞菌絲, pseudomycelium)라 하는데, 이것을 *Candida*속의 특징이기도 하다.

특히 *Endomycopsis*속, *Trichosporon*속의 위균사는 곰팡이처럼 격막을 가지므로 진균사(眞菌絲, truemycelium)라고도 한다.

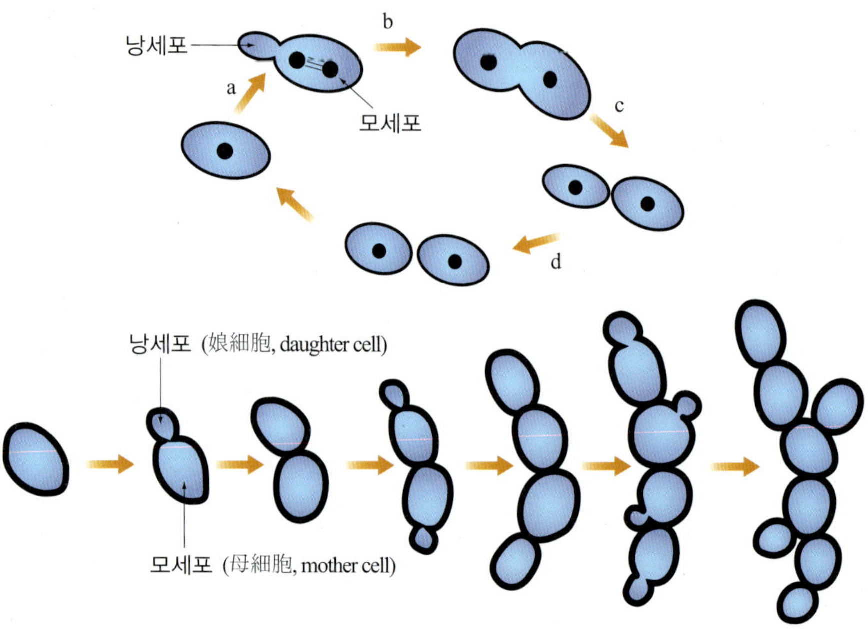

그림 7-17 효모의 출아증식

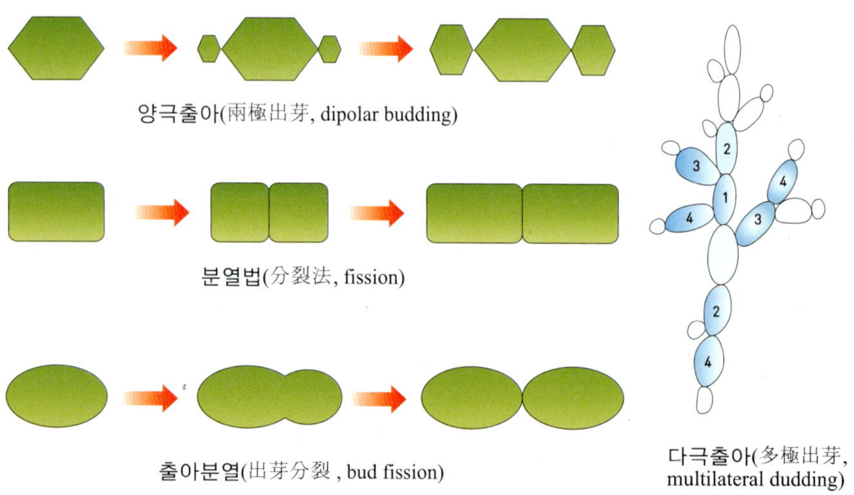

그림 7-18 효모의 영양증식

② **분열법**(分裂法, fission)

출아법과는 달리, 대개 세균의 경우처럼 세포의 원형질이 양분하면서 격막이 생겨 두 개의 세포로 분열(分裂, binary fission)하는 방법을 분열법이라 하고 이렇게 증식하는 효모를 분열효모(分裂酵母, fission yeast)라고 한다. *Schizosaccharomyces*속이 여기에 속한다.

또한 *Saccharomycodes* 속처럼 출아한 후 그 기부가 쪼개지면서 분열하는 것을 출아분열(出芽分裂, bud fissoin)이라고 하는데, 이는 출아와 분열을 겸한 혼합적인 증식방법이다.

3. 효모의 생리작용

효모는 호기성 및 통성혐기성균으로 호기적 조건이나 혐기적 조건 모두 생육할 수 있다. 혐기적인 조건하에서는 생활에 필요한 에너지를 당류의 산화환원반응인 발효작용에 의하여 획득하면서 알코올과 CO_2를 생성한다.

이것을 알코올 발효라 하며 Neuberg의 제1발효형식이라 한다.

$$C_6H_{12}O_6 \longrightarrow 2C_2H_5OH + 2CO_2 + 58kcal\ (2ATP)$$

한편, 효모를 호기적 조건하에서 배양하는 경우 당류를 완전히 산화분해하는 호흡작용을 하여 자신의 증식 작용에만 이용하여 CO_2 와 H_2O만을 생성한다.

$$C_6H_{12}O_6 + 6O_2 \longrightarrow 6O_2 + 6H_2O + 686kcal\ (38ATP)$$

이와 같이 효모를 당액 중에서 배양하면 알코올을 생성하므로 발효공업에 이용하는 것이다. 이러한 대사기구는 1940년대에 이르러 그 전모가 밝혀져 EMP경로, 즉 Embden-Meyerhof-Parnas 경로로 부르게 되었다.

효모가 완전한 알코올발효를 행하는 경우에는 보통 3% 정도의 glycerol이 부생(副生)된다는 것이 1872년 Pasteur에 의해 밝혀진 후, glycerol의 수량을 열 배 이상 높이는데 성공하여, 이것을 Glycerol 발효라 부르게 되었다.

Glycerol 발효에는 두 가지 형식이 있는데 Na_2SO_3를 첨가하는 방법과 $NaHCO_3Na_2HPO_4$ 등의 알칼리를 첨가하는 방법으로서 전자를 Neuberg이 제2발효형식이라 하고, 후자를 Neuberg의 제3발효형식이라 한다.

특히 제 2, 3형식은 주 생산물이 glycerin이므로 glycerin 발효라고도 한다. J. Lodder는 이러한 효모의 당류 발효 성질을 이용하여 효모를 상세하게 분류하고 있다. 또한 효모는 당류를 분해하여 알코올과 glycerol을 만드는 것 외에도 아미노산(amino acid)을 발효하여 퓨젤 유(fusel oil)라는 고급 알코올과 지방산(fatty acid)을 만든다.

이 발효과정에서 생기는 NH_3는 효모의 영양원으로 이용된다. 청주 양조시 쌀의 단백질이 효모에 의하여 fusel oil과 호박산(琥珀酸, succinic acid)이 되어 청주의 향과 맛에 큰 영향을 준다. 이와 같이 효모는 양조 공업에 있어서 알코올을 생성할 뿐만 아니라 술에 향기와 맛을 부여하여 훌륭하고 좋은 술을 제조하는 생리적 특성이 있다.

4. 효모의 분류

(1) 유포자효모 (有胞子酵母, ascosporogenous yeast)

① *Schizosaccharomyces* 속

영양세포는 원통형이며, 포자는 동태접합(同胎接合, homogamete)에 의하여 형성되고 자낭 속에 구형 · 타원형 · 콩팥형 포자 8개를 내장하며, 무성생식은 출아법이 아닌 분열법으로 분열자를 형성하는 것이 특징이다. 발효성이 있으며, 열대지방의 과실 · 당밀 · 벌꿀 · 토양 등에 분포하며 생육적온은 다른 효모보다 높아 37℃이다.

• *Schizosaccharomyces pombe*

아프리카 토인들이 마시는 pombe라는 술에서 분리한 효모로 알코올 발효력이 강하다. 세포는 원통형, 3~4×6~15μ이며, 자낭 속에 구형포자 네 개를 형성한다. Glucose, sucrose, maltose는 발효하지만, mannose는 발효하지 못한다. 젤라틴을 용해하며 상면효모에 속한다.

• *Schizosaccharomyces octosporus*

건포도에서 분리한 효모로서 세포는 구형 또는 둥근 원통형으로 4~5×6~12μ이며, 구형 자낭포자 8개를 형성한다. Gelatin 용해성이 있고, glucose와 maltose는 발효하나 sucrose와 lactose는 발효하지 못한다.

• *Schizosaccaromyces mallacei*

자메이카산 럼주 양조에 사용하는 상면효모로서 glucose, sucrose, maltose, mannose를 발효한다.

② *Nadsonia* 속

출아와 분열의 중간적인 증식을 하는 효모로서 세포는 타원형, 길쭉한 모양, 때로는 레몬형으로 여러 개가 연결되어 있다. 모세포와 출아세포가 이태접합(異胎接合, heterogamete)을 하며, 모세포의 다른 쪽 끝에 출아하여 형성된 자낭은 격막으로 구분된다.

자낭 속의 포자는 한두 개로 갈색이며 가시가 있고 중앙에 유적(油適)이 있다. 피막을 형성하지 않고, 당류 발효성이 있으며 질산염을 자화하지 못한다. 대표적인 균종으로는 *Nadsonia fulvescens*가 있고, 자작나무의 수액에서 분리한 *Nadsonia elongata*가 알려져 있다.

③ *Hanseniaspora* 속

양극출아로 무성생식을 하고 세포는 레몬형으로 apiculate 효모라고도 하며, 타원형 또는 길쭉한 모양도 있다. 포자는 처음에는 구형이나 나중에 모자형 혹은 헬멧형이 된다. 흔히 과일에 착생되는 야생효모로, Apiculate 효모는 포도주에 악취를 주고 알코올을 감소시키며 휘발산을 증가시키는 유해균이다. 대표적인 균종으로는 *Hanseniaspora valbyensis*가 있으며 레몬형이다. 과즙의 발효 초기에 나타났다가 점차 도태한다. 덴마크의 토양에서 분리하였으며 glucose를 발효하고 질산염을 동화하지 못한다.

④ *Saccharomycodes* 속

출아분열하는 효모로서 세포는 레몬형, 포자는 세포의 접합없이 형성하고, 포자가 발아할 때 두 개가 접합하여 발아하는 경우가 많다. 떡갈나무 수액에서 분리한 *Saccharomycodes ludwigii*만이 알려져 있다. Glucose와 sucrose를 발효하나 maltose는 발효하지 못하므로 이 성질을 이용하여 sucrose를 가한 맥아즙(mash)을 이 효모로 발효시켜 maltose가 남는 감미를 가진 술을 만들 수 있다. 질산염을 동화하지 못한다.

⑤ *Saccharomyces* 속

각종 발효공업에 이용하는 대부분의 효모는 여기에 속하는 가장 중요한 속이다. 알코올 발효력이 강한 것이 많고 당 발효능이 강하다. 다극출아(多極出芽, multilateral budding)로 영양증식을 하나, 후에 접합하여 자낭포자를 형성하기도 한다. 자낭 속에 자낭포자 1~4개를 형성하며, 구형 또는 난형이다. 빵효모, 맥주효모, 알코올 효모, 청주효모 등이 있다.

• *Saccharomyces cerevisiae*

이 속의 대표적인 균종으로 영국의 Edinberg 맥주공장의 맥주에서 분리된 알코올 발효력이 강한 상면효모이다. 세포는 구형 또는 난형이며 폭과 길이의 비가 1:1~2이고, 크기는 3×10~4.5×12μ로, 짧은 출아연결(出芽連結)을 보인다.

Glucose, maltose, galactose, sucrose, raffinose(⅓)를 발효하고 lactose는 발효하지 못한다. 청주효모로 알려진 *Sacch. sake*, 고량주효모인 *Sacch. manchuricus, amylo*법에 이용되는 *Sacch. anamensis*, 당밀(唐蜜, molasses)의 주정발효에 이용하는 *Sacch. formosensis* 등이 있는데 J. Lodder는 이 효모들을 모두 *Sacch. cerevisiae*로 분류하고 있다. 이들 효모는 세포 내에 비교적 많은 양의 thiamine을 생성하므로 약용 효모로도 이용한다.

• *Saccharomyces cerevisiae var. ellipsoideus*(*Sacch. ellipsoideus*)

세포는 타원형이며 크기는 3~6×6~11μ로, 단독 또는 두 개씩 출아연결하며, 포도주양조에 관여하는 포도주효모이다. J. Lodder는 *Sacch. cerevisiae*와 같은 균종으로 분류하고 있다.

• *Saccharomyces carlsbergensis* (*Sacch. uvarum*)

덴마크의 Carlsberg 맥주로부터 순수분리 배양한 하면효모로 독일, 미국, 일본, 한국 등의 하면발효맥주 양조에 사용하는 효모가 대부분 이 계통에 속한다. 세포는 구형 또는 짧은 난형으로 크기는 4~10×5~10μ이다. 당류 발효성이 *Sacch. cerevisiae*와는 달라 melibiose를 발효하며, raffinose를 완전히 발효한다. J. Lodder는 *Sacch. uvarum*과 같은 종으로 분류하고 있다.

• *Saccharomyces coreanus*

우리나라의 누룩과 탁주에서 분리한 효모로 종래 탁주효모로 알려진 균종이다. 맥아즙 한천배시에서 28℃로 3일 동안 배양한 세포는 구형, 타원형, 원통형, 드물게 긴 모양인 것도 있다.

크기는 3~8×3~16μ정도이며, 단독 또는 두 개씩 연결되어 있는 것이 많다. 크림색 내지 갈색을 띤 크림색이며, maltose와 lactose를 발효하지 못한다. 이 효모는 탁주효모로 알려졌었으나 최근에는 거의 자취를 감추었다.

• *Saccharomyces rouxii*

간장이나 된장 발효에 관여하는 효모로서, 18% 이상의 고농도 식염이나 잼과 같은 당농도가 높은 곳에서도 생육할 수 있는 내삼투압성효모(osmophilic yeast)이다. 세포는 구형 또는 난형이며, 알코올 발효력은 약하다.

Glucose와 maltose는 발효하지만 sucrose, galactose, fructose는 발효하지 못한다. 간장덧에 많이 존재하며, 간장에 독특한 향기를 주는 *Zygosaccharomyces soya*와 *Zygosacch. major*, 간장에 회백색 피막을 형성하는 유해효모인 *Zygosacch. japonicus*와 *Zygosacch. salsus* 등을 J. Lodder는 모두 *Sacch. rouxii*로 통합 분류하고 있다. 그러나 *Zygosaccharomyces*속은 접합한 후에 자낭포자를 형성하는 점이 다르다.

• *Saccharomyces mellis*

*Sacch. rouxii*와 유사한 내삼투압성 효모로서 60~70%의 당액에서도 발육하며, 벌꿀이나 시럽에 변패를 일으킨다.

• *Saccharomyces malirisler*

사과주에서 분리한 상면효모로서 사과주에 향기를 준다고 하여 cider-yeast라고도 하며, *Sacch. malirisler*는 사과주의 맛에 관여한다.

• *Saccharomyces fragilis*

Lactose를 발효하며 우유와 유제품에 중요한 효모로서 마유주(馬乳酒, kefir)에서 분리하였다.

Maltose를 발효하지 못한다. 이와 유사한 효모로 *Sacch. lactis*도 있는데 J. Lodder는 이들 효모를 *Kluyveromyces fragilis*로 통합분류하고 있다.

• *Saccharomyces pastorianus*

세포는 난형 또는 소시지형이며, 맥주에 불쾌한 냄새와 쓴맛을 주고 청징(淸澄)을 나쁘게 하는 유해효모이다. Glucose, galatose, sucrose, maltose, raffinose를 완전히 발효한다. J. Lodder의 제 2판에서는 맥주에 불쾌한 냄새를 나게 하는 *Sacch. bayanus*와 같은 종류로 취급하였다.

• *Saccharomyces diastaticus*

Dextrin이나 전분을 분해발효하는 효모로 맥주양조시 혼입되면 고형물을 감소시키는 유해한 효모이다.

⑥ *Kluyveromyces* 속

J. Lodder의 최근 분류에서 채택한 속명으로서 과거에 kefir로부터 분리한 *Sacch. fragilis*, 우유나 치즈로부터 분리한 *Sacch. lactis* 등을 이 속에 포함해 각각 *Kluyveromyces fragilis, Kl. lactis*로 바꾸었다. 이들 두 효모는 lactose를 발효하여 알코올을 생성하는 특징이 있는 유당발효효모로 알려졌다.

⑦ *Endomycopsis* 속

출아법으로 증식하며 세포는 진균사나 위균사를 형성한다. 당류 발효력은 비교적 약한 편이고 당을 산화 · 자화한다. Pectin 분해력이 있는 *Endomycopsis shodatii*와 강력한 amylase를 분비하여 포도당 제조에 이용하는 *Endomycopsis fibuligera* 등이 알려져 있다.

⑧ *Pichia* 속

양조액 표면에 주름이 많은 엷은 막을 형성하는 산막효모(film yeast)로서 유해균인 것이 많다. 구형, 모자형, 토성형 포자 1~4개를 만든다. 다극출아를 하고, 위균사를 형성한다. 일부 진균사를 형성하는 것도 있다. *Hansenula*속과 비슷하나 질산염을 자화하지 않는 점이 다르다.

*Pichia membranaefaciens*는 에탄올을 소비하고 당 발효성은 없거나 매우 약한 편이며, 김치의 표면에 피막을 형성하고 맥주나 포도주에 유해한 효모이다.

Fumaric acid로부터 malic acid를 상당량 생성하는 fumarase 활성이 강한 균주가 발견되고 있다.

⑨ *Hansenula* 속

*Pichia*속과 같은 액체의 표면에 피막을 형성하는 산막효모(film yeast)이며 포자의 모양은 모자형 · 토성형 · 반구형이다. 다극출아를 하고 진균사와 위균사를 형성하기도 한다. *Pichia*속은 질산염을 자화하지 않는데 반하여 *Hansenula*속은 자화한다. 일반적으로 알코올로부터 ester를 생성하는 것이 많다. 대표적인 균종으로 *Hansenula anomala*는 포자 1~4개를 형성하고 포자는 내부에 유적(油滴)을 가진 모자형이다. 과일향 같은 ester를 생성하며 청주 등 주류의 후숙에 관여한다. *Han. saturnus*는 그 이름처럼 토성형 포자를 형성하는 것이 특징이다.

⑩ *Debaryomyces* 속

표면에 돌기가 있는 포자를 형성하는 것이 특징이며, 다극출아를 하고, 일반적으로 모세포와 낭세포의 접합으로 자낭을 형성한다. 발효성은 없거나 매우 약하다. 내염성의 산막효모가 많고 채소절임이나 절인 고기에서 흔히 볼 수 있으며 내당성이 강하고 riboflavin을 생성하는 것도 있다.

Debaryomyces 속의 대표적인 균종인 *Debaryomyces hansenii* 는 호기적 상태에 저장한 베이컨, 소시지 등의 육제품에서 점질 물질을 생성한다. 특히 내염성이 강해서 15~24%의 식염농도에서 생육가능하며, 식염에 절인 식품에서 흔히 분리되고, 치즈와 소시지 등에서도 잘 분리된다. 또한 *Deb. guilliermondii*는 냉장한 소시지에서 분리되나 *J. Lodder*는 *Deb. hansenii*와 같은 종으로 분류하고 있다.

⑪ *Lipomyces* 속

세포가 점성이 있는 협막(莢膜, capsule)으로 싸여 있으며 노세포(老細胞)에는 큰 지방구가 생기므로 유지효모라고도 한다. 발효성은 없고, 독특한 출아세포(出芽細胞, active cell)가 관여하여 자낭을 형성한다. *Lipomyces starkeyi*와 같은 균종은 건조균체의 60%나 지방을 함유하고 있어 유지생산균으로 각광받고 있다.

(2) 담자균류효모 (擔子菌類酵母, Basidiomycetous yeasts)

① *Rhodosporidium* 속

발효성은 없으며 고체배지에서 주황색 또는 분홍색의 carotenoid 색소를 생성한다. 다극출아로 증식하며 colony는 점질성을 나타낸다. 불완전세대는 *Rhodotourula*속과 유사하다. *Rhodosporidium toruloides*가 대표적인 균종이다.

② *Leucosporidium* 속

발효성은 KNO_3와 탄소원 자화성이 있으며 소생자(小生子)를 형성한다. *Leucosporidium scottii* 외에 6종이 알려져 있다.

(3) 사출포자효모 (射出胞子酵母, Ballistosporogenous yeasts)

① *Bullera* 속

*Bullera alba*를 비롯하여 3종이 알려져 있으나 발효성은 없다. 출아증식을 하며 좌우대칭인 레몬형 사출포자를 형성하고 백색 내지 크림색을 띤다.

② *Sporobolomyces* 속

식품의 부패에 관여하고, *Sporobolomyces roseus* 외에 8종이 알려져 있으며, 다극출아, 가성균사 및 진균사를 형성하는 종류가 있다. 사출포자는 비대칭으로 콩팥형 또는 낫 모양이고, 성숙하면 사출한다. 분홍색이나 붉은색 또는 주황색을 띠는 carotenoid 색소를 가지며 발효성은 없다.

(4) 무포자효모 (無胞子酵母, Asporogenous yeasts)

① *Cryptococcus* 속

식물이나 토양 중에 존재하며, 딸기에서 흔히 분리되는 효모로, 세포는 구형, 난형 또는 길쭉한 모양으로 점질성 협막을 형성하고 있으며 carotenoid성 황색을 띠는 것도 있다. 산성배지에서 전분유사물질을 생성하고, 당 발효성은 없으나 산화성 자화를 한다. 자외선이나 건조에 대한 저항력이 강하며 공기 중에 흔하게 존재한다.

대표적인 균종인 *Cryptococcus neoformans*는 중추신경에 침범하고 기타 폐나 피부에 기생하여 소위 crptoccosis를 일으키는 병원성 효모이다. 공기 중에서는 잘 검출되지 않는다. 기타 carotenoid 색소를 생성하는 *Cry. laurentii*와 pectinase를 생성하는 *Cry. albidus* 등이 알려져 있다.

② *Torulopsis* 속

대표적인 무포자효모로 세포는 일반적으로 작은 구형 또는 난형이다. 황홍색 색소를 생성하는 것도 있으나 carotenoid 색소는 아니다. 위균사를 형성하지 않는 점으로 *Candida*속과 구별하고 전분유사물질을 생성하지 않는 점으로 *Cryptococcus*속과 구별한다.

내당성, 내염성이며 당도나 염도가 높은 곳에서 잘 검출된다. 특히 오렌지주스나 벌꿀 등에 발생하여 변패시키는 등 식품의 변패에 관여한다. *Torulopsis versatilis*는 세포는 비교적 작은 구형이고, 내염성이 강하며 간장 덧에 향기를 부여한다. 간장발효 후기에 관여하는 *Tor. etchellsii*와 함께 유용한 균종이다.

③ *Candida* 속

대부분 다극출아를 하며 세포는 구형, 난형, 원통형 등이 있고 위균사를 잘 만들며 알코올 발효력이 있는 것이 많다. 자연계에 널리 분포해 있고, 다른 속에 비하여 수가 대단히 많은 균종으로, 균종에 따라서는 진균사와 후막포자를 형성하기도 한다.

알코올 발효력이 있는 것이 많으며, 세포 내외에 다당류를 생성하여 요오드액에 의해 보라색으로 변하는 종류도 있다. 최근에는 탄화수소 자화능이 강한 균주가 발견되어 단세포단백질(SCP, single cell protein) 생산균주로 주목하고 있다.

*Candida utilis*는 종전에 *Torula utilis, Torulopsis utilis*라 불리던 균이다. Xylose를 자화하므로 아황산펄프액 등에 배양하여, 균체사료 또는 inosinic acid 제조 원료로 사용한다.

*Candida tropicalis*는 대표적인 *Candida* 속 효모로서 세포는 크고 짧은 난형으로 크기는 5~9×6~12μ이며 위균사를 잘 형성한다.

Xylose를 잘 동화하므로 사료효모로 사용하는 탄화수소 자화성이 강한 균주이다. 이와 유사한 균주로 *Candida rugosa, Candida pelliculosa* 등이 주목받고 있다.

*Candida lipolytica*는 강한 lipase를 생산하는 효모로서 버터, 마가린에서 분리한다. *Candida rugosa*도 같은 능력이 있는 균종으로 알려져 있다. *Candida guilliermondii* 는 세포가 작고 가늘어 길게 분기한 위균사를 형성하며 수액(樹液)에서 잘 검출된다.

Candida robusta 는 riboflavin 생성능이 강하다. *Can. guilliermondii*와 함께 riboflavin 생산균주로 중요하며, 초산(醋酸, acetic acid)을 단일 탄소원으로 생산한다.

④ *Rhodotorula* 속

세포는 원형, 타원형 또는 소시지형이며 위균사를 만들고, carotenoid 색소를 생성하여 적황색 내지 홍색을 띠는 균총을 형성하므로 적색효모로 불린다. 다극출아에 의해 증식하고, 위균사를 형성하기도 한다.

자연계에 널리 분포하며, 대부분 점성을 가지고 당류 발효성은 없고 산화성 자화를 한다. 육류와 sauerkraut(소금에 절인 양배추) 등의 침채류에 적색 반점을 형성하여 식품의 착색 원인이 되는 효모이다. 저온균인 것이 많아 냉장, 냉동식품에서도 분리된다.

*Rhodotorula glutinis*는 *Rh. mucilaginosa*와 함께 공기 중에서 잘 검출된다. 건조균체량의 60%가 지방으로, 강한 유지효모로 알려져 있으며 *Lipomyces starkeyi*와 함께 유지생산균으로 주목받고 있다.

*Rh. rubra*와 *Candida humicola*는 보통 효모가 자화하지 못하는 levulinic acid를 자화, 분해하는 능력이 있어 발효를 저해하고 향미를 저하시키는 levulinic acid의 제거에 이용할 수 있다.

SECTION 3 조 류(藻類, algae)

조류는 분류학상의 용어가 아니라 습관적으로 사용되는 말이다. 원생동물(原生動物, protozoa)과 마찬가지로 고등식물과 뚜렷한 차이가 없으므로 구별하기 어려우나 조직의 분화정도가 낮아 비교적 간단한 체제를 하고 있기 때문에 구별이 가능하다.

넓은 의미로는 수중에서 생육하며, 탄소동화색소를 가지고 독립영양생활을 하는 하등미생물로 총칭한다. 그러나 남조류를 제외한 조류는 고등미생물에 속한다. 모든 조류는 산소호흡을 하며 엽록소(chlorophyll)를 가지고 고등식물과 비슷한 광합성을 하고 있으나 주로 엽록체(chlorolast) 속에 들어 있는 부가적인 색소의 조성차이에 따라 남조류, 녹조류, 황녹조류, 규조류, 갈조류, 홍조류 등으로 대별한다.

갈조류나 홍조류는 다세포(多細胞)이며, 일반적으로 크기로 볼 때 미생물이라고 하기에는 곤란할 정도로 크다. 그러나 규조류, 녹조류, euglena 등에 속하는 *Chlorella, Scenedesmus*, 흔들말 속, 염주말 속 등의 남조류와 같은 것은 주로 단세포이다.

조류는 분류학상으로 대부분은 진정핵균(eucaryotic protists)에 속하므로 세포의 형태는 효모와 비슷하다. 그러나 미생물의 분류는 명확하지 못한 부분이 대단히 많으므로 조류를 명확하게 분류하는 것은 어려운 일이다. 조류는 세포 안에 있는 색소의 생산과 생산물의 종류 및 생식법 등에 의하여 분류한다.

(1) 남조류(藍藻類, blue-green algae)

남조류는 가장 원시적인 조류로 세포구조상 원시핵세포로 되어 있어 일반조류와 전혀 다르고, 세균과 비슷한 성상을 가진다. 핵에는 핵막이 없고 또 엽록소(chlorophyll a)는 엽록체 속에 있지 않고 세포 중에 분포되어 있다.

Chlorophyll a를 가지고 산소발생이 있는 광합성 작용으로 남조전분(藍操澱粉, cyanophycean starch) 또는 glycogen 등을 생성하는 점에서는 세균이나 방선균과 다르다.

또 특유한 세포단백질인 phycocyan과 phycoerythrin을 가지고 있기 때문에 남청색을 나타내고 점질물에 싸여 있는 것이 보통이다. 운동은 독특한 활주운동(滑走運動)을 한다. 수중, 토양 중에 널리 분포해 있다.

(2) 규조류 (硅藻類, diatoms)

황색식물에 속하는 특수한 형태의 규조류는 단세포 또는 균체를 이루고 있다. 민물, 바닷물, 습기가 많은 흙 등에 널리 분포하고 있는 식물 플랑크톤이다. 세포의 형태는 뚜껑이 있는 상자처럼 두 장의 세포벽이 겹쳐 있고, 비타민 A와 D가 풍부한 유적(油滴)도 함유한다.

껍질에는 규산질(硅酸質)이 함유되어 있어서 단단하며 표면에는 무늬나 구멍 등의 미세한 구조로 되어 있다. 세포가 좌우대칭인 우상류(羽狀類, pennatae)와 방사대칭인 중심류(中心類, centricae)로 대별한다. 세포 내에는 황갈색의 색소체가 있는데, 엽록소 외에 조황소(鈞況素, phycoxanthin)를 갖고 있다. 생식은 2분법에 의한 무성생식이 보통이나, 유성생식이라고 생각되는 증대포자(增大胞子, auxospore)를 형성한다. 깃들말 속(*Navicula*), 불돌말 속(*Chaetoceros*) 등이 있다.

(3) 녹조류 (綠藻類, green algae)

담수, 토양, 목피 등에 널리 분포하고 425 속(屬, species)이 있으며 현미경으로 볼 수 있는 것과 육안으로도 볼 수 있는 것이 있다. 이 군은 세포구조와 생식법이 대단히 다양하며, chlorophoyll a 및 b를 다량 함유하는 색소체를 가진다. *Chlorella* 속 그리고 청태(靑苔, *Ulva conglobata*) 등이 잘 알려져 있다.

가장 대표적이고 중요한 녹조는 *Chlorella*인데, 단세포 녹조로 양질의 단백질을 다량 함유하고 있어 식사료용 조류로 중요시하고 있다. *Chlorella*는 2~12μ크기의 구형으로 분열에 의하여 한 세포가 딸세포 4~8개로 증식하고 편모는 없다. 빛 에너지를 이용하여 CO_2를 고정하고 산소를 낸다. 그러므로 값싼 CO_2를 이용하여 양질의 단백질과 전분을 획득할 수 있기 때문에 식품첨가물이나 더 나아가서 우주식량으로 이용하려는 연구가 진행되고 있다. 대표적으로는 *Chlorella ellipsoidea, Chlorella vulgaris* 등의 균종이 알려져 있다.

(4) 갈조류 (褐藻類, brown algae)

눈으로 볼 수 있는 다세포형으로 한류해수에 잘 서식한다. 품종으로 다시마(*Laminaria*), 미역(*Undaria*), 톳(*Hizikia*) 등 약 250종이 알려져 있다. 유주자를 형성하는 무성생식과 유성생식을 한다. 세포 내에 xanthophyll을 다량 함유하고 있다. xanthophyll로서 violaxanthin, flavoxanthin, neoxanthin, fucoxanthin, neofucoxanthin A 및 B의 6종류가 있으며, fucoxanthin, neofucoxanthin A와 B는 갈조류 특유의 색소이다. 저장 동화 생성물로 중요한 것은 laminarin, mannite, algine 등이 있다.

(5) 홍조류 (紅藻類, red algae)

눈으로 볼 수 있는 다세포형으로 난류해수에 서식하며, 홍색이나 자색 또는 때때로 청록색을 띤다. 유주자를 형성하는 무성생식과 유성생식을 한다. Chlorophyll a와 b, carotene, xanthophyll, phycoerythirn, phycocyan 등의 색소를 함유하며, phycoerythrin을 다량 함유하기 때문에 홍색을 띤다. 세포막은 보통 cellulose와 pectin으로 되어 있으나, 칼슘을 침착시키는 것도 있다.

동화 생성물은 전분유사물질과 유지(油脂)로 우뭇가사리(*Gelidium*), 김(*Porphyra tenera*) 등이 있다.

표 7-2 중요한 조류

구 조	크기 및 구조	증 식	품종별	존재장소
남조류 (藍藻類) Bule-green algae	현미경적, 유성생식은 없고, 가장 원시적인 종류로 세균과 비슷한 성상을 갖는다.	무성생식 (분열, 유주자)	*Nostoc, Anabaena*	담수, 토양
규조류 (硅藻類) diatoms	현미경적, 단세포, 규산을 갖는다.	보통 무성생식이나 유성생식도 있다.	규조	담수, 염수, 토양, 고등식물
Euglena 류	현미경적, 단일세포	종축분열 간단한 성세포도 있다.	*Euglena Gracilis*	담수
녹조류 (綠藻類) green algae	현미경적, 눈으로도 보인다.	무성생식과 유성생식	*Chlorella Ellipsoidea, Chlamydomonas*	담수, 토양, 나무껍질
갈조류 (褐藻類) Brown algae	눈으로 보인다. 단세포형	무성생식과 유성생식	다시마, 미역, 톳	염수(냉)
홍조류 (紅藻類) Red algae	눈으로 보인다. 다세포형, 한천을 갖는다.	무성생식과 유성생식	김, 우뭇가사리	염수(온)

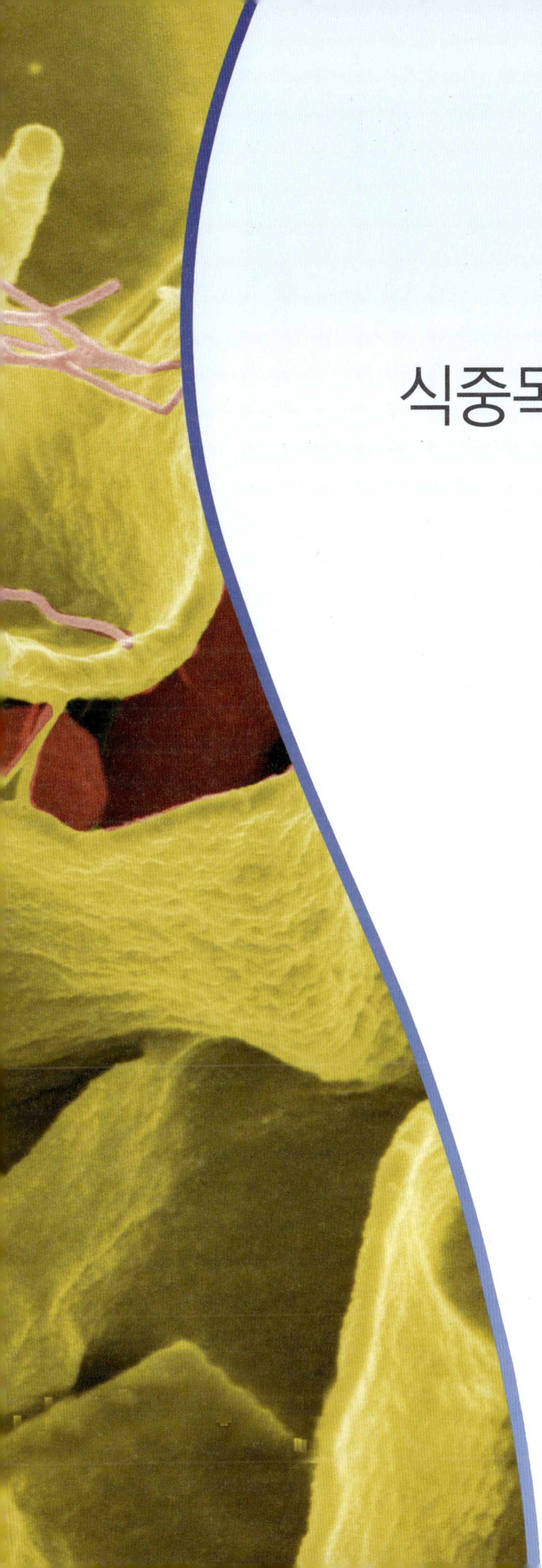

Chapter 08

식중독 (Food poisoning)

1. 감염형 식중독
2. 독소형 식중독
3. 중간형 식중독

Chapter 8 식중독

우리 국민의 생활 및 식생활 패턴이 다양화되면서 이에 따라 나타나는 식중독의 양상도 점차 변화하고 있다. 80년대 말 등장한 *E. coli* O157:H7이나 냉장고 문화와 더불어 *Listeria* 같은 식중독 세균들이 계속 등장하고 있으며, 우리나라에서는 근래 들어 세균성 이질이 빈번히 발생하고 있어 이에 대한 대책이 요구되고 있다.

식중독(food poisoning)은 오염된 물이나 식품을 매개로 하여 발생되는 질병을 말하며 세균, 바이러스, 곰팡이, 기생충 등 뿐만 아니라 미생물이 생산하는 독소, 독성이 있는 화학물질과, 식품재료 중 유해 성분 등에 의해서 발생하는 급성 건강장애를 포함하나 이 책에서는 세균과 바이러스에 의한 식중독과 곰팡이가 생성하는 독소에 포커스를 두고 있다.

병원성 세균으로 인한 식중독은 발생기전에 따라 감염형과 독소형, 중간형으로 나뉜다. 본 장에서는 우리나라를 비롯해 전세계적으로 주요 식중독의 원인균으로 등장하는 황색포도상구균, 비브리오, 살모넬라, 일반대장균뿐만 아니라 캠필로박터(*Campylobacter jejuni*), 리스테리아(*Listeria monocytogenes*) 같이 선진국들에서는 주로 문제가 되고 있는 식중독 세균 및 바이러스의 종류와 식중독 특성을 알아보고, 각 식중독 발생 예방을 위한 실질적인 방법을 알아보도록 하겠다.

SECTION 1 감염형 식중독

감염형 식중독은 식품에 오염된 다수의 살아있는 세균의 섭취에 의해 일어나는데 인체에 침투한 세균들이 소장 또는 대장에서 증식함으로써 발생한다.

대부분이 식중독이 감염형에 해당되며 살모넬라 식중독(salmonellosis)이 대표적이다. 감염형 식중독의 특징은 장관내 세균들이 endotoxin이나 exotoxin을 분비하여 증상을 나타내는데, 모든 감염형 식중독이 대장증상을 일으키는 것은 아니다. 소장점막을 통해 침입한 세균들은 신체의 다른 조직에 침투하기도 하는데, 그 예로 *Listeria monocytogenes*와 *Mycobacterium tuberculosis*를 들 수 있다.

감염형 식중독에는 세계적으로 살모넬라균에 의한 것이 가장 흔했으나 최근 캠필로박터(*Campylobacter*)균의 의한 것이 살모넬라균보다 더 많이 발생하는 것으로 밝혀지고 있으며, 장염 비브리오균(*Vibrio parahaemolyticus*), 쉬겔라균(*Shigella*), 여시니아균(*Yersinia*) 등에 의한 식중독 등이 있다

(1) 살모넬라 (*Salmonella spp.*)

살모넬라 식중독은 전 세계적으로 가장 흔한 식중독이다. 살모넬라균은 현재 2,800여 종 이상이 보고되었으며 종류에 따라 그 병원성에 차이가 있으나 모두가 사람에게 병원성인 것으로 알려져 있다. 미국은 매년 4백만 명 이상이 살모넬라 식중독에 걸리는 것으로 보고되고 있다. 살모넬라는 그람 음성이며, 무포자, 간균으로 통성혐기성 세균이다. 성장 온도범위는 5 ~ 45.6℃이며 사람의 체온에서 25분만에 분열할 수 있다.

성장 가능한 수분활성도는 0.945~0.999이며, pH 4 이하에서는 살지 못하나 냉동상태에서 생존 가능하다.

살모넬라 식중독은 나이와 건강 정도에 따라 차이가 있으나 살모넬라 생균을 15~20마리 정도 섭취했을 때 이들 세균이 소장 점막을 투과하며 살모넬라는 동물이나 인간의 소장에서 발견되며, 동물, 사람, 환경의 사이클을 돌며 계속 오염을 유발시키게 된다. 특히 육류, 가금류, 달걀 같은 동물성 식품은 살모넬라의 위험성이 높으며, 단백질이나 탄수화물이 풍부한 오염된 식품은 특히 주의하여야 한다.

달걀도 살모넬라 식중독의 원인으로 빈번히 등장하는데 그 원인균은 *Salmonella* Enteritidis이다. 연구 결과에 의하면 달걀 껍질 외부에 살모넬라균이 오염되는 경로(수평적 오염) 외에도, 노른자위에서 살모넬라가 분리된 경우가 있는데, 이는 살모넬라에 이미 감염된 암탉에 의해 달걀이 산란 전 오염되었을 가능성(수직적 오염)을 제시하고 있다. 때로 손을 제대로 씻지 않는 등 개인위생이 좋지 않은 사람이 살모넬라를 오염시키는 원인이 되기도 한다.

살모넬라균에 의한 식중독 예방책

- 식품을 철저히 조리하고, 그냥 따뜻한 것이 아니라 뜨거울 때(60℃ 이상) 배식한다.
- 식품위생규칙들, 즉 손, 식품이 닿는 표면의 청결, 도구의 올바른 사용 등을 준수하여 식품의 재오염(교차오염)을 방지한다.
- 준비한 음식을 저장했다가 나중에 사용하여야 할 경우, 재빨리 식히거나 얼려서 세균의 번식을 억제한다.
- 저장하는 용기는 두께가 10cm 이하인 것을 쓰거나 용량이 작은 것을 쓰며, 상온에는 식품을 저장하지 않는다.
- 저장했던 냉장식품은 따뜻이 데우는 정도가 아니라 완전히 재가열(최소 74℃)한 후 섭취한다.

다시한번 유념하여야 할 것은, 살모넬라균 뿐만 아니라 세균에 오염된 식품은 어떤 냄새나 맛의 변화도 없으며 육안으로 오염여부를 판별할 수 없다는 것이다.

(2) 비브리오 (*Vibrio spp.*)

① *V. parahaemolyticus* (비브리오 파라헤모리티쿠스)

비브리오균 중 *Vibrio parahaemolyticus, V. vulnificus, V. cholerae*가 주로 식중독에 연루되는데, 우리나라나 일본 등에서 가장 흔한 비브리오 장염 식중독은 *V. parahaemolyticus*에 의한 감염증이다. 감염증상은 복통과 물 같은 설사를 하며 가끔은 구역, 구토, 두통 및 열을 동반한다. 잠복기는 평균 15시간(4~96시간)이며 심하지 않은 정도의 식중독 증세로 2.5일(1~7일 범위)정도 지속되며, 사망하는 경우는 드물다.

*V. parahaemolyticus*는 호염성(성장을 위해 NaCl이 필요함)이기 때문에, 포구나 연안 등 해수에서 살고 있으며, 겨울에는 해수바닥에 있다가 여름이 되면 위로 떠올라서 어패류를 오염시키며, 오염된 어패류를 제대로 조리하지 않고 섭취하거나 수산물을 생으로 섭취한 사람이 감염된다.

1~7일 경과 후 자연 치유되므로 특별한 치료는 필요 없지만 심한 경우 항생제를 투여할 수 있다.

어패류의 생식을 피하는 것이 최선의 식중독 예방책이며 60℃에서 15분 이상, 80℃에서 7~8분 이상 조리하는 것이 안전하다. 역학 조사 결과 따뜻한 계절과 비브리오장염의 발생간에는 유의적인 상관관계가 있어, 특히 여름철에는 날로 어패류를 섭취하는 것은 피해야 한다.

장염 비브리오에 의한 식중독 예방책

- 여름철에 어패류를 날것으로 섭취하지 않도록 주의한다.
- *V. parahaemolyticus*균이 식중독 감염량에 도달되지 않도록 관리한다.
- 수산물 냉장 보관(유통과정에서 10도 이상이면 균이 증식)
- 어획 후 유통단계를 거쳐 소비에 이르기까지 철저한 저온관리로 증식을 억제한다.
- 열에 약하므로 섭취 전 가열 조리한다.
- 어패류를 취급하는 칼, 도마, 행주는 일반 식품에 사용하는 것과 구별하여 사용한다.
- 장염비브리오균은 담수에서는 저항력이 약하므로 수돗물에 잘 씻는다.
- 60도에서 15분이상, 80도에서 7~8분 이상 열처리한다.
- 날것과 조리된 식품 분리 취급하여 교차오염을 방지한다.
- 외상이 있는 사람은 여름철 해수욕 조심한다.

② 비브리오 패혈증 *V. vulnificus* (비브리오 불니피쿠스)

*Vibrio vulnificus*는 우리나라에서 종종 비브리오 패혈증으로 보고되는 식중독의 원인균으로, 따뜻한 해수지역에서 채취된 수산물이 주요 오염원이 된다. 이 세균은 물 뿐 만 아니라 침전물, 굴, 조개, 게, 플랑크톤 등에서 발견된다. 두 가지 특이한 임상 증상이 나타나는데, 감염 경로는 바닷물에 피부가 직접 노출되거나 오염된 갑각류의 접촉 및 섭취에 의한다.

먼저 상처 감염은 갑각류나 게류를 수확하거나 씻으면서 이 세균이 오염된 수산물에 의해 피부에 상처가 나면 감염되며, 종종 상처가 주위로 번져가며 발생된다. 비브리오 패혈증 환자들은 열이 나고, 빠르게 봉와직염(연결조직의 염증)으로 진전되며 때로 상처 부위를 절단해야 할 경우도 발생한다.

패혈증은 오염된 물 또는 생굴이나 열처리가 제대로 되지 않은 수산물을 섭취했을 때 발생한다. 이 경우 오한, 열, 불쾌감, 설사 등의 증상이 나타나며, 혈관으로 침투한 세균이 패혈증을 일으키는데 치사율이 50%에 이른다. 70% 이상의 감염자에게서 피부가 불룩불룩해 지는 특징적인 증상이 나타나며, 특히 간경변, 당뇨, 백혈병 환자나 면역억제제나 스테로이드 약물을 섭취하고 있는 사람은 위험하므로 수산물을 생으로 섭취하지 않도록 주의하여야 한다.

비브리오 패혈증 예방책

- 피부에 상처가 난 사람은 바닷물에 상처를 노출시키지 않아야 하며 열처리되지 않은 수산물의 취급을 삼가야 한다.
- 간 질환 등이 있는 사람은 특히 생굴이나 덜 조리된 수산물의 섭취를 피한다.
- 그 외 장염비브리오 예방책에 준한다.

③ 비브리오 콜레라 (*V. cholerae*)

*Vibrio cholerae*는 우리나라에서 제1종 법정감염병으로 되어있는 콜레라의 원인균으로, 구토와 설사 등 급성 세균성 장내감염증을 일으킨다. 위생시설 및 환경위생이 나쁜 곳에서 주로 발생되며, 오염된 식수, 음식물, 어패류를 먹은 후 감염된다. 수분 및 전해질을 보충해 주고 테트라사이클린 등을 사용하여 치료할 수 있으며, 물이나 음식물을 끓여 먹으면 예방할 수 있다.

비브리오 콜레라 예방책

- 오염된 물에서 수확한 날 수산물 또는 덜 조리된 게나 갑각류의 섭취를 피한다.
- 물을 반드시 끓여 마신다.

(3) 병원성 대장균(*Escherichia coli*)

*Escherichia coli*는 소장에 흔히 존재하는 통성혐기성 세균으로 생리 유지에 중요한 역할을 하고 있으며, 일반적으로 분변에서 발견된다. *E. coli*의 성장 온도범위 2.5~45℃이며 냉장 온도와 냉동 온도에서 생육이 가능하다. 성장 가능한 pH 범위는 4.4~9.0이며 요구되는 최소한의 수분 활성도는 0.95이다. 발병 시간은 10~72시간이며, 종류에 따라 차이가 난다. 대부분의 환경에서 분리되는 *E. coli*는 비병원성이나, 식중독 증상을 일으키는 대장균들을 유독성의 특징, O, H 항원성의 특징, 소장 점막과의 상호작용 차이, 역학적 차이에 따라 다음의 네 가지 그룹으로 분류한다.

① *Enterotoxigenic E. coli* (ETEC)

개발도상 국가에서 유아의 설사나 여행자 설사의 주된 원인이다. 이들은 열에 강하거나 약한 두 가지 종류의 독소를 생산해 낸다. 증상은 콜레라와 비슷하나 훨씬 미약한 장염이다. 보통 1억 마리 이상이어야 증상이 나타나나 유아는 이보다 적은 수에도 설사가 나타난다. 환자에게는 전해질을 함유하고 있는 수분의 보충이 필요하다. 콜레라와 유사한 장독소(enterotoxin)를 생산하며 균의 농도가 7~9 log CFU/mL에 이르면 콜레라와 같은 설사증을 일으킨다.

ETEC는 두가지 형태의 장독소를 생성하는데 열에 약한 이열성 독소(heat-labile enterotoxin : LT)로 60℃에서 10분간 가열로 실활되는 독소와 열에 저항성이 강한 내열성 독소(heat-stable enterotoxin : ST)로 100℃에서 30분간 가열해도 실활되지 않는 두가지 형태가 있다. 잠복기는 10~12시간이며, 수양성 설사, 복통, 구토, 산성증, 피로, 탈수의 증상을 나타낸다.

② *Enteroinvasive E. coli* (EIEC)

설사의 원인으로 세균성 이질(shigellosis)과 유사한 증상을 보이며 유아에서는 용혈성 요독증상(hemolytic uremic syndrome, HUS)을 일으킬 수 있다. 변에서 혈액과 점액질이 나타나는 것이 특징이며 10마리 정도로도 감염을 일으킨다. 분변에 오염된 식품이나 물이 주된 원인이며, 햄버거용 육류나 열처리되지 않은 우유도 원인이 된 적이 있다.

세균이 오염된 식품을 섭취한 후 식중독 증상이 나타나기까지의 잠복기는 12~72시간 정도이며, 보통 복통, 설사, 구토, 발열, 발한 등의 증상이 나타난다. 대장점막의 상피세포에 침입해서 증식하여 세포 점막을 괴사시켜 궤양형성한다. 발병균량은 7~9log CFU/g이며, 잠복기는 약 10~18시간이고 주증상은 발열과 복통, 혈액과 점액이 섞인 설사를 일으킨다.

③ *Enteropathogenic E. coli* (EPEC)

유아 설사의 중요한 원인으로 저개발국에서 영유아 사망률의 50% 이상을 차지한다. 묽은 설사뿐 아니라 혈변을 보이기도 하는데 이는 이질균이 분비하는 것과 유사한 독소에 의해 장점막이 파괴되어 발생한다. 조리되지 않은 육류나 가금류, 분변에 오염된 물이 주된 식중독 원인으로 전형적인 감염형 세균성 식중독의 특징을 가지고 있다. EPEC는 점막에 부착하여 설사병을 유발하나 대장점막의 상피세포에 침입하지 않으며 독소를 형성하지 않고 발병 균량은 6~9 log CFU/g 정도이고 잠복기는 약 9~12시간이다. 주증상은 설사, 복통, 구토, 발열 등의 급성위장염이다. 원인식품으로는 오염된 우유와 신생아용 분유, 햄, 소시지, 채소 샐러드, 소간 등이다.

④ *Enterohemorrhagic E. coli* (EHEC)

출혈성 대장염(hemorrhagic colitis)과 용혈성 요독 증상(hemolytic uremic syndrome)의 원인균이다. 이 형태의 *E. coli*는 최소 3가지 종류의 베로독소(verotoxin)를 생성하는데, 이들은 조직배양 세포에 독성을 나타낸다. 이들은 매우 특이하게 대장에만 작용하며, *E. coli* O157:H7은 이 그룹의 대표적인 세균이다. 법정 제1군 감염병균으로 베로독소(verotoxin)를 생성하며 2~3log CFU/g의 적은 균량으로 발병하며 잠복기는 3~8일 정도이다. 인체 내에서는 베로독소를 생성하여 질병을 일으키지만 오염된 식품에서 생성되는 베로독소는 식중독을 일으키지 않는다.

우리나라의 경우 O26, O25, O111 및 O157:H7이 분리 보고되었다. 증상은 혈변, 심한 복통 등이 증상이 나타나며 발열은 거의 없고 감염의 약 2~7%가 출혈성대장염(hemorrhagic colitis), 혈전성 혈소판 감소증이나 용혈성요독증후군 (hemolytic uremic syndrome, 급성신장장애), 같은 질병을 일으키며 심하면 사망한다. 원인식품으로는 적절한 열처리가 되지 않은 쇠고기 분쇄육, 햄버거, 샌드위치, 원유, 사과주스 등, 소독되지 않은 물을 음용한 경우이다.

대장균 식중독 예방책

- *E. coli* O157 : H7의 주요 급원이 동물의 장관이므로 동물성 식품들은 도살 과정 중 분변에 의해 오염될 수 있다. 육류 생산 과정 중 올바른 제조 공정과 소비자의 주의 깊은 조리 과정이 중요할 것이다.
- 위험성이 있는 식품에 대한 일반적인 통제 방법은 63℃ 이상에서 15초 이상 가열하는 것이다. 물론 가금류나 돼지고기는 더 높은 온도로 가열해야 한다. 분쇄육처럼 가는 동안 세균과 식품이 골고루 섞이게 되는 식품은 더 높은 온도로 철저히 조리하여야 한다. 육류를 조리할 때는 분홍빛이나 붉은 액이 안보일 때까지 조리하는 것이 바람직하다.
- ETEC, EIEC, EPEC 같은 세균에 대해서는 사람이 주된 보균자이므로 식품 관련 종사자들은 올바른 개인 위생을 포함해 식품 저장과 위생 수칙을 따르고 자주 손을 씻으며 시간과 온도의 남용을 막아야 한다.

(4) 캠필로박터(*Campylobacter jejuni*)

우리 나라에서는 최근 5년간 발병률이 가장 많이 증가한 식중독균으로 전세계적으로 1980년대부터 *Campylobacter jejuni*는 가장 많이 대장염을 일으키는 식중독균으로 등장했다. 미국에서는 일년에 4백만명이 감염되는 것으로 추정되고 있다. 이 균은 식품뿐만 아니라 애완동물, 가축, 새, 심지어 파리를 통해서도 감염이 일어날 수 있다.

*Campylobacter jejuni*는 무포자, 나선형태의 그람음성세균이다. 성장 온도 범위는 30~45℃(최적 42~43℃)이다. 이 세균은 열에 의해 쉽게 파괴되며 다른 균에 비해 까다로운 성장조건을 요구한다. 즉, 30℃ 이하에서는 자라지 않고 낮은 산소농도(5~10%, microaerophilic)에서만 성장하는 미호기성균이다. 또 최적조건에서도 매우 느리게 증식하여 세대시간이 한 시간이다. 건조한 상태, 산성, 멸균제, 대기중 산소, 그리고 열 등에 매우 민감하기 때문에 다른 미생물과 비교해 그다지 경쟁력이 높은 편이 아니다.

발병은 오염된 식품을 섭취한 지 2~5일(범위, 1~10)에, 심한 장염을 일으키며 주로 극심한 설사(때로 혈액섞임), 복부 통증(강도와 지속정도가 때로 심할 수 있음), 두통, 불쾌, 열 등이 수반된다. 처음 24시간 동안 대장 움직임이 8번 이상 일어나는 사람은 의심할 수 있다. 이 증상은 살모넬라나 세균성이질 같은 다른 장염을 일으키는 균과 유사하다. 보통 본인에게 국한되며(7~10일), 항생제 처리는 요구되지 않는다. 회복 후 증상없이 감염 상태가 몇 주 지속되기는 하나 역학적인 중요성은 없는 것으로 생각되며, 많은 경우 증상이 없이 지나가기도 한다.

*Campylobacter jejuni*는 식품에서 잘 자라거나 살아남지는 못하지만, 동물성 식품은 초기에 분변오염에 의해 많은 수의 세균에 오염될 수 있다. 그러나 연구결과는 400~500마리의 세균만 섭취해도 질병을 일으킨다고 되어 있어 다른 식중독세균에 비해 비교적 적은 수로 발병시킬 수 있다.

식중독과 연루된 식품은, 제대로 조리되지 않은 닭고기, 날 햄버거, 날 조개, 열처리하지 않은 우유 등이 있다. 건강한 동물의 분변이 식품을 오염시키는 주된 원인으로 보인다. 샐러드나 케이크같이 깨끗한 식품이 오염된 도마의 표면에 닿아 교차오염을 일으키거나 손에 의해 오염되는 경우가 가장 빈번할 것이다.

캠필로박터 식중독 예방책

- 동물성 식품, 특히 닭고기류는 철저히 조리한다.
- 온도를 점검하기 위해 접촉성 온도계를 사용한다.
- 조리된 음식과 조리되지 않은 날 식품의 접촉을 피한다.
- 열처리된 유제품만 사용한다.

(5) 리스테리아(*Listeria monocytogenes*)

*Listeria monocytogenes*는 오래 전부터 알려진 세균이나 식중독 세균으로 인식되기는 비교적 길지 않다. 이 세균은 물, 흙, 진흙, 그리고 사람, 생선, 갑각류 및 새를 포함한 동물과 꼴, 채소 등, 자연에 광범위하게 분포하는데 냉장고 문화가 우리의 식생활에 큰 부분이 되면서 슬며시 식중독세균의 대열에 합류하게 되었다.

이 세균은 건조하거나 염도가 높은 상태를 비롯한 열악한 환경에서도 장시간 생존가능하며 저온에서도 잘 자라는 대표적인 저온균이다. 이 세균은 그람양성, 무포자, 통성혐기성, 간균으로 pH 5~9 사이에서 잘 자란다. 탄수화물이 성장에 필수적이고 성장 가능한 온도범위는 1.7~45℃이며 냉장 온도에서도 느리나 성장이 가능하다.

리스테리아는 인간과 동물에게 listeriosis라는 증상을 일으키는데 발병 기간에 큰 차이(3~70일)를 보인다. 사람에게 나타나는 증상은 약한 감기 증세, 불안, 실사, 열 같은 임시 증상에서 심각한 증상으로까지 다양하다. 심각한 증싱은 독성이 강한 세균이 마크로파지 내에서 번식하여 패혈증을 유발하고, 이는 임신부와 태아에게 신경계, 심장, 그리고 다른 주요 기관에 영향을 미쳐 유산, 사산, 또는 신생아 패혈증을 일으킨다.

Listeriosis는 임신 상태, 노인, 또는 임상처리에 의해 유도된 상태와는 상관없이 면역력이 약화됨과 동시에 수반된다. 그러므로 태아, 신생아, 그리고 면역력이 약화된 사람들이 위험성이 높다. 건강한 성인이 *L. monocytogenes* 때문에 사망하는 경우는 거의 없으나, 위험 그룹에서는 사망률이 30%나 된다.

다른 오염 경로는 분변에 오염된 물질이나 토양과 직접 피부가 닿아 일어날 수 있고 흡입이나 성접촉도 가능한 오염 경로다. 오염된 가축에 관한 한, 꼴, 물, 진흙 등이 주요 세균의 급원으로 보이며 사람이나 가축은 아무런 증상이 없이 분변에 균을 가지고 있을 수 있다. 사람은 특히 증상없이 질에 균을 보균할 수 있으며, 약 4%의 사람이 이 세균의 보균자로 보고되고 있다.

*Listeria monocytogenes*는 가금류, 육류, 다진 쇠고기, 치즈, 열처리하지 않은 우유, 아이스크림 등 유가공품, 생선, 어패류, 만두, 냉동식품 채소 등의 다양한 식품에서 분리되며, 3℃ 정도의 낮은 온도에서도 성장할 수 있어 냉장식품도 유의를 하여야 한다.

리스테리아 식중독 예방책

- *Listeria*는 샐러드용 채소와 같이 날 것으로 차게 먹는 음식에서도 오염될 수 있으므로 식재료의 준비단계부터 주의를 기울여야 한다.
- 철저한 열처리와 교차오염을 줄이도록 노력한다.
- 남은 음식을 재 섭취시 냉동/냉장되었던 식품을 철저히 재가열한다.
- 생유와 열처리되지 않은 우유로 만든 소프트 치즈는 피한다.
- 젖은 바닥, 수분 응결, 배수 등은 *L. monocytogenes*의 성장을 촉진하므로 식품가공 및 조리장 설비는 깨끗하고 건조하게 유지되어야 한다.
- 위생 처리된 복장을 착용하고 바닥 청소시 살균제를 사용한다.
- 위험 그룹은 '바로 먹을 수 있는 식품(ready-to-eat food)' 의 저장 기간, 냉장 보관 상태 등 제품에 부착되어 있는 설명을 꼭 살펴본다.

(6) 세균성 이질

세균성 이질(shigellosis)은 쉬겔라(*Shigella*) 세균속에 의한 급성 대장염(colitis)으로 우리나라에서는 현재 1종 감염병으로 분류되어 관리되고 있다. 분변에 오염된 물에서 흔히 발견되는 쉬겔라균은 감염력이 비교적 강하며 대 · 소규모로 발병시키는 감염병 세균이다. 감염자의 연령이나 상태에 따라 다르기는 하나 적게는 10마리의 균만 있어도 대장 또는 소장에 급성세균감염을 일으킨다.

특징적인 세균성 이질 증상은 열과 구역질, 경련성 복통, 배변 후 불편감을 동반한 설사 등으로, 잠복기가 12~50시간 정도이다. 나이와 건강상태에 따라 다르나 10마리 정도로도 감염을 일으킬 수 있다. 어린이들에게는 전신경련이 올 수 있으며. 혈액, 점액, 고름이 섞인 대변이 특징이다. 전염성이 높아 환자가 발생하면 격리치료해야 하며, 수액요법과 항생제 치료가 가능하다. 예방접종 백신은 개발이 시도되었으나 아직 유용한 백신은 없다.

우리나라에서는 수 차례의 유행을 겪으면서 1950년에 항생제의 도입과 생활수준 향상에 따른 환경위생의 개선으로 감소경향을 보여 왔고 특히 독성이 약한 균주로 대치되면서 사망은 두드러지게 감소하였으나 최근 들어 갑작스런 증가세를 보이고 있다. 발병률은 주로 0~4세군과 60세 이상 연령군에서 높고, 남자가 여자보다 높다. 치명률은 20~34세에서 가장 낮고, 이보다 어리거나 나이가 많을수록 높다.

세균성 이질은 수인성인 경우가 대부분이나 적지 않게 식품과 연루되어 나타난다. 외국의 경우는 세균성 이질을 우리나라와 같이 따로 분류하지 않고 식중독균으로 묶어 취급하고 있다. 샐러드(감자, 참치, 새우, 마카로니, 닭고기), 익히지 않은 채소, 우유 및 유제품, 가금육 등이 세균성 이질과 연루되어 보고되었다.

식품이 오염된 경로를 추적하면 보통 분변–구강의 경로를 거쳤으며, 분변에 오염된 물과 소리종사자의 비위생적인 식품의 취급이 가장 흔한 발병 원인으로 나타나고 있다. 최근 우리나라에서 세균성 이질이 빈번히 발생하고 있어 이에 대한 긴급한 방역대책이 필요한 것으로 나타나고 있다.

세균성 이질 예방책

- 식품취급자의 개인위생 수칙 준수가 무엇보다 중요하다.
- 식품 준비시 반드시 수돗물을 사용하거나 끓여서 사용한다.
- 세균성이질 환자가 발생하면 전염성이 높으므로 격리하여 재감염자의 발생을 막는다.

SECTION 2 독소형 식중독

독소형 식중독은 식품에 오염된 미생물이 세포로부터 독소를 분비하여 이를 섭취했을 때 발생한다. 따라서 독소분비가 일어나지 않았다면 해당 미생물이 식품에 오염되어 있다고 하여도 식중독은 발병하지 않는다.

독소형 식중독을 일으키는 세균이 분비하는 독소는 세포 밖으로 분비되므로 exotoxin이라 불리며 또한 소화기 장관을 공격하므로 enterotoxin이라 불린다. 대표적인 독소형 식중독 세균으로는 *Staphylococcus aureus*와 *Clostridium botulinum*이 있다. 일반적으로 독소형 식중독의 잠복기, 즉 식품섭취 후 식중독 증상이 일어날 때까지 걸리는 시간이 짧다.

(1) 황색포도상구균 (*Staphylococcus aureus*)

황색포도상구균은 우리나라에서 가장 빈번하게 발생하는 식중독을 일으키는 그람 양성, 통성 혐기성균으로, 이 균이 생성하는 독소(enterotoxin)를 함유한 식품을 섭취함으로써 독소형 식중독이 발생하게 된다. 독소는 A, B, C, D, E, F의 6형의 장독소를 생성하며 이중 장독소 A가 가장 식중독율 (73%)이 높다. 독소는 열에 안정하여 보통 식품의 열처리에 불화성화 되지 않는다. 다른 세균에 비해 소금과 당에 대해 내성을 강할 뿐만 아니라 항생제(penicillin, methicillin, gentamycin, streptomycin)에 대해서도 저항성이 강한 균이다. 성장 가능한 pH 범위는 4.5~7이고, 6.5~50℃의 넓은 온도 범위에서 자라지만, 독소 형성이 최대인 온도범위는 21~37℃이다.

이 세균의 주요 감염원은 사람이나 동물로써, 건강한 사람의 피부에서도 쉽게 분리될 수 있으며 주로 비강이나 감염된 상처, 피부손상 부위가 원인이 된다. 증상이 나타나는 경우는 두통, 근육통, 그리고 일시적인 혈압과 맥박수의 변화증상은 독소를 함유한 식품을 섭취한 지 30분에서 7시간 이내로 나타나며 주로 2~4시간의 짧은 평균 발병시간을 보이는 것이 특징이다.

황색포도상구균 식중독 예방책

- 기침, 재채기 등 급성 호흡기질환, 피부발진, 피부화농 등을 가진 사람은 식품취급을 제한하여야 한다.
- 식품취급자들은 항상 개인적인 청결과 위생적인 습관을 갖고 있어야 한다. 손을 자주, 깨끗이 씻어야 하며 좋지 않은 습관, 예를 들어 조리 도중 신체의 다른 부위를 만지는 일은 삼가야 한다.
- 식품의 직접적인 취급은 최소화되어야 한다. 손보다는 용기를 사용하며, 플라스틱 장갑 등을 이용하면 효과적이나, 이들도 오염되므로 필요할 때마다 교환하여야 한다.
- 식품 접촉 표면, 용기, 도구 등을 위생적인 상태로 유지하여야 한다.
- 조리된 음식을 그냥 따뜻한 온도로 유지해서는 안된다. 독소의 형성을 막으려면 식품을 60℃이상으로 뜨겁게, 또는 4℃이하로 차게 유지하여야 한다.
- 남은 음식은 납작한 용기에 넣어 7.2℃이하로 빨리 식혀야 하며 단 한 번만 재가열하여 섭취하며, 그 후엔 폐기시켜 버린다. 모든 남은 음식은 재가열 후 24~36시간 내로 사용하며 그 뒤는 폐기시켜 버린다.

⑵ 클로스트리디움 (*Clostridium botulinum*)

클로스트리디움 균에 의한 식중독은 보툴리누스 식중독이라고도 하는데, 클로스트리디움균이 식품을 오염시켜 혐기상태에서 증식할 때 생산하는 독소에 의해 일어나는 독소형 식중독이다. 클로스트리디움균은 그람 양성균이며, 포자를 형성하는 편성 혐기성균으로 신경독소(neurotoxin)를 생산한다.

신경독소는 항원성에 따라 A~G형의 7형으로 분류하며, 이 중에서 사람에게 식중독을 유발하는 것은 주로 A, B, E, F형이다. A, B, F형균의 발육최적온도는 37~39℃이며, 발육최저온도는 10℃이나 E형균의 발육최적온도는 28~32℃ 이며, 발육최저온도는 3.3℃로 저온성균으로 주로 생선에서 많이 검출된다.

클로스트리디움균의 신경독소는 독성을 나타내는 자연물질 중 가장 강력한 물질 중의 하나로 신경계통에 작용하여 신경자극의 전달을 막아 신경마비 증상을 일으키고, 심한 경우 호흡마비를 일으켜 사망에 이르게 한다. 클로스트리디움균의 신경독소는 황색포도상구균의 장독소에 비해 열에 약하다. 80℃에서 30분, 100℃에서 2~3분간 가열하면 독소는 완전히 파괴된다.

잠복기는 12~36시간이고 증상는 피로, 두통, 현기증, 연하장애와 호흡마비가 일어나며 신경 증상은 구토, 설사 등의 위장 증상이 온 후에 나타나며 진행됨에 따라 시신경 마비로 약시, 복시, 동공 확대 등이 나타난다.

클로스트리디움균의 주 오염원은 토양, 동물 분변이며, E형은 해조, 어류 등에 널리 분포되어 있으므로 이들에 의한 식품의 오염을 방지하여야 한다. 따라서 야채 등은 잘 씻고 어류의 장관 내용물이 육질에 오염되지 않도록 주의한다.

클로스트리디움 식중독 예방책

클로스트리디움균의 생육을 저지하기 위해서는 식품의 pH를 4.6이하로 조절하는 방법과 수분활성을 0.94 이하로 조절하는 방법, 4℃이하의 온도에서 보존하는 방법, 아질산나트륨과 같은 항균제를 첨가하는 방법 등이 있다.

- 냉동 또는 냉장보관,
- 아질산나트륨등의 항균물질 첨가로 포자의 발아 및 균의 증식 억제)
- 가정에서 제조한 통조림식품, 병조림 식품 제한
- 적절히 식히지 않은 뜨거운 음식, 특히 덩어리 음식에서 일어나는 혐기적 상태 방지

SECTION 3 중간형 식중독

중간형 식중독은 오염된 식품에 증식한 균이 장관 내에 정착하여 독소를 생산하고 그 독소가 식중독을 일으킨다. 중간형 식중독은 바실러스 시리어스균(*Bacillus cereus*), 병원성 대장균 중 장독소성 대장균 식중독, 클로스트리디움 퍼프린젠스(*Clostridium perfringens*) 식중독이 대표적인 예이다.

(1) 바실러스 시리어스 (*Bacillus cereus*)

바실러스 시리어스균은 그람 양성, 포자형성균으로 토양유래 미생물이며 곡류나 두류에 많이 함유되어 있다. 이 균은 설사형과 구토형의 두가지 식중독을 일으키는데, 설사형 식중독의 원인은 경구적으로 섭취된 대량의 생균이 생체내에서 증식하는 과정에서 생산하는 고분자의 장독소(enterotoxin)에 의한 것으로 중간형 식중독이며, 설사를 유발한다. 구토형 식중독의 경우, 식품내에서 다량의 균이 증식할 때 분비하는 독소에 의한 것으로 독소형 식중독에 속한다. 이 독소는 저분자의 펩타이드로 열이나 산, 알카리, 효소처리에 매우 저항력이 강한 독소로 구토를 유발한다.

잠복기는 독소형의 경우 30분~5시간, 설사형의 경우 8~16시간이 있다. 관련 식품으로는 독소형의 경우 밥과 쌀 제품, 국수, 시리얼, 파스타 의 전분질 식품, 건조 향신료, 된장, 고추장 등이 있으며, 설사형의 경우 조리된 고기나 우유 등의 단백질음식이 있다. 외국의 경우 중국음식점의 밥에 의한 사고가 많이 보고되고 있으나 우리나라는 비교적 적은 편이다.

바실러스 시리어스 식중독 예방책

- 바실러스 시리어스 균의 포자는 조리시 사멸되지 않으며 밥이나 파스타 등이 식어 위험온도에 들어갈 때 균이 증식하여 독소를 분비하므로 밥은 소량씩 만들어 실온방치시간을 최대한 단축시키는 것이 좋다.
- 바실러스 시리어스 균에 오염되기 쉬운 식품은 조리후 신속히 섭취하고 그렇지 못하며 10℃ 이하로 급속히 냉각 보존한다.

⑵ 클로스트리디움 퍼프린젠스 (*Clostridium perfringens*)

*C. perfringens*는 포자를 형성하는 그람양성의 간균으로 생성하는 독소의 종류에 따라 A부터 E까지 다섯 가지 형태가 존재한다. A형이 주로 많은 식중독에 연루되며 C형은 분류한다. *C. perfringens* 식중독은 주로 세균이 오염된 식품을 섭취하였을 때 이들에 장내에서 독소(enterotoxin)를 생성함으로써 증상이 나타나게 되어 발생한다.

독소 생성을 위해서는 다수의 *C. perfringens* 세균이 필요한데 식품 1g당 5 log CFU 에서 최대 8 log CFU 까지 필요한 것으로 보고되고 있다. 이 세균은 숫자가 적을 때는 별로 문제가 되지 않으나 가열처리 등에 의해 다른 세균이 제거되어 *C. perfringens*만 남았을 때는 매우 빠르게 증식하여 문제를 일으킬 수 있다. 잠복기는 6~24시간으로 짧게는 2시간만에 발생한 보고도 있다.

주요 증상으로는 설사, 심한 복통이 있으며, 드물게 열, 메스꺼움, 구토가 발생한다. 증상은 비교적 짧아서 12~24시간 지속되며 사망하는 경우는 거의 없으나 노인층은 예외가 될 수 있다. 원인식품으로는 육류와 가금류, 어육 연제품 등의 가공품 동물성 단백질 식품이나 기름에 튀긴 식품이며 가열 조리 식품이 주요한 원인이다. 증상은 A형 식중독은 설사형으로 B. *cereus* 식중독과 유사한 증상이며 잠복기가 8~20시간 설사와 복통을 주 증상으로 하고 구토와 발열은 거의 없다. 특히 *C. perfringens*의 식중독은 집단급식소, 음식점 등 단체급식과 관련된 사례가 많으므로 주의해야 한다.

클로스트리디움 퍼푸린전스 식중독 예방책

- 조리한 음식은 되도록 빨리 섭취하도록 한다.
- 조리한 육류는 빨리 냉장온도로 식히도록 하며 재가열할 때는 내부온도가 70℃이상 되도록 가열한다.
- 뷔페와 같이 따뜻한 음식을 차려놓고 급식하는 경우, 음식의 온도가 60℃이상이 되도록 유지하며 상온에서는 장시간 방치하지 않는다.
- 걸쭉한 음식을 덥힐 때는 골고루 저어주거나 뚜껑을 사용하여 차가운 곳이 남아있지 않도록 한다.

(3) 그 밖의 식중독 세균과 바이러스성 식중독

위 세균들 외에도 *Yersinia enterocolitica, Streptococcus* 등 식중독 세균과 A형 간염바이러스, *Norovirus, Rotavirus* 등이 식중독과 연루되어 나타난다.

① 여시니아 엔테로코리티카 (*Yersinia enterocolitica*)

이 균은 그람음성, 통성혐기성, 간균으로 운동성이 있고 냉장온도 (0~5℃)에서도 생육이 가능한 전형적인 저온균이다. 진공포장에서도 증식할 수 있는 특성과 저온환경에서의 생육으로 인하여 식품의 취급과 보존에 주의를 기울이지 않으면 가을과 초겨울철 식중독 발생의 원인이 될 수 있다. 잠복기는 평균 2~5일이며 증상은 일반적인 위장염 증세로 복통, 설사, 발열등 다양한 증세를 보인다.

오염된 물, 돼지고기, 소고기, 생유, 아이스크림 등이 주요 원인식품이다. 살모넬라 식중독의 경우와 유사하게 도살된 돼지와 소 등의 육류가 감염원이며, 쥐가 균을 매개하기도 하고 동물의 분변과 함께 배출되어 음료수나 식품에 오염되는 것으로 알려져 있다.

여시니아 엔테로코리티카 식중독 예방책

- 가금류 또는 축산물 취급 시 조리기구와 손을 철저히 세척 및 소독 한다.
- 저온 0℃에서도 증식이 가능하므로 냉장 및 냉동육과 그 제품의 유통과정에 주의한다.
- 열처리에 민감하여 65℃ 이상의 가열로 쉽게 사멸하므로 돼지고기를 비롯한 식품의 조리 시 75℃ 이상에서 3분 이상 충분히 열처리한다.

② 노로바이러스 (Norovirus)

노로바이러스는 외가닥의 RNA를 가진 껍질이 없는 바이러스로 주로 분변-구강 경로(fecal-oral route)를 통하여 감염이 된다. 과거에 겨울철에 집중 발병 했던 사례와는 달리 최근 연중 발생의 형태를 보이며 2차 발병률이 높다. 잠복기는 24~48시긴이며 오심, 구토, 설사, 복통, 두통 등의 증상이 나타난다.

원인식품으로 어패류, 샐러드, 과일, 샌드위치, 상추, 냉장조리 햄, 빙과류 또는 오염된 물에 의해 주로 발생한다. 특히 사람의 분변에 오염된 물이나 식품에 의해 발생한다.

노로바이러스 식중독 예방책

- 2차 감염을 막기 위하여 감염자의 분변, 구토물에 접촉하지 않으며, 접촉한 경우에는 충분히 세척하고 소독을 하여야 한다.
- 과일과 채소는 잘 씻어야 하며, 굴과 같은 어패류는 열처리를 충분히 한 후 섭취한다.

③ 그 밖에 바이러스들

그 밖의 주요한 식중독 관련성 있는 바이러스를 표 8-1에 요약하였다. 먼저 A형 간염 바이러스 (Hepatitis A Virus ; HAV)는 식품이나 물을 매개로 하여 감염되는 바이러스이다. 음식물이나 경구감염, 수인성 경로로 전파될 수 있다. 원인식품은 오염된 물이나 식품을 감염원으로 추정하고 있으며 잠복기는 15~150일(평균 4주)이며 발열, 오한, 두통, 오심, 구토, 설사, 황달, 식욕감퇴, 복통의 증상이 나타난다. 예방으로 식수원의 오염배제, 적절한 하수관리, 개인위생 관념의 향상 등 공중위생 관리가 중요한다.

로타 바이러스 (*Rotavirus*)는 레오바이러스과에 속하며 전 세계적으로 5세 미만의 어린이들에서 중증 급성 위장관염을 유발하는 주요 원인 바이러스이다. 주로 분변-구강 경로(fecal-oral route)를 통하여 감염된다. 잠복기 및 증상은 2~4일이며 고열, 심한 구토, 설사가 5~7일간 지속된다. 주로 겨울철에 신생아나 유아들에게 장염을 유발하며 대부분 6~24개월의 영유아에서 발병률이 높다. 예방책으로는 분변에서 경구 경로로 전파되므로 환자의 분변과 접촉하지 않도록 조심하여야 하며 손을 깨끗이 씻는 등 개인위생이 중요하다.

아스트로바이러스 (*Astrovirus*)는 주로 감염자의 분변과 오염됨 식수나 식품에서 문제될 수 있다. 주로 겨울철에 많이 발생하며, 유아로부터 성인까지 다양한 연령층에서 질병을 일으킨다. 주요 증상은 구토와 설사 및 발열이고 설사가 멈춘 뒤에도 환자로부터 바이러스가 분변으로 배출될 수 있으므로, 예방에 있어 분변에서 경구경로에 의해 전파되지 않도록 손을 깨끗이 씻어야 하고 보육시설, 가정, 병원 등에서는 위생수칙을 준수해야 한다.

표 8-1 바이러스성 식중독

구 조	크기 및 구조	증 식	품종별	존재장소
Hepatitis A virus	• *Picornairidae* 속의 엔테로바이러스 • 단백질에 둘러싸인 단일 RNA물질 • 직경 : 27 nm	무성생식 (분열, 유주자)	• 10~100입자 • 잠복기 : 2~6주	• 감염자의 분변,물, 우유, 채소, 샐러드, 어패류, 샌드위치 등
Norovirus	• 작은 구형 바이러스(SRSVs) • 직경: 27-32 nm	보통 무성생식이나 유성생식도 있다.	• 감염량 : 낮음 • 잠복기 : 24~48 시간	• 오염된 물과 식품의 분변-구강 경로 • 우물, 수영장, 연못 등 • 조개, 굴 등
Rotavirus	• *Reoviridae*속 바이러스 • 11개의 이중 RNA가 2개층의 단백질로 둘러싸인 구조 • 직경: 70nm	종축분열 간단한 성세포도 있다.	• 10~100입자 • 잠복기 : 1~3일	• 분변-구강 경로 • 소아나 노인병동과 같은 시설 • 샐러드, 과일 등
Astrovirus	• 별 모양의 RNA 바이러스 • 8개의 혈청형이 알려짐 • 직경 : 70nm	• 설사, 오한, 구토, 복통, 발열 • 환자는 다수의 바이러스를 배설함	• 감염량 : 낮음 • 잠복기 : 2~3일	• 분변-구강 경로 • 오염된 물과 식품 등

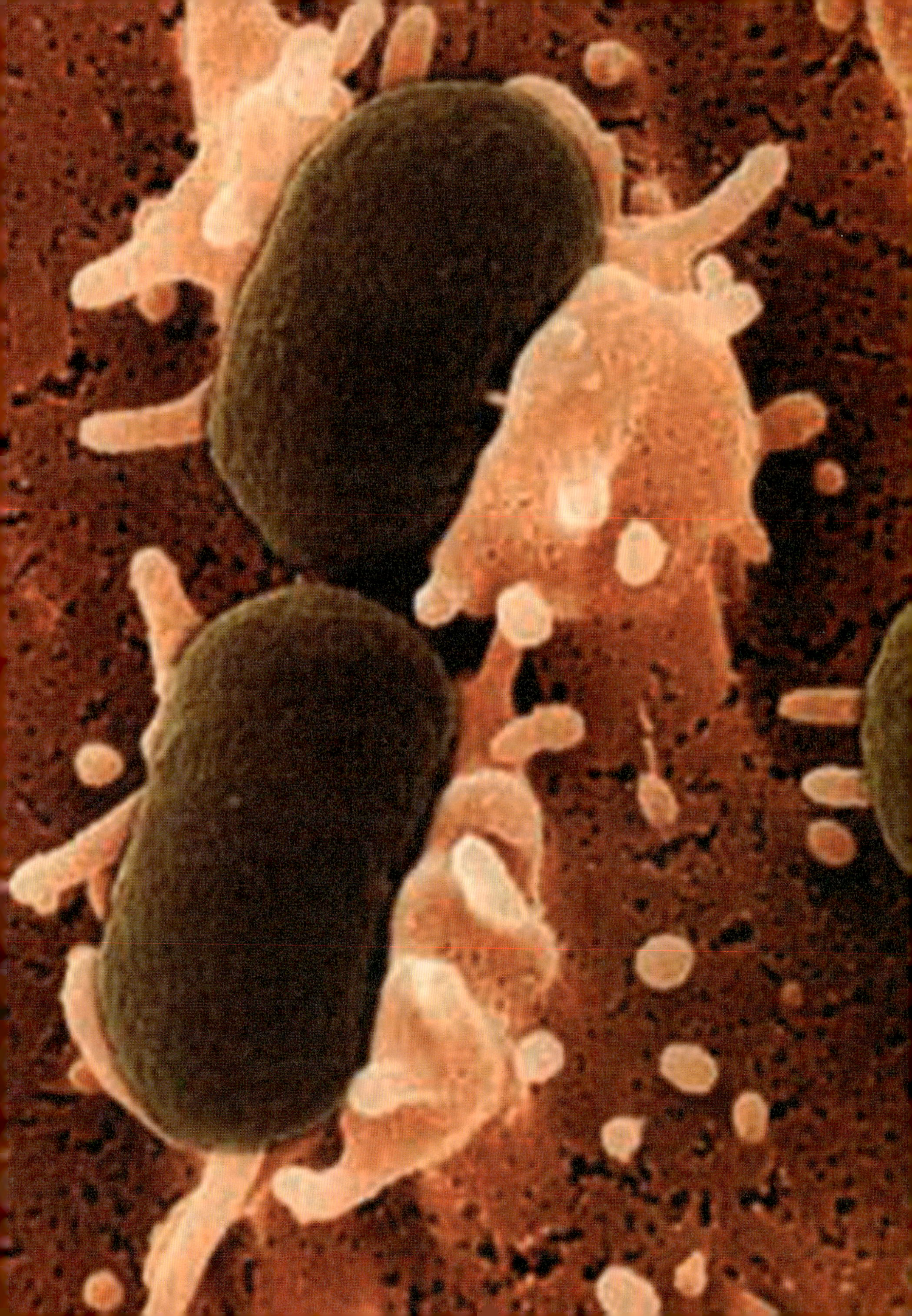

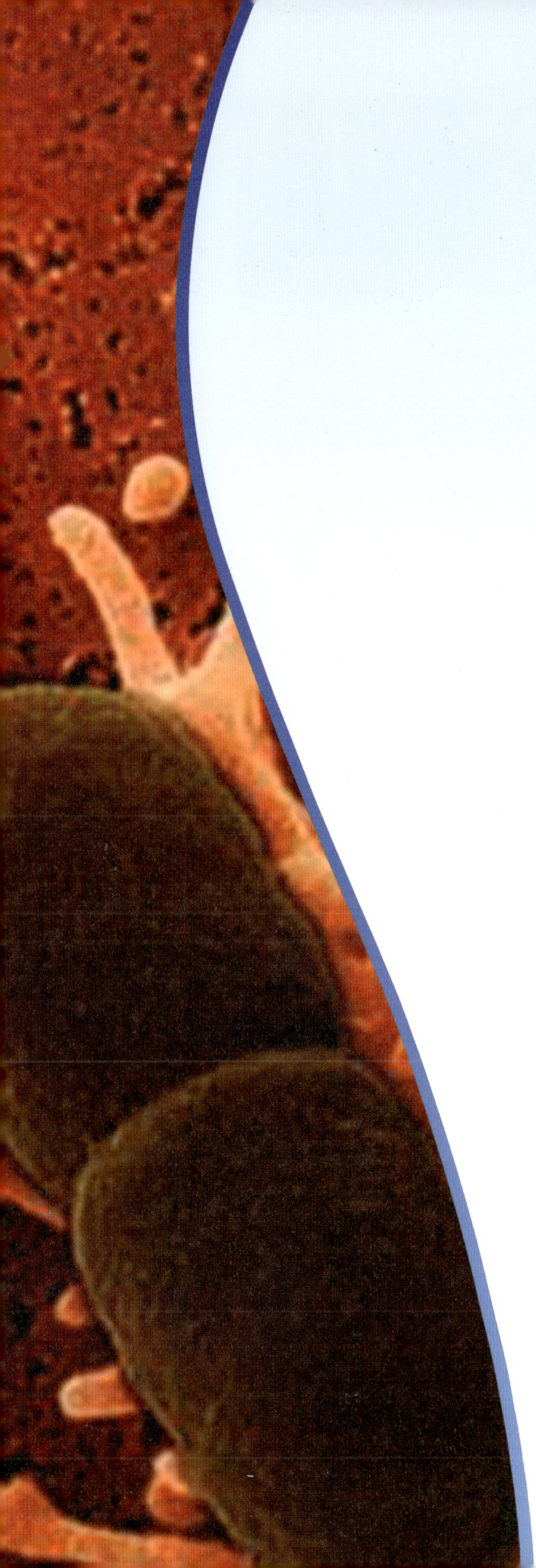

Chapter 09

부패의 관리

1. 식품의 부패
2. 식품부패에 관여하는 인자
3. 부패생성물
4. 부패의 판정
5. 식품의 성분과 미생물에 의한 부패
6. 식품 저장 및 가공 과정에서 부패

Chapter 9

부패의 관리

SECTION 1 식품의 부패

미생물의 증식은 식품의 생산과 저장 과정 중에서 식품에 다양한 변화를 초래한다. 우유를 발효시켜 요구르트와 치즈를 생산하는 것과 같이 새로운 종류의 식품을 만들기도 하고 간장, 된장 및 김치 등과 같은 우리의 전통 발효식품들처럼 식품의 풍미를 향상시키고 식품의 저장 기간을 늘리기도 한다.

그러나 식품에 미생물이 증식하여 식품의 맛, 냄새, 색깔 및 외관 등이 나빠짐으로써 식품의 가치를 잃게 되고 섭취할 수 없는 상태로 변질 또는 열화(劣化, spoilage 또는 decay)되기도 한다.

이와 같이 식품이 미생물에 의해 분해되어 인간에게 유용한 알코올, 젖산, 아미노산 등을 생성한 것을 발효(fermentation)라고 하며, 단백질 식품을 미생물이 혐기적으로 분해하여 황화수소와 아민 등을 생산한 결과 식품 본래의 성질을 잃고 악취가 발생하거나 독성물질이 생성되어 먹을 수 없게 되는 현상을 부패(putrefaction)라고 한다.

또한 지방이 미생물, 산소, 광선 및 금속 등에 의하여 산화하여 분해되는 현상을 산패(rancidity), 탄수화물이나 지방을 주로 함유하는 식품이 변질되는 현상을 변패(deterioration)라고 하여 구분하기도 한다. 식품은 대부분 당질, 지질, 단백질 등의 여러 성분으로 구성되어 있으므로 변질과정에서 위와 같은 현상이 복합적으로 일어난다.

식품 중 단백질 분해에 관여하는 세균을 부패세균(putrefactive bacteria)이라고 한다. 식품의 부패는 한 가지 세균에 의하여 일어나기도 하지만 일반적으로 몇 종류의 세균들이 시기를 달리하여 증식하면서 부패가 진행된다. 부패에 관여하는 미생물들은 단백질 분해력이 강하다는 공통적인 특징을 가진다.

부패에 주로 관여하는 세균으로는 다음과 같은 것들이 있다.

- *Clostridium* 속(*Clostridium sporogenes*, *Clostridium putrificum*)
- *Pseudomonas* 속(*Pseudomonas fluorescens*, *Pseudomonas syncyanea*)
- *Proteus* 속(*Proteus vulgaris*, *Proteus mirabilis*)
- *Flavobacterium* 속
- *Micrococcus* 속(*Micrococcus agilis*)
- *Bacillus* 속(*Bacillus subtilis*, *Bacillus mesentericus*, *Bacillus vulgatus*)
- *Aerobacter aerogenes*
- *Escherichia coli*
- *Serratia* 속(*Serratia marcescens*)

SECTION 2 식품 부패에 관여하는 인자

1. 식품의 조성

식품의 조성은 미생물의 증식에 영향을 미치는 중요한 인자이다. 식품의 주요 구성성분이 탄수화물인 경우에는 주로 곰팡이가 증식하며 부패가 진행되어도 심한 냄새가 나지 않는다. 따라서 빵, 잼, 일부 과일 및 채소는 가장 먼저 곰팡이가 증식하여 부패하게 된다. 곰팡이는 과일과 채소의 외부 껍질을 약하게 하는 효소를 가지고 있어서 일차적으로 곰팡이가 외부 껍질의 탄수화물을 분해하면, 뒤이어 세균이 식품에 증식하게 된다. 예를 들어, 펙틴 분해효소와 같은 가수분해효소를 생성하는 *Erwinia carotovora*는 채소와 과일의 짓무름을 일으킨다.

육류와 유제품과 같이 식품의 주요 성분이 단백질이나 지방인 경우는 세균이 증식하여 황함유 물질을 생성함으로써 심한 악취가 발생한다. 예를 들어 버터 지방에서 짧은 사슬의 지방산 생성은 악취의 원인이 된다.

2. pH와 식품의 산화환원능(oxidation-reduction potential)

낮은 pH에서는 효모와 곰팡이가 잘 자라는 반면, 육류와 같이 중성 또는 알칼리성 pH에서는 세균이 부패의 주요 원인이다. 또한 고기 국물과 같은 육류의 부산물이 조리될 때는 낮은 산화환원능을 갖게 되므로 미생물 생장에 좋은 환경을 제공한다. 따라서 이런 식품류는 빠른 시간 내에 아미노산, 펩티드 등의 성장인자를 공급하므로 *Clostridium*속과 같은 혐기성 세균의 증식에 이상적인 배지가 된다.

3. 식품의 물리적 구조

소시지나 햄버거처럼 갈아 만든 식품은 식품 표면적을 넓혀서 세균이 식품 전체에 쉽게 증식하여 부패가 빠르게 진행된다. 채소와 과일은 세균의 침투로부터 보호하는 외부껍질을 가지고 있지만, 과일이나 채소에 상처가 난 후에는 부패세균의 효소로 인해 껍질이 약화되어 미생물의 오염이 쉽게 진행된다.

4. 천연 항미생물 물질(Natural antimicrobial agents)

식품에 원래 함유되어 있는 항미생물성 물질은 미생물의 성장을 억제하여 식품 부패를 더디게 한다. 과일과 채소에서 발견되는 쿠마린(coumarin)은 항미생물 활성을 보이며, 달걀에는 그람 양성 세균의 세포벽을 분해할 수 있는 라이소자임(lysozyme) 효소를 함유하고 있다. 향신료와 양념에도 상당한 항미생물 물질이 존재하는데 세이지(sage)와 로즈마리(rosemary)는 가장 강한 항미생물 향신료이다.

미생물 증식을 억제하는 알데하이드성(aldehydic) 및 페놀성(phenolic) 화합물이 계피(cinnamon), 겨자(mustard), 오레가노(oregano) 등에서 발견된다. 또 마늘의 알리신(allicin), 정향류(clove)의 유게놀(eugenol) 바질(basil) 로즈마린산(rosmarinic acid) 등도 중요한 미생물 성장 억제제이다.

5. 온 도

온도는 부패에 관여하는 중요한 인자이므로 식품의 열처리는 매우 중요하다. 열처리를 최소한으로 하거나 거의 하지 않은 냉동 오렌지 농축액의 경우 주로 시트르산을 다이아세틸(diacetyl)로 만드는 그람 양성 세균인 *Lactobacillus*속과 *Leuconostoc*속에 의해 부패된다. 효모(*Saccharomyces*속)와 칸디다균(*Candida*속)도 주스 부패의 원인이 된다.

냉동 농축된 주스가 녹거나 물로 희석되면 미생물이 증식하여 부패가 시작된다. 현재 즉시 음용할 수 있는 (ready-to-serve, RTS) 주스와 대부분의 주스는 저온살균(pasteurization)으로 열처리를 하여 부패를 예방한다.

6. 습 도

높은 상대습도에서는 온도가 낮더라도 미생물 증식이 빠르게 진행된다. 건조된 식품이 습한 환경에 놓이면 식품의 표면으로 습기가 흡수되어 미생물 증식이 일어나 부패가 진행된다.

7. 대기의 조성

식품이 저장되는 곳의 대기 조성도 중요 인자이다. 수축 포장된 식품의 플라스틱 막은 대부분 산소가 투과되므로 표면에 붙은 미생물의 증식이 증가한다. 과량의 CO_2는 용액의 pH를 낮추고 미생물 증식을 증가시킨다. 육류를 높은 CO_2 상태에 보관하면 그람 음성 세균은 억제되고 주로 유산균(*Lactobacillus*)이 증식하게 된다.

SECTION 3 부패 생성물

식품이 부패되면 식품에 함유된 성분들은 화학적 변화 과정을 통해 새로운 물질들을 생성하게 된다. 이 중 냄새성분의 변화가 가장 현저하고 식중독의 원인이 되는 아민이나 육안으로도 알 수 있는 점질물질(net)과 색소가 생성되기도 하며 포장식품의 경우 팽창의 원인이 되는 가스가 발생하기도 한다.

동물성 식품은 단백질이 분해되어 아민(amine), 암모니아(ammonia)나 황화물이 되고 식물성 식품은 전분이나 섬유소가 분해되어 유기산이나 알데히드(aldehyde)가 되고 다시 이산화탄소로 최종 분해된다. 분해의 결과 생산된 물질 중에서 아민 · 암모니아 · 황화물 · 유기산 · 알데히드 · 인돌(indole) 등을 부패 생산물이라고 한다.

이 외에 특정 식품에 함유된 물질이 분해되는 경우가 있다. 예를 들면, 해산 어류에 특이적으로 존재하는 트리메틸아민옥시드(trimethylamine oxide, TMAO)가 세균에 의해서 분해되어 트리메틸아민(trimethylamine, TMA)이 생성되는데 이것은 어류 부패취의 원인 물질이다.

탄수화물 → Pyruvate, Gluconate → { 초산, 젖산 → CO_2, 물, 아세톤 / Butanol, 에탄올, 호박산, 낙산, Propionate 등 }

지 방 → Glycerine, 지방산, Carbonic acid, Aldehyde 등

단백질 → Polypeptide, 아미노산 → { 지방산, 암모니아, 아민류, H_2S, Phenol, Cresol, Indole, Skatole, Mercaptane 등 }

그림 9-1 부패과정 중의 식품성분의 변화

식품의 부패취는 식품 종류, 포장상태, 저장조건 등에 따라 크게 달라지며 일반적으로 어패류에서는 암모니아와 트리메틸아민, 식육에서는 암모니아, 쌀밥이나 채소에서는 암모니아와 유기산, 달걀에서는 황화수소나 메르캅탄(mercaptan)이 주된 냄새 성분이다.

1. 암모니아

단백질의 가수분해로 생성되는 암모니아는 부패취의 원인이 되는 물질로 단백질식품에서는 생산된 암모니아량을 부패의 지표로 사용하는 경우가 많다. 그러나 상어, 가오리 등의 연골어류는 근육 중에 다량의 요소(urea)를 함유하고 있어서 이들이 죽으면 각종 세균이 가진 우레아제(urease)의 작용으로 다량의 암모니아를 생성하므로 암모니아만으로 부패의 정도를 판가름할 수 없는 경우도 있다.

2. 트리메틸아민

해산 어패류의 부패취는 주로 트리메틸아민(TMA)이다. 전구물질은 트리메틸아민 옥사이드(TMAO)로 해산어류에 특이적으로 함유되어 있으며 담수어에는 거의 함유되어 있지 않다.

트리메틸아민은 *Pseudomonas*속, 대장균 등의 장내세균과, *Flavobacterium*속, *Achromobacter*속 등 많은 세균들이 가지고 있는 트리메틸아민 옥사이드 환원효소의 작용으로 생성된다.

3. 황화수소 및 메르캅탄

시스테인(cysteine), 시스틴(cystine), 메티오닌(methionine) 등의 황을 함유하는 아미노산은 분해되어서 암모니아 외에도 황화수소(H_2S)나 메르캅탄(mercaptan), 디메틸설파이드(dimethylsulfide) 등의 휘발성 황화합물을 생성하여 냄새 및 변색(흑변)으로 식품의 품질을 저하시킨다.

시스테인은 시스테인 탈황화수소효소(cysteine desulfhydrase)의 작용에 의해 암모니아, 황화수소 및 피루브산(pyruvic acid)으로 분해된다. 이 효소는 대장균 등의 장내세균군을 비롯한 많은 세균과 효모에서 발견된다.

4. 인 돌

인돌(indole)은 방향족 아미노산인 트립토판이 세균의 트립토판분해효소(tryptophanse)의 작용에 의해 생성된다.

5. 부티르산

부티르산(butyric acid)은 식품이 혐기적 조건 하에서 부패될 때 생성되는 대표적인 부패취 성분의 하나로 일부 혐기성 세균에 의해 탄수화물로부터 생성된다.

6. 그 밖의 부패 생성물

어류의 선도 저하 시 나는 냄새로 리신(lysine)에서 탈탄산 작용으로 생성된 카다베린(cadaverin)을 비롯해서 스카톨(skatole), 푸트레신(putrescine) 등이 있다. 카다베린은 더욱 분해되어서 담수어의 비린내인 피페리딘(piperidine)이 된다.

(1) 히스타민

아미노산이 분해되면 암모니아나 아민이 생성되는데, 이들 아민 중에서 특히 식품 위생상 중요한 것은 어패류의 부패 과정에서 생산되는 히스타민(histamine)이다. 히스타민의 전구 물질은 히스티딘(histidine)으로 붉은살 생선에 함유량이 높다. 어류의 경우, 17℃에서 저장 시 부패의 지표가 되는 암모니아의 생산량은 낮지만 히스타민은 다량 생산되어 문제가 되고 있다. 즉, 고등어의 선도가 유지되고 있는 상태에서도 히스타민은 다량 생성되어서 알레르기성 식중독을 일으킨다.

히스타민 생산에 관여하는 세균으로는 저온성의 *Morganella morganii* 가 유명하며 *Raoultella planticola*, *Klebsiella oxytoca*, *Photobacterium damselae* 등이 대표적인 균주이다. 이 외에 티로신(tyrosine)에서 생기는 티라민(tyramine) 등도 알레르기성 식중독의 원인이 된다.

표 9-1 아미노산에서 생산되는 아민과 미생물

기질 아미노산	아민류		아민 생성미생물
hitidine	distamine	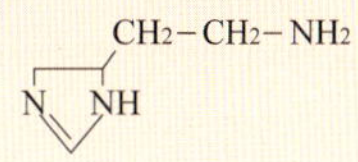	*Escherichia coli, Clostr*
tyrosine	tyramine	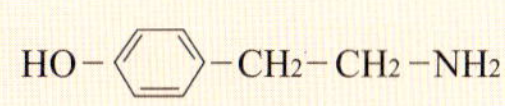	*Streptococcus faecalis, E. coli*
arginine	agmatine	NH, H_2N \> C−NH−$(CH_2)_4$−NH_2	*E. coil*
ornithine	putrescine	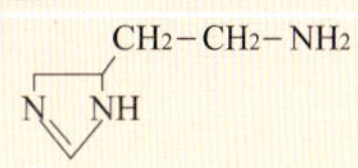	*E. coli, P. morganii, Cl. perfringens*
lysine	cadaverine	$H_2N-(CH_2)_4-NH_2$	*E. coli, Bacterium cadaveris, CI. perfringens*
tryptophan	tryptamine	$H_2N-(CH_2)_5-NH_2$	*Candida*
valine	isobutylamine	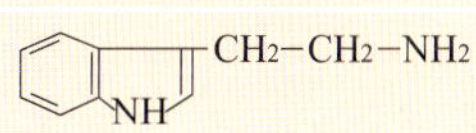	*Proteus vulgaris*
leucine	isoamylamine	$(CH_3)_2-CH-CH_2-NH_2$ $(CH_3)_2CH-(CH_2)_2-NH_2$	*P. vulgaris*
phenylalanine	phenethylamine	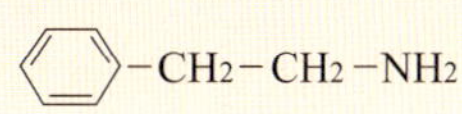	*P. vulgaris*

출처 : 송형익 외, "에센스 식품위생학", 지구문화사

(2) 유기산

식품에서 생성되는 유기산의 종류는 식품성분이나 저장조건 등에 따라 다르다. 유기산은 냄새 성분으로 관여하는 것이 많고 식품의 맛이나 보존성에도 관여한다. 식품에서 가장 일반적인 유기산인 젖산은 *Lactobacillus*,

Streptococcus, *Leuconostoc*속 등의 유산균 외에 *Escherichia, Salmonella, Staphylococcus*속 등에 의해서도 생성된다.

(3) 가 스

통조림, 레토르트 식품, 포장된 햄, 어육 소시지, 생선묵 등의 식품 중에서 이산화탄소, 수소 가스가 생성되면 팽창의 원인이 된다. 이러한 가스는 *Clostridium*속 등 혐기성균이 당을 분해하여 생산하며, 포장 식육제품에서 보이는 팽창은 헤테로형 유산균에 의한 이산화탄소 가스가 원인이 되기도 한다.

(4) 점질물

어육 소시지나 연제품의 표면에서 발견되는 심한 악취를 내는 점질물질(net)의 주체는 *Bacillus*속, *Micrococcus*속, 유산균 등에 의한 것이다. 빵의 점질화(ropiness)는 *Bacillus subtilis*의 증식에 의한 것이며. 설탕을 함유하는 어묵에서 관찰되는 점질물은 *Leuconostoc mesenteroides*가 만드는 덱스트란(dextran)이다.

(5) 색 소

미생물이 만드는 균체 내 또는 균체 외 색소는 식품을 변색시킨다. 가장 일반적으로 관찰되는 것은 황색, 갈색, 등색, 적색의 카로티노이드 색소로 *Flavobacterium*속, *Serratia, Corynebacterium*속, *Xanthomonas*속 등이 생산한다. 이 외에 *Pseudomonas*속의 일부 세균은 플루오레세인(fluorescein), 피오시아닌(pyocyanin), 피오루빈(pyorubin) 등의 형광색소를 생산한다.

직접 색소가 생산되지 않는 경우에도 미생물의 부패산물이 식품성분과 반응하여 착색되는 경우가 있다. 육류나 육제품에서 관찰되는 녹변은 세균에 의해 만들어진 황화수소가 육류 중의 미오글로빈(myoglobin)이나 헤모글로빈(hemoglobin)과 반응하여 설프미오글로빈(sulfmyoglobin)이나 설프헤모글로빈(sulfhemoglobin)으로 변화하기 때문이다.

SECTION 4 부패의 판정

식품이 부패하여 부패취가 나고 외관이 변하면 섭취하지 않으므로 문제가 되지 않을 수 있으나, 부패 초기 단계의 식품은 외관으로 판단하기가 어려워 오히려 식품위생상 문제가 발생하게 된다. 일반적으로 식품의 부패상태의 판정은 관능적 방법, 미생물학적 방법, 화학적 방법 등이 사용된다.

1. 관능적 방법(Sensory evaluation)

사람의 미각, 후각, 시각 및 촉각 등 감각 기관에 의한 식품의 신선도 판정법으로 손쉽게 활용할 수 있는 직접적인 방법이다. 초기부패가 일어나면 부패취(아민, 암모니아, 산패취, 곰팡이, 알코올, 에스테르, 분변 등의 냄새)가 발생하며, 색깔의 변화(변색, 퇴색, 착색, 광택 소실 등), 조직의 변화 (고체인 경우에는 탄력성 저하, 점액 발생 등), 액체식품의 경우 침전, 응고, 발포, 혼탁 등 이상한 맛이나 불쾌한 맛(신맛, 쓴맛, 자극적인 맛) 등이 나타난다.

특히 냄새나 맛의 경우 사람의 감각기관에 의한 평가가 기기분석을 능가하는 감도를 나타내어 이미와 이취를 판정하는 데 유효하다. 그러나 개인차가 있고 객관성이 결여될수 있으므로 분석의 정확성을 위해서 훈련된 검사 패널에 의해 판정하고 결과를 통계학적으로 수치화하여 나타내어야 한다.

2. 미생물학적 방법

식품이 부패하면 세균수가 증가하므로 식품 중의 일반 세균수를 측정하여 부패의 정도를 판별할 수 있다. 일반적으로 생균수 측정은 표준한천배지를 이용하여 35°C에서 24~48시간 배양하는 방법이 이용된다. 그러나 생균 수만으로 부패의 정도를 판정하는 데는 문제점이 있다. 즉, 식품에 세균이 골고루 부착되어 있지 않으며, 세균 중에는 부패력이 강한 균도 있고 그렇지 않은 균도 있기 때문이다. 일반적으로 식품 1g 혹은 1mL당 생균수(colony forming unit ; CFU)가 10^5 이하일때 미생물학적 안전한계로 보고 있으며 10^7~10^8이 되면 부패에 도달한 것으로 판정한다.

3. 화학적 방법

(1) 휘발성 염기질소

어육, 식육 등 단백질식품이 부패하면 아민이나 암모니아 등을 생성하므로 휘발성 염기질소(volatile basic nitrogen)의 생성량은 단백질식품의 부패 판정지표가 된다. 식육에서는 암모니아가 주된 성분이고, 해산 어패류에서는 암모니아 외에 트리메틸아민이 포함된다. 생선의 경우 휘발성 염기질소가 30~40mg%이면 초기부패, 50mg%이면 부패로 판정한다. 신선한 어육은 5~10mg%, 보통 선도의 어육은 15~25mg%, 초기부패 어육은 30~40mg%, 부패한 어육은 50mg% 정도의 값을 나타낸다.

(2) 트리메틸아민

해산 어패류에서는 휘발성 염기질소 이외에 트리메틸아민(trimethylamine)이 부패의 지표로 이용된다. 해산 어패류가 죽으면 근육의 트리메틸아민 옥사이드가 세균에 의해 환원되어 신선한 어육에는 거의 없는 트리메틸아민이 생기므로 초기부패 판정의 좋은 지표가 된다. 일반적으로 3~4mg%이면 초기부패로 판정한다.

(3) 히스타민

어패류의 부패과정에서 세균에 의해서 생성된 히스티딘(histidine)이 탈탄산 작용에 의해 히스타민(histamine)이 되어 어육 중에 축적된다. 히스타민의 함량이 4~6mg%이면 알레르기성 식중독을 일으킨다.

(4) K값

K값(K value)은 어육의 신선도를 나타내는 지표로 ATP와 분해생성물의 전체 양에 대한 이노신(inosine)과 하이포잔틴(hypoxanthine)의 합계량의 백분율로 나타낸다. 생선의 경우 K값이 10% 이하이면 매우 신선한 것이며 40~60%는 부패의 시작 단계로, 60~80%이면 초기부패로 판정한다.

K값(%)=(inosine+hypoxanthine)/(ATP+ADP+AMP+inosine+hypoxanthine)*100

(5) pH

일반적으로 신선한 육류는 pH7 부근에서 사후강직 및 자기소화를 일으켜 젖산을 생성하여 pH6 부근으로 떨어진다. 이때 pH6.2~6.5를 초기부패라고 한다. 부패가 진행되면 암모니아와 그 밖의 염기성 물질이 생성되어 중성 또는 알칼리성으로 이행되므로 pH는 중성 부근으로 저하되었다가 다시 상승하게 된다.

4. 물리적 방법

식품의 경도, 탄력성, 점성, 보수성, 굴절률, 전기저항치, 색도 등을 측정하는 것으로 짧은 시간에 검사를 할 수 있다는 장점이 있다. 그러나 측정 조건에 따라 결과가 달라지므로 초기부패의 척도로 사용하는 데 문제점이 있다.

SECTION 5 식품의 성분과 미생물에 의한 부패

부패는 식품의 성분과 밀접한 관계가 있다. 식품의 저분자 성분들은 미생물에 의해 빠르게 이용되므로 저분자 영양물질 함량이 높은 식품은 고분자 화합물을 많이 함유한 식품보다 더 쉽게 부패가 일어난다.

단백질과 고분자 탄수화물, 즉 전분, 펙틴 또는 섬유소 등은 먼저 미생물들의 세포 외 분비효소(exoenzyme) 들에 의하여 저분자 화합물로 분해되어야 한다.

1. 단백질 식품의 부패

아미노산, 저분자 펩티드, 가용성 질소화합물(nucleotide, nucleoside) 등의 함유량이 높으면 높을수록 부패의 진행 속도는 빨라진다. 그러므로 갑각류는 생선류보다, 생선류는 육류보다 더 빠르게 부패가 진행된다.

세포 외 분비 protease를 가진 세균류 *Bacillus*속, *Clostridium*속, *Streptococcus*속, *Pseudomonas*속 및 장내세균과의 몇 종(예: *Proteus vulgaris*)들은 이들 저분자 영양소들을 먼저 이용한 후에 단백질을 분해하여 이용한다.

단백질 분해로 생성된 아미노산류는 세포 내로 흡수되어 직접 대사계로 들어가거나 또는 탈탄산, 탈아미노, 아미노기 전이반응(transamination) 등에 의하여 분해된다. 이러한 작용에 의하여 생성된 분해산물인 황화수소, 암모니아, 아민류, 유기산류 등은 식품의 맛이나 냄새를 크게 악변시키는 동시에 식품의 색깔, 표면의 점성물질 생성, 조직의 붕괴 등을 일으킨다.

2. 탄수화물 및 당 함유 식품의 부패

탄수화물을 분해하는 세포 외 분비효소를 갖고 있는 많은 종류의 곰팡이류와 세균들이 있다. 탄수화물을 미생물이 이용하기 위해서는 α-amylase로 분해하고 저분자의 올리고당이나 이당류 및 단당류 등은 다른 gluconohydrolase로 분해한다. 부패의 결과 색깔의 변화, 좋지 않은 냄새와 기질의 변화 등이 일어난다. 많은 곰팡이와 혹종의 세균(*Erwinia carotovora*), *Bacillus subtilis* 등에 의한 부패의 경우 pectinesterase와 polygalactronidase 등의 작용으로 식물 세포벽의 pectin을 분해하여 연부(軟腐)시킨다.

당 함유식품들은 변패되어 유기산, 가스, 알코올 등의 생성 및 불쾌취를 내는 (지방산인) 부티르산(butyric acid) 등을 생성한다. 효모는 당(糖)을 에탄올과 이산화탄소로 전환하며, 알코올은 초산균(acetic acid bacteria)에 의해 초산으로 산화된다.

Leuconostoc mesenteroides 같은 세균은 많은 당을 함유한 식품인 잼, 과일 당조림, 농축 과일 주스 혹은 설탕 등에 점질물을 만든다.

당분해성 *Clostridium*속 중에서 *Clostridium butylicum*은 초산, 부티르산(butylic acid)과 많은 양의 이산화탄소를 생성한다.

3. 지방함유 식품의 변패

식품의 지질은 세포외 분비 지질분해 효소(lipase)를 가진 곰팡이, 효모와 세균들에 의해 가수분해되어 산패를 일으킨다. 유리지방산인 butylic acid (C_4), capron acid (C_6), capryl acid(C_8) 또는 caprin acid(C_{10}) 등은 식품의 부패에서 시큼한 맛과 불쾌한 냄새의 원인이 된다.

SECTION 6 식품저장 및 가공 과정에서 부패

1. 곡류 및 가공품

(1) 쌀

저장중인 곡류의 미생물 생육에 가장 큰 영향요인은 수분함량이며, 이외에 온도와 습도, 산소 및 탄산가스의 농도 등의 환경조건에 영향을 받는다.

상온에서 곰팡이가 발육하려면 최저 13%의 수분(Aw 0.69)을 필요로 한다. *Aspergillus*속과 *Penicillium*속의 많은 균종은 수분 15%에서 생육하며, 수분 18%에서는 *Asp. flavus Asp*. oryzae, *Asp. niger, Pen. cyclopium, Pen. funiculosum* 등이 증식하여 피해를 준다.

따라서 수분을 15% 이하로 건조하여 저장한 곡류에서는 세균이나 부착 곰팡이가 증식하지 못하고 점차 소멸한다. 장기 저장 곡류에 서식하는 균류는 내건조성 곰팡이 *Asp. glaucus, Asp. versicolor, Asp. umiganus, Pen. decumbens* 등이 있다. 또한 곡류를 10~15°C 이하의 저온저장을 하면 *Aspergillus* 등의 곰팡이 발생도 억제할 수 있다.

(2) 쌀 밥

쌀밥은 부패가 쉽고 잘 상하며 점질물이 생성된다. 취사 직후의 쌀밥에는 내열성 포자 생성균인 *Bacillus*속의 포자가 $10^{2\sim3}$/lg 정도 존재하나, 여름철에는 수십 시간 내에 균수가 $10^{7\sim9}$/lg이 되어 변패한다. 쌀밥은 특히 *Bacillus*속 균들이 생산하는 amylase에 의하여 가수분해되어 연화되고, 쉰내를 내며 산성화가 된다.

쌀밥은 50°C 이상에서는 변패가 억제되지만, 그 이하에서는 오염되기 쉬우므로 주의하여야 한다. 수분이 증발한 쌀밥에는 *Penicillum*속, *Aspergillus*속, *Mucor*속 등의 곰팡이가 증식한다.

(3) 밀가루

밀 저장 중에 수분함량이 14% 이상이 되면 *Asp. glaucus*가 번식하기 시작한다. 18~21%에서는 *Asp. candidus*, 21% 이상에서는 *Asp. flavus*, 25% 이상에서는 *Penicillium*속이 지배적이다. 수분함량이 높아지면 미생물들의 amylase나 protease에 의해 이용하기 쉬운 당이나 질소화합물이 생성되어 산생성이나 변질이 쉽게 일어난다.

(4) 전 분

전분은 제조공정에 가열처리가 없기 때문에 전반적으로 미생물이 많다. 감자 및 고구마 전분에는 $10^{4\sim5}$/g의 세균과 이와 비슷한 수의 곰팡이 포자가 있으며, 밀 및 옥수수 전분에는 $10^{2\sim3}$/g 정도의 세균포자(대부분 *Bacillus*속)가 함유되어 있다.

그 밖에 *Flavobacterium*속, *Corynebacterium*속, *Micrococcus*속, 등도 있으며, 곰팡이는 거의 *Penicillium*속 과 *Aspergillus*속 이다.

(5) 과 자

생과자, 케이크, 과자, 빵 등은 변패가 빠르며 변패의 정도는 과자 자체의 수분함량과 당 농도에 따라 다르다. 보존 온도의 차이로 공기 중의 수분이 과자표면에 응축수가 되면 먼저 곰팡이가 자라고 과자 성분의 가수분해에 의하여 수분이 증가하며 효모 증식 및 세균 침입이 이어진다.

과자의 부패 미생물은 *Penicillium*속, *Aspergillus*속, *Mucor*속, *Catenularia*속 등의 곰팡이류와 효모, 세균류로는 *Bac.subtilis*속, *Micrococcus*속, *Streptococcus*속, *Acromobacter*속, *Flavobacterium*속, 대장균 등이 있다.

2. 채소와 과일

수확 직후의 청과물에는 많은 미생물이 부착하여 생육하고 있으며 수송이나 저장 중에 표면에 입은 상처로 미생물이 침입하여 부패가 일어난다. 채소의 변패는 물리적 조직 손상, 즉 파열, 절단, 동결, 탈수, 취급 부주의 등에 의한 효소작용에 의해 발생하며, 이것이 미생물 증식을 촉진하여 변패가 가속화된다.

과일의 세균수는 상태, 품종, 계절 등에 따라 다르다. 과일의 미생물 부착에는 바람이 가장 큰 영향을 주며, 비가 계속되면 미생물이 씻기어 그 수가 줄어들기도 한다. 그러나 *Botrytis*속, 초산균 등은 우기 직후에 오히려 증가한다. 과일이 성숙해 감에 따라 세균수가 증가하는 이유는 익으면 표피가 연해지기 때문에 미생물의 증식이 쉬워지기 때문이다.

(1) 채소즙

채소즙은 pH가 5.0~5.8로 약산성이며, 당과 미생물의 생육인자도 비교적 많이 함유하고 있으므로 젖산균이 생육하기 쉽고 효모 및 곰팡이에 의해서도 변패한다. 특히 토양 중의 내열성 세균포자도 많이 있으므로 가열 살균할 때에 주의가 필요하다.

(2) 과일 주스

과숙(過熟) 또는 손상된 과일에는 초산균이 많으며 대부분의 과일 주스 중에 존재하나 증식하는 경우는 드물다. 과일 주스에서는 젖산균 증식의 위험이 크며 젖산균은 구연산으로부터 초산, 젖산, 탄산가스 등을 생성하고, 초산이 증가하면 주스의 품질이 저하된다. 시판 주스의 혼탁은 내열성에 강한 *Byssochlamys nivea, Paecilomyces varioti* 등의 곰팡이에 의해 잘 발생한다.

3. 수산식품

(1) 생선과 패류

생선의 부패 세균의 수가 10^6/g 정도가 되면 부패가 시작된다. 생선의 주요 부패 원인균인 *Pseudomonas*속, *Achromobacter*속, *Flavobacterium*속 등의 생육온도는 0~30℃로, 25℃ 부근에서 부패가 가장 빠르다. 생선을 0~1℃로 냉각하거나 −7℃로 냉동하여도 호냉균은 증식한다.

부패 시 세균에 의해 많은 암모니아와 트리메틸아민이 다량 생성되어 심한 악취가 발생한다. 암모니아 생성균은 *Achromobacter*속, *Pseudomonas*속, *Flavobacterium*속, *Micrococcus*속, *Corynebacterium*속, *Sarcina*속, *Enterobacter*속, *Bacillus*속 등이다.

새우, 게 등의 갑각류는 *Achromobacter*속, *Pseudomonas*속, *Flavobacterium*속, *Proteus*속 등이 부패를 일으킨다. 굴 등 패류는 껍질째 냉장하면 안전하지만 껍질을 벗기면 금방 변패한다. 굴은 저온균인 *Pseudomonas*속, *Achromobacter*속, *Flavobacterium*속, *Micrococcus*속 등, 고온에서는 대장균, *Streptococcus*속, *Lactobacillus*속, 효모 등에 의해 부패한다

(2) 수산 통조림

바지락, 조개, 대합 등의 통조림은 때로 *Clostridium nigrificans*에 의해서 흑변(黑變)되는 경우가 있다. 내열성의 세균포자들이 바지락의 소화관 내에서 증식하다가, 일반적인 가열살균에는 사멸하지 않고, 서서히 발아하여 함황아미노산을 분해하여 H_2S를 발생한다. 이 황화수소가 철 또는 구리 이온들과 반응하여 흑변시킨다.

(3) 생선 소시지

생선 소시지 변패에 관여하는 균은 통성혐기성의 *Bacillus*속에 의한 것이 대부분이다. 부패는 주로 *Bac. coagulans, Bac. firmus, Bac. circulans, Bac. sphaeicus* 등에 의하여 발생하며, 때로 *Streptococcus*속, *Sarcina*속 등도 관여한다. 이들 원인균이 10^6~10^7/g이 되면 부패가 감지된다.

4. 육류와 육가공품

(1) 육 류

육류의 사후경직이 풀리면 단백질이 분해되어 가용성 단백질, peptide, 아미노산 등이 생성되어 미생물이 증식한다. 10℃이하의 저온에서 보관하면 세균의 증식은 억제되지만, 자가소화(autolysis)는 정지되지 않는다. −20℃로 냉각하여 저장하면 3~6개월 동안 품질의 변화 없이 저장이 가능하다.

육류를 0℃에 저장하는 경우에도 *Achromonobacter*속, *Pseudomonas*속, *Flavo−bacterium*속, *Micrococcus*속 등이 주로 증식한다. 호기적인 조건에서 육류 표면 cm^2당 10^6 정도의 세균이 증식하면 냄새가 변하고, 유지를 분해시키는 *Pseudomonas*속, *Achromobacter*과 효모인 *Candida lipolytica* 등에 의한 산패가 일어난다. 10^7~10^8/cm^2에서는 *Pseudomonas*속, *Achromobacter*속, *Micrococcus*속, *Streptococcus*속, *Bacillus*속 등과 일부의 *Lactobacillus*속, 등에 의해 점질물이 생성된다. 세균수가10^8/cm^2가 되면 암모니아도 발생한다.

혐기적 조건에서 *Clostridium*속, *Pseudomonas*속, *Achromobacter*속, *Proteus*속 등에 의한 단백질의 부패로, 황화수소와 Mercaptan과 같은 불쾌한 냄새와 암모니아, 아민, 인돌, 스카돌 지방산 등이 생성된다. 진공 포장된 육류는 젖산균에 의해 산패되는 경우도 있다.

(2) 육류 가공품

햄의 부패는 주로 저온성균이나 내염성 세균인 *Achromobacter*속, *Bacillus*속, *Pseudomonas*속, *Clostridium*속 등에 의해 일어난다.

베이컨에는 내염성 또는 저온균인 *Micrococcus*속, *Stphylococcus*속, 젖산균의 *Sc.faecalis*가 많이 존재한다. 냉장고에 저장한 베이컨의 수분 함량이 약 22%일 때 *Aspergillus*속, *Alternaria*속, *Monilia, Fusarium*속, *Mucor*속, *Rhizopus*속, *Penicillium*속 곰팡이 등에 의한 부패가 일어난다.

소시지의 경우 원료육의 세균수는 적으나 공정 중에 혼입되어 건조 및 훈연까지 $10^{6\sim7}$/g의 균수까지 증가한다. 소시지의 표면에는 세균 *Micrococcus*속이나 효모 *Debaryomyces*속이 점질물을 형성하고 이들은 또한 저온(2℃)에서도 생육하고 내염성도 있다. 내부 변패는 장기간 냉장 혹은 10℃ 이상에서 보존할 때 *Mc. candidus, Leuconostoc*속에 의한 산패가 일어난다.

고기의 적색이 회백색으로 되는 현상도 세균에 의하여 촉진되며, 녹색화는 *Lactobacillus*속 또는 *Leuconostoc*속 등의 젖산균에 의하여 발생할 수 있다.

5. 달 걀

달걀 껍질의 표면에는 뮤신(mucin)이라는 점질물의 박피가 있고 껍질 내층에도 피막이 있기 때문에 외부로부터의 미생물의 침입을 우선적으로 차단한다. 그러나 달걀 표면에 습기가 있고, 또 박피가 손상되면 껍질의 기공을 통하여 오염균이 내부로 침입하여 증식하게 된다.

난백은 pH가 약 9.6 정도로 높고 비단백태 질소가 적으며 riboflavin이 단백질과 결합하고 있어서 세균의 배지로는 불량하다. 또한 lysozyme, avidin, conalbumin 등 세균의 발육을 저지하는 특수물질도 함유하고 있다. 이와 같은 악조건의 난백에서 증식한 세균이 난황에 침투하면, 난황은 세균에 좋은 배지가 되므로 급속히 증식하여 변패를 일으킨다.

표 9-2 세균에 의한 달갈의 변패

부패형태	원 인 균	변패의 양상
녹색부패	*Ps. fluorescens*	저온(0℃)에서 일어나며, 난백이 밝은 녹색이 되고, 차츰 난황이 분해되어 낙백과 섞인다. 녹색이 퇴색되고 냄새는 적으나, 강한 형광을 발생한다.
무색부패	*Pseudomonas, Achromonacter*, 혹종대장균	투과광선으로 투시하면 쉽게 식별된다. 난황도 분해되어 희게 되고 악취도 낸다.
흑색부패	*Proteus melanovogenes*, 혹종의 *Pseudomonas*	저장온도가 높을 때 잘 발생하고 난백은 불투명해진다. 난황은 흑색으로 되었다가 파괴되고 회갈색으로 되며, 부패취에 H_2S를 발생하여 가스압이 높아진다.
분홍색부패	*Pseudomonas*	간혹 발생하며 녹색부패 후기에 나타나기도 한다. 무색 부패와 비슷하나 분홍의 침전물이 난황에서 나와 난백을 분홍색으로 만든다. 냄새의 악변은 적다.
적색부패	*Serratia*	

달걀은 보통 호냉균인 *Pseudomonas*속, *Proteus*속, *Achromobacter*속 등에 의해 부패가 진행된다. 달걀 껍질에 병원성의 *Salmionella*속이 오염되는 경우가 있으며 동결란 및 건조란에서 발견되기도 한다.

표 9-3 곰팡이에 의한 달걀의 변패

부패형태	원 인 균	변태의 양상
반점변패	*Cladosporium*(흑~흑녹색) *Sporotrichum*(홍색)	보존 중 습도가 높으면 껍질의 표면 또는 안쪽에 작은 집락이 생기며, 황색에서 청록의 반점을 만드는 *penicillium*도 껍질 안쪽에 발생한다.
표면변패	반점변패의 원인곰팡이 외에 *Mucor. Thamnidium, Botrytis, Alternaria*	껍질표면에 곰팡이가 발생한다.
내부변패	*Sporotrichum*(적색) *Cladosporium*(흑색)	기공 · 균열 등에 의하여 달걀 안으로 침입함으로써 난백을 젤리화 · 착색시키고, 곰팡이 냄새를 낸다.

6. 우유와 유제품

(1) 우 유

우유의 *streptococcus. lactis*와 그 밖의 대장균, 장구균, *Micrococcus* 등이 10~37℃에서 원유를 산패시킨다. 37~50℃에서는 *St. thermophillus, St. faecalis* 등이 산을 생성하고 *L. vulgaricus*에 의해서 우유의 신맛이 증가한다. 50℃ 이상에서는 *L. thermophilus, Bac. calidolactis* 등의 고온균이 증식한다. 우유의 저온살균에서도 젖산균은 생존하여 보존 온도가 높으면 젖산발효가 일어난다. 반면 냉장고 내의 저온 저장에서는 호냉균에 의한 유단백 분해가 일어나기 쉽다.

우유 부패 과정에서 가스의 생성은 주로 대장균, *Clostridium*속 및 *Bacillus*속 등에 의해 일어난다. 또한 *Micrococcus*속, 내열성의 *St. faecalis var liquefaciens* 또는 *Bac. cereus*의 포자가 가열살균에도 생존하여 살균우유에서 산생성과 단백분해를 동시에 일으킨다.

호냉성이며 단백분해력이 강한 *Micrococcus*속, *Pseudomonas*속, *Achromobacter*속, *Flavobacterium*속 등이 냉장우유에서 단백 분해와 쓴맛 성분을 생성한다. 우유의 부패는 *Enterobater aerogenes, Enterobater cloacae, St. lactis L. bulfaricus, L. plantarum, L. casei* 등 많은 세균에 의하여 진행된다.

우유의 변색은 *Pseudomonas syncyanea*가 생성하는 색소에 의한 청변유(blue milk), *Pseudomonas syncantha*, *Flavobacterium*속 세균에 의한 황변유(yellow milk), *Serratia marcescens*, *Brecibacterium erythrogenes*, *Micrococcus roseus* 등에 의한 적변유(red milk), *Alteromonas putrefaciens*, *Pseudomonas fluorescens*에 의한 갈변유(brown milk) 등이 있다.

우유에 세균이 증식하여 부패취가 형성되는데, *Streptococcus lactis* 등의 산생성균에 의한 쉰맛, 대장균과 *Clostridium* 균종에 의한 불쾌한 휘발산 맛, 대장균과 무포자 효모의 일부 균종에 의한 쓴맛, *Streptococcus lactis var. maltigenes*에 의한 탄내가 생성된다.

(2) 버 터

가염버터는 염분농도가 높고 수분이 상대적으로 적기 때문에 무염버터보다 미생물이 잘 생육하지 않는다. 버터는 공기로부터 휘발성 물질을 잘 흡수한다. 미생물에 의한 냄새에는

① *Alteromonas putrefaciens*에 의해서 생성되는 땀냄새 같은 쉰냄새
② *Aeromonas hydrolphila*에 의한 생선 비린내
③ *Pseudomonas fragi*에 의한 ester 냄새
④ *Pseudomonas mephitica*에 의한 일광취
⑤ 곰팡이가 생성하는 Roquefort 치즈 냄새 등이 있다.

버터 표면의 변색은 크림 살균이 불충분할 때 곰팡이, 효모 또는 세균에 의해서 생긴다. 예를들면, *lternaria, Cladosporium*속 균종에 의한 암회색 또는 녹색반점, *Stemphylium* 속의 흑색반점, *Penicillium* 속의 녹색착색, *Phoma*속 또는 *Alternaria*속 곰팡이의 갈색 부분, *Geotricum*속에 의한 오렌지 혹은 황색 반점, *Fusarium culmorum*에 의한 밝고 붉은 분홍색 등 많은 변색을 볼 수 있다.

(3) 치 즈

일반적으로 치즈 보존 중의 부패는 수분 함량에 영향을 받는다. 수분이 많은 연질치즈 (soft cheese)가 가장 변패되기 쉽고, 수분이 적은 경질치즈(hard cheese)는 잘 변패되지 않는다.

부패미생물은 주로 곰팡이이고, 대부분 표면에 착생하여 변색과 · 불쾌취 등의 악변을 일으킨다. 치즈 표면의 곰팡이는 다음과 같은 것이 있다.

① *Geptricum*속 : 연질치즈에 잘 발생하고 다른 곰팡이나 세균의 증식을 억제한다. 이 곰팡이층 밑의 curd는 서서히 액화한다.
② *Cladosporium*속 : 균사와 포자가 검어서 치즈가 흑변한다. 가장 흔한 균은 *Cladosporium herbarum*이다.
③ *Penicillium*속 : *Pen,puberum* 등은 치즈에 초록색 반점을 *Pen.casei* 는 황갈색 반점을 만든다.
④ *Monilia*속 : *Monilia nigra*는 단단한 치즈의 표면에 검은 점을 만든다. 치즈의 표면에 수분이 많으면 효모가 생육하여 착색된다.

(4) 아이스크림

우유의 크림에 향료, 색소, 안정제 등을 섞어 공기가 함유되도록 하여 동결한 제품으로 미생물에 오염될 가능성이 높다. 대부분의 세균은 크림, 탈지유 및 우유에서 유래된다. 아이스크림 중의 세균수는 제품에 따라 차이가 있으나 보통 10^3~10^6 /mL의 세균이 존재하고, 대장균군도 종종 볼 수 있다.

(5) 분 유

세균수는 일반적으로 10^2~10^3/g 정도이며, 검출되는 주요균은 *Streptococcus faecalis, Micrococcus*속 세균 및 포자형성균이다. 분유의 식품위생에 있어서 특히 중요한 균은 *Staphylococcus aureus*로 식중독의 원인이 된다. 저장 중에 수분함량이 8% 이상으로 높아지면 곰팡이가 증식한다.

7. 통조림 식품

대부분의 통조림 변패는 고온균에 의한 변패이며, 이것은 중온균의 포자보다 고온균의 포자가 내열성이 강하기 때문이다. 대부분 *Bacillus*속 균종과 포자형성균인 *Bacillus coagulans*가 부패의 원인이다.

고온성의 혐기성균(thermophilic anaerobe)이며 포자형성균인 *Clostridium thermosaccharolyticum*은 CO_2와 H_2의 혼합물인 가스를 생성하여 고온에 통조림을 오래 저장하면 팽창하여 파열되기도 한다. 혐기성 포자생성균인 *Cl. nigrificans*는 H_2S 가스를 생성하여 통조림을 열었을 때 악취를 내고 이는 가열살균의 열처리가 불완전했다는 것을 의미한다.

중온균에 의한 부패는 *Cl. butylicum*과 *Cl. pasteurianum*에 의한 CO_2와 H_2 가스생성, *Cl. sporogenens, Cl. putrefaciens* 및 *Cl. botulium* 과 같은 부패세균의 단백질 분해로 인해 생성된 CO_2 , H_2 , H_2S , NH_3 , mercaptan, indole, skatole 등에 의한 것이며 통조림에서 가장 흔하게 발생한다.

가열살균이 불충분하거나 통조림의 손상 부위를 통하여 세균의 침입이 일어난다. *St. thermophilus, St. faecalis, St. faecium* (햄 통조림), *Micrococcus* 속, (고기 paste), *Lactobacillus* (과일, 토마토 제품), *Microbacterium*속, 등이 산취와 pH 저하를 일으킨다. 젖산 발효균은 CO_2 가스를 생성하여 통조림의 팽창 원인이 된다.

정상적인 공정으로 제조된 통조림에서는 곰팡이에 의한 변패가 거의 없으나 뚜껑의 밀봉 불량에 의하여 곰팡이가 침입하면 당 함량이 높고, 산도가 높은 잼류, 젤리 등의 통조림에서 곰팡이가 발생할 수 있다.

8. 건조식품

건조식품의 수분은 육류, 생선 및 유제품의 경우 3% 이하, 채소 및 과일의 경우 5% 이하, 곡분의 경우 12% 이하이다. 이와 같이 낮은 수분함량으로 유지될 때에는 미생물 증식은 거의 없고 도리어 감소된다. 그러나 건조식품의 수분함량이 10~15% 이상이 되면 미생물들이 증식하여 변패하기 쉽다. 동결건조식품에도 상당수의 세균이 있다. 동결공정에서 원료에 부착된 균의 사멸률은 낮다. 신선한 육류 또는 생선을 원료로 건조한 경우에도 약 10^5/g의 세균이 함유되어 있어 주의가 필요하다.

9. 냉동식품

보통 냉동식품에는 저온세균이 $10^{2\sim6}$/g 정도 존재하고, 극히 소수의 곰팡이와 혐기성 세균도 존재하고 있다. 그 중 *Pseudomonas*속, *Flavobacterium*속 등의 저온균이 전체 총 균수의 40% 이상으로 가장 높다.

냉동생선의 저온성 혐기성균은 식품위생상 문제가 되는 미생물로 편성혐기성의 *Clostridium*속 세균은 5℃에서 8일째에, 통성혐기성균인 *Propionibacterium*속, *Leuconostoc*속 세균 등도 0℃에서 8일째에 생육을 시작한다.

냉동식품을 조리하기 위해 해동을 하면 자가소화 등으로 미생물 증식이 빨라지며, 특히 *Staphylococcus* 속 등은 식중독의 원인이 되므로 신속한 처리가 필요하다.

냉동식품의 미생물은 해동 후에 부패의 원인이 될 수 있다. 생선에 부착된 대부분의 세균은 해동 후 NH_3나 H_2S를 발생하고 포도당이나 설탕으로부터 산을 생성하거나 인돌, 스카돌 등을 생성하는 균도 있다. 냉동채소는 산 및 가스를 생성하는 경우가 많고, 냉동과일에서도 주로 산이나 H_2S가 발생하는 경우도 있다.

냉동식품을 5℃ 정도의 해동온도에 보존하면 부착되어 있던 저온균이 증식할 뿐만 아니라, 이 정도의 저온에서는 효소반응도 빨리 진행되기 때문에 단 시간 내에 변패가 일어날 수 있다. 그러므로 냉동식품의 취급에 있어서 동결 · 저장 · 수송 등을 통한 모든 공정 도중에 해동되는 일이 없도록 각별히 주의하여야 한다.

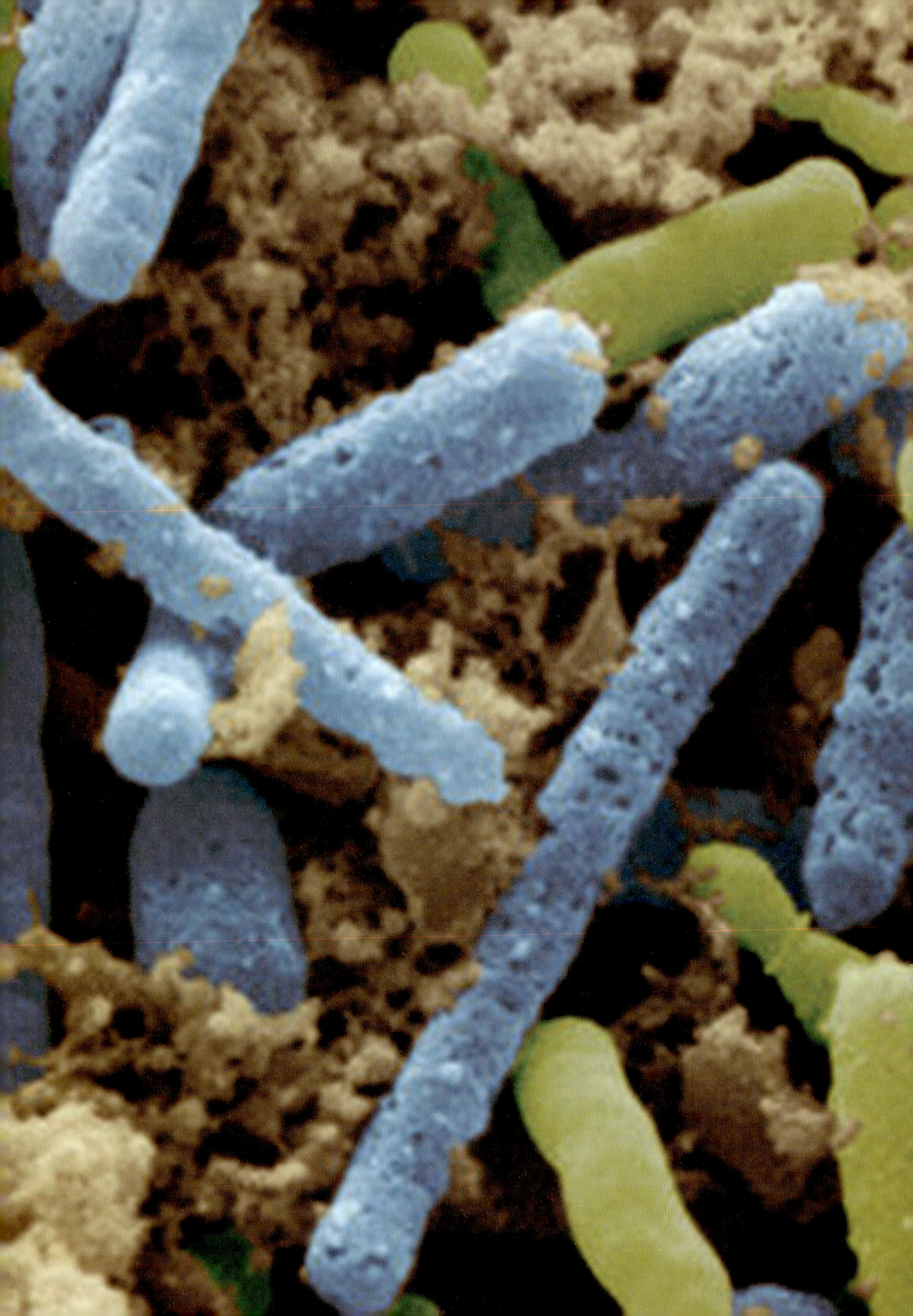

Chapter 10

미생물과 발효식품

1. 미생물과 발효
2. 발효과정 중의 미생물의 상호작용
3. 발효식품의 품질과 안정성
4. 발효식품

Chapter 10

미생물과 발효식품

SECTION 1 미생물과 발효

1. 미생물과 발효

식품에 곰팡이, 효모, 세균 등의 미생물이 증식하면서 미생물이 분비하는 각종 효소에 의해 식품의 맛이나 풍미가 바람직하게 변화되는 과정을 발효(fermentation)라고 한다. 식생활에 주로 이용되는 발효는 효모를 이용한 알코올 발효와 유산균(젖산균)을 이용한 유산(젖산) 발효와 같이 산소가 필요하지 않은 혐기성 발효와 초산균을 이용한 초산 발효, 곰팡이를 이용한 고지(koji) 제조, 치즈 표면의 곰팡이 발효 등과 같이 산소를 필요로 하는 호기적 발효로 구분된다.

발효식품은 식품 중 단백질, 지질, 탄수화물 및 핵산 등이 미생물 효소의 가수분해 작용에 의해 최종적으로 유산, 초산 등과 같은 유기산과 알코올, 지방산, 알데하이드 등이 형성된 것이다. 이러한 물질들은 각 발효식품의 고유의 맛과 풍미, 조직감에 영향을 미치며 식품의 저장성도 향상시킨다. 발효 과정에서 생성된 화합물들로 인해 식품의 영양적 가치도 증가하며 새로운 건강기능성들이 나타나는 경우도 있다.

우리의 전통술인 탁주는 쌀이나 보리 등 곡물의 전분이 미생물의 알코올 발효를 통해 알코올로 전환된 발효식품이다. 곰팡이나 효모에 의해 발효가 일어나지만 발효를 일으키는 직접적인 인자는 미생물 세포 내 존재하는 각종 효소 작용에 의한 것이다.

김치는 주원료인 배추와 부재료들 중의 여러 당들과 김치 제조 시에 첨가되는 젓갈의 단백질을 유산균들이 작용하여 유산 발효(lactic fermentation)가 일어난 것이다. 발효 과정에서 생성된 유산이나 초산과 같은 유기산, 에틸알코올 및 이산화탄소에 의해 상큼하고 시원한 맛을 지닌 김치가 얻어진다. 유기산 생성으로 인한 낮은 pH로 인하여 대장균과 살모넬라(Salmonella) 같은 병원성균은 자라지 못하므로 저장성과 안정성이 우수하다

전 세계의 다양한 발효식품들(술, 청국장, 요구르트, 치즈 등)은 미생물 증식에 의한 식품 성분들의 변화를 통해서 얻게 된다. 최근 김치나 발효 유제품, 발효 대두 식품들이 항암이나 항비만 효과를 나타내는 것으로 알려져 있다. 그 원인물질들은 식품원료에 원래부터 존재하는 성분인 경우도 있으나 일부는 발효과정을 통해 새롭게 생성된 성분들이다.

SECTION 2 발효과정 중의 미생물의 상호작용

발효식품은 일반적으로 단독균보다는 여러 미생물들의 복합적인 작용에 의해 만들어진다. 발효식품마다 식품 성분, 제조 과정 및 저장 환경이 다양하기 때문에 주어진 환경에서 잘 자라는 미생물들이 주된 균총(dominant organisms)을 이룬다. 발효 시간이 경과함에 따라 주된 균총이 바뀌면서 결과적으로 발효식품의 품질에 영향을 미친다.

동일한 환경에 여러 미생물들이 공존할 경우 치열한 생존 경쟁이 일어난다. 미생물들은 경쟁에서 이기기 위해 항생물질이나 다양한 항균물질(antimicrobial substances)을 생산해서 다른 균들을 죽이거나 생육을 억제한다. 그러므로 한 종류의 균이 식품에서 주된 균총을 이루면 다른 균들의 생육은 제한된다. 이는 주된 균총의 증식으로 인해 영양소는 줄어들고 새로 생성된 유기산이나 알코올 같은 물질에 의해 다른 균들의 증식이 억제되기 때문이다

특히 유산균에서 이런 현상이 뚜렷하여 일반적으로 유산 발효식품들은 병원성균이나 식중독균들의 오염에 대해 비교적 안전한데 이를 유산균 저해현상(lactic antagonism)이라고 한다. 이는 유산균들이 생성하는 유산, 초산 등 유기산과 이로 인한 pH 저하, 박테리오신(bacteriocin), 과산화수소, 류테린(reuterin) 등의 항균물질들에 의해 다른 균들의 증식이 억제되기 때문이다.

박테리오신은 미생물이 생산하는 펩타이드 계통의 항균 물질로 기존의 화학 보존제를 대체할 수 있는 천연보존제로서 개발 가치가 크다. 박테리오신의 몇 가지 종류 중 *Lactococcus lactis* 균주들이 생산하는 니신(nisin)이 가장 대표적이고 항균력도 우수하다.

니신은 *Clostridium, Bacillus, Staphylococcus*속을 포함한 여러 그람양성 식중독균들과 이들의 포자에 대한 억제 능력이 우수하고 산성 pH에서 특히 활성이 좋아서 산성식품들과 통조림 등에 보존제로 첨가된다.

SECTION 3 발효식품의 품질과 안전성

발효는 방식에 따라 자연발효(natural fermentation)와 조절발효(controlled fermentation)로 구분된다. 자연발효는 식품의 주 · 부재료에 자연적으로 존재하는 미생물에 의해 발효가 일어나는 것으로 주로 가정이나 소규모 식품공장에서 제조되는 전통 발효식품이 해당된다. 자연발효는 균의 조성이 일정하지 않고 발효가 동일하게 진행되지 않아서 식품 품질이 균일하지 않고 품질도 좋지 못한 경우가 많다.

조절발효는 선별된 미생물 종균(starter)을 미리 배양한 후 식품원료에 접종하는 것으로 대규모 식품공장에서 상업적 판매를 목적으로 생산하는 발효식품들(치즈, 요구르트, 맥주, 와인 등)이 해당된다.

조절발효는 생육 및 발효 특성이 우수한 선발된 균주들을 사용하여 미생물 생육에 적합한 온도, 습도, 산소공급 등의 조건을 최적화 한 생산설비가 갖추어진 공장에서 이루어진다. 따라서 우수한 종균 사용과 발효 조건들의 최적화로 인해서 조절발효 제품의 품질이 더 우수하다.

자연발효의 경우 수많은 미생물들이 식품에서 생육하며, 미생물 균총의 조절이 불가능하기 때문에 인체에 유해한 독소(toxins) 생성 균들도 종종 포함된다.

전통방식으로 제조된 메주는 건조 시 공기 중의 곰팡이가 메주 표면에 부착하여 균사체를 생성하는데 황국균(*Aspergillus oryzae*) 같은 유익한 균들만 자라는 것이 아니라 곰팡이독소(*mycotoxin*)인 아플라톡신(*aflatoxin*)을 생산하는 A. flavus 같은 유해균들도 함께 증식하여 문제가 될 수 있다. 청국장 제조 시에도 인체에 유익한 고초균인 *Bacillus subtilis*와 함께 식중독을 유발하는 독소 생성균인 *B. cereus*도 함께 자랄 수 있다.

조절발효는 식품 안전성 측면에서 장점이 있다. 조절발효 과정에서 식품원료를 살균처리 하여 유해한 균들을 대부분 죽이거나 숫자를 대폭 줄인 후 종균을 접종한다. 따라서 발효과정에서의 오염 위험이 적고 일단 종균이 자란 후에는 잡균들의 증식이 억제되어서 식중독이나 부패의 위험성이 크게 감소한다.

예로서 포도주 양조에서 포도즙(must)을 저온살균(pasteurization)하여 야생효모(wild yeast)나 잡균들을 죽인 후 종균 효모를 접종하여 알코올 발효를 일으킨다. 또 발효유나 치즈 제조 시에도 목장에서 수거한 원유를 저온살균 한 후 종균들을 접종히므로 안전성이 확보된다.

SECTION 4 발효식품

1. 주 류

술은 당질이 미생물에 의한 알코올 발효에 의한 것으로 제조방법에 따라 다음과 같이 분류한다.

발효주란 발효 후 직접 또는 여과하여 마시는 술이다. 단발효주는 당화과정 없이 바로 효모에 의해 발효되는 주류를 말하며, 포도주, 사과주 등의 과실주가 여기에 속한다.

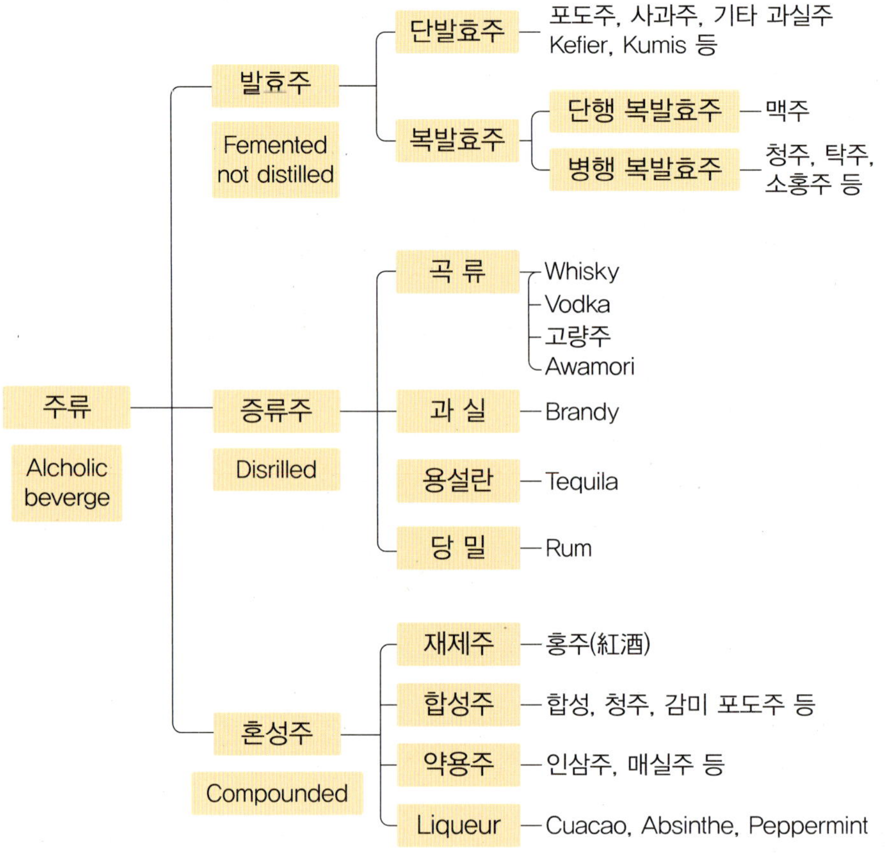

그림 10-1 술의 제조 방법

복발효주는 재료의 주성분이 녹말로서 당화과정을 반드시 거쳐야 하는 주류이다. 단행 복발효주는 당화와 발효과정을 구분하는 것이고, 병행 복발효주는 당화와 발효가 함께 일어나는 주류를 말한다. 단행 복발효주의 대표적인 술은 맥주이고 병행 복발효주의 대표적인 술은 청주와 탁주 등이다.

증류주는 발효액을 증류하여 알코올 농도를 높인 것으로 소주, 위스키, 브랜디 등이 여기에 속한다. 혼성주 중의 재제주는 발효주나 증류주에 조미료, 향료, 색소 등을 첨가하여 가공한 것이다.

(1) 탁주와 약주

탁주는 우리나라 전통 술로서 쌀이나 보리 등 곡류를 원료로 한다. 탁주 제조 시 약초 등을 넣어 발효한 것이 '약주' 이고, 탁주에 용수를 넣어 거른 것이 '청주' 다.

탁주 제조에는 쌀을 주로 사용하며 밀가루, 옥수수가루, 고구마 전분 등을 대체 원료로 사용하고 있다. 누룩은 소맥을 분쇄하여 원판형으로 성형해서 곰팡이를 번식시켜 건조한 것으로 *Aspergillus, Penicillium, Monascus*속 곰팡이와 *Saccharomyces coreanus*와 같은 효모가 증식되어 있어 당화와 발효 능력을 가진다. 입국은 찐쌀 및 밀가루 등에 *Aspergillus kawachii*를 사용하여 만든 koji를 말한다. 분국은 *Aspergillus shirousami, Rhizopus*속 등을 증식시킨 당화제이다.

(2) 청주

청주는 일본의 대표적인 술이고, 쌀과 물을 원료로 하여 병행 복발효식으로 만든다. 청주 양조의 특징은 Aspergillus oryzae라는 koji균을 사용하여 쌀 녹말을 당화시키는 것이다. 청주 효모는 Saccharomyces sake를 사용하여 발효시킨 후 숙성과정을 거치고 앙금질하여 맑은 술로 만든다.

(3) 맥주

맥주는 맥아로 맥아즙(wort)을 만들고 홉(hop)을 넣어 끓여서 식힌 후 맥주효모를 첨가하여 발효한 것이다. 홉은 맥주에 특유한 향기와 쓴맛을 부여하며 거품의 지속성과 항균성 등 유익한 효과가 있고 청징과 안정화에도 도움을 준다.

맥주는 사용한 효모의 종류에 따라 상면맥주와 하면맥주로 구분한다. 상면발효 효모는 *Saccharomyces cerevisiae*이고 하면발효 효모는 *Saccharomyces calsbergensis*이다. 상면발효는 15~20℃에서 4~5일 발효하고 하면발효는 5~10℃에서 10~12일 동안 발효한다. 그 후 1~2개월 동안 재발효한다.

발효 과정에서 발생한 탄산가스가 맥주 중에 용해되어 맥주 고유의 맛이 생성되고 혼탁 물질 등이 석출되면서 맛의 숙성이 이루어진다. 발효가 끝나고 숙성된 맥주는 여과하여 투명맥수로 만는다 이때 살균하지 않은 맥수를 생맥주라고 하며, 신선한 맛은 있지만 장기 보존이 어렵다. 맥주의 살균은 60℃에서 20분 정도 살균한다.

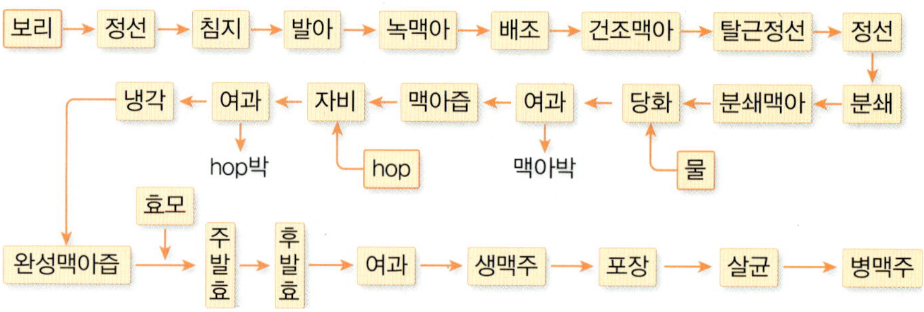

그림 10-2 맥주 제조 공정도

(4) 과실주

1) 포도주(Grape wine)

포도주는 기원전 수천년 전부터 양조되어 왔으며 현재 세계적으로 맥주 다음으로 대량 소비되고 있다. 포도주는 색깔에 따라 적포도주(red wine)와 백포도주(white wine)로 구분하며, 맛에 따라 감미포도주(sweet wine)와 생포도주(dry wine)로 구분한다. 또한 14% 이하의 주정을 함유한 것으로 주로 식사 시에 마시는 것을 table wine이라고 하고, 14~20%의 알코올 함량으로 가지며 식사 후에 마시는 것을 desert wine이라고 한다.

포도 과즙에 설탕을 첨가하여 전체 당 농도를 21~22% 정도가 되게 하여 포도주용 효모(Saccharomyces ellipsoideus)를 중간 배양시킨 주모를 첨가하여 발효한다. 발효가 끝난 젊은 포도주(young wine)는 저장실에서 후발효, 청징, 숙성 등의 작업을 통해 완성된다.

2) 샴페인(Champagne)

발포성 포도주의 일종으로 백포도주를 밀폐 용기 안에서 재발효한 것으로 20℃에서 4~6기압 이상의 압력을 가지고 있어서 마개를 열면 거품이 나는 포도주이다. 제조 방법으로는 병내 재발효법, 탱크 발효법, 탄산가스 취입법 등이 있다.

3) 사과주(Cider)

원료 사과를 착즙한 과즙을 밀폐하여 실온에서 Saccharomyces mali dulaux와 Saccharomyces mali risler 등 효모로 발효한 것이다. 발효액은 투명하고 효모와 기타 찌꺼기는 바닥에 가라앉는다. 앙금질을 하여 2~3개월 후 발효 한 후 제품으로 완성한다.

(5) 증류주

1) 소주

전분질 원료 또는 당질 원료를 발효하여 증류해서 만든 술로 20~35% 알코올을 함유하고 무색 투명하다. 소주의 koji 균으로 처음에는 황국균을 사용하였으나 1920년경부터 흑국균을 사용하여 현재는 *Aspergillus awamori, Asp. usami* 등을 사용한다.

소주에는 희석식 소주와 증류식(재래식) 소주가 있다. 희석식 소주는 보통 주정 제조방법과 같이 발효하여 연속 증류기로 증류한 다음 주정농도로 희석한 것이다. 증류식 소주는 전분질 원료를 koji로 당화하고 알코올 발효하여 단식 증류기로 증류한 것이다.

2) 위스키(Whisky)

위스키는 원래 Ale맥주를 증류하여 만들었으나 근래에는 증자한 곡류를 맥아의 당화효소로 당화하거나, 맥아만을 사용하여 전분질을 당화하여 이 당화액을 발효시켜 증류하여 만든다.

3) 보드카(Vodka)

라이맥이나 보리를 원료로 하여 만든 곡류 위스키나 40%로 희석한 중성 알코올을 자작나무 숯에 통과시켜 정제한 후 조미하여 만든 술이다. 과거에 러시아에서 많이 만들어졌으나 오늘날 미국이나 유럽에서 대량 생산하고 있다. 알코올 함량은 45~58%이고 무색 투명하며 칵테일 베이스로 많이 이용한다

4) 진(Gin)

라이맥이나 옥수수를 당화용 맥아로 당화한 다음 발효시켜 곡류 위스키로 만든 후 노간주나무 열매(Juniper berry)를 넣고 다시 증류하여 제품으로 만든다. 드라이진은 설탕을 첨가하지 않은 것이고 스위트진은 드라이진에 설탕(2~4%)과 글리세린(12.5%)을 첨가한 것이다. 알코올 함량은 37~50%이고 숙성시키지 않는다.

5) 브랜디(Brandy)

과실주를 증류하여 만든 술로 원료에 따라 포도 브랜디, 사과 브랜디, 체리 브랜디 등이 있으나 통상 브랜디라고 하는 것은 포도 브랜디를 말하며, 프랑스산의 cognac과 armagnac이 유명하다. 브랜디는 포도주를 2~3호 증류해서 58~60%의 알코올 농도로 만들어 참나무통에 담아 5년 이상 숙성한 다음 물을 가해서 함량을 조절하고 병에 담아 저장 기간을 표시해서 판매한다.

6) 기타 증류주

① **럼**(Rum) : 당밀을 발효시켜 증류한 것으로 알코올 함량 43~53%이다. 쿠바, 기니아, 자마이카 등에서 많이 만든다.

② **아라크주**(Arrack) : 쌀과 야자즙을 만든 야자술(toddy)을 증류한 것으로 동남아 지방에서 생산한다.

③ **아와모리**(Awamaori) : 일본 오키나와 지방의 증류쥬이며 소주의 일종이다. 녹말질 원료를 사용하여 당화용 곰팡이로 Aspergillus awamori를 이용한다.

④ **고량주** : 중국 동북지방에서 생산하는 증류주의 일종으로 무색 투명

하며 특수한 향기를 가지는 알코올 함량 60% 전후의 술이다. 고량주는 거칠게 분쇄한 고량을 곡자와 소량을 물을 넣고 발효 탱크에 담아 땅 속에 묻은 다음에 뚜껑을 진흙으로 봉하여 당화 발효한다. 약 10일 후 숙성한 술덧을 꺼내고 새로 당화 발효할 재료를 증류장치가 붙은 시루에 얹어 찌면서 증류한다.

2. 식 초

식초는 초산균(Acetic acid bacteria)이 지닌 산화효소들에 의해 알코올이 분해되어 생성되는 초산이 주성분이다. 초산균은 그람양성 간균이며 호기성균으로 *Acetobacter, Gluconobacter*속 등이 있다. 주로 초산균으로 *A. aceti, A. acetosem, A. orleanense* 등이 사용된다.

식초는 초산을 4~5% 함유한 조미료로 초산 이외에 각종 유기산류, 아미노산류와 기타 향기 성분을 포함하고 있어서 특유의 맛과 향을 지닌다. 최근에 식초는 식품에 신맛을 부여하는 조미료로서 뿐만 아니라 피로회복, 항암, 항노화, 고혈압 예방, 체지방 감소 등의 건강기능성이 알려지면서 건강음료로서 소비가 증가하고 있다.

과실식초와 곡물식초가 식품공전상 포함되며, 최근에는 감식초, 포도식초, 사과식초, 현미식초 등과 같이 과실과 곡물을 100% 원료로 사용한 천연 발효제품들도 많이 생산되고 있다.

3. 장 류(醬類)

장류는 주로 콩을 미생물로 발효시켜 만드는 식품으로, 감칠맛을 내는 글루타민산의 함량이 높아 맛과 영양이 좋은 식품이다. 증자한 대두에 세균 등 여러 미생물을 번식시킨 메주를 식염수에 담그고 2~3개월 동안 발효시킨 다음 액체부분과 고체부분으로 분리한다. 액체부분을 끓인 후 응고침전물을 제거하여 간장을 만들고, 고체부분을 더 발효시키면 된장이 된다.

(1) 간장(soysauce)

간장은 발효 중 생육하는 미생물에 의하여 lactic acid, phosphoric acid, tartaric acid, acetic acid 등이 생기고 이로 인하여 pH가 낮아진다. 감칠맛의 주성분은 glutamic acid, aspartic acid, threonine 등 10여 종의 아미노산이며 이들 아미노산의 양에 의하여 품질이 좌우된다. 또 밀의 전분은 koji의 β-amylase에 의하여 분해되어 당분이 되고 다시 알코올로 변하여 풍미 성분이 된다.

1) 정의 및 성분규격

식품 공전에서 간장은 '단백질 및 탄수화물이 함유된 원료로 제국(製麴)하거나 메주를 주원료로 하여 식염수 등을 섞어 발효한 것과 효소 분해 또는 산분해법 등으로 가수분해하여 얻은 여액을 가공한 것' 이라고 정의하고 있다.

① **양조간장** : 대두, 탈지대두 또는 곡류 등을 제국하여 식염수 등을 섞어 발효 · 숙성시킨 후 그 여액을 가공한 것을 말한다 [탈지대두 7.0% 이상(대두 또는 탈지대두를 혼합 사용하는 경우에는 9.0% 이상)]

② **혼합간장** : 한식간장 또는 양조간장에 산분해간장, 또는 효소분해간장을 적정비율로 혼합하여 가공한 것이나 산분해간장 원액에 단백질 또는 탄수화물 원료를 가하여 발효 · 숙성시킨 여액을 가공한 것 또는 이의 원액에 양조간장 원액이나 산분해 간장 원액 등을 적정비율로 혼합하여 가공한 것을 말한다.

③ **산분해간장** : 단백질 또는 탄수화물을 함유한 원료를 산으로 가수분해한 후 그 여액을 가공한 것을 말한다.

④ **효소분해간장** : 단백질 또는 탄수화물을 함유한 원료를 효소로 가수분해한 후 그 여액을 가공한 것을 말한다.

⑤ **한식 간장**

가. 재래한식 간장 : 한식 메주를 주원료로 하여 식염수 등을 섞어 발효 · 숙성시킨 후 그 여액을 가공한 것을 말한다.

나. 개량한식 간장 : 개량 메주를 주원료로 하여 식염수 등을 섞어 발효 · 숙성시킨 후 그 여액을 가공한 것을 말한다.

표 10-1 식품공전상 간장의 성분규격

항목 구분	양조간장, 혼합간장, 산분해간장, 효소분해간장	한식 간장
① 성상	고유의 색택과 향미를 가지고 이미, 이취가 없어야 한다.	고유의 색택과 향미를 가지고 이미, 이취가 없어야 한다.
② pH	4.0~5.5	4.0~6.8
③ 총 질소 (w/v %)	0.8 이상	0.7 이상
④ 순추출물 (w/v %)	9.0 이상	6.0 이상
⑤ 타르 색소	검출되어서는 아니된다.	검출되어서는 아니 된다.
⑥ 보존료(g/L)	다음에서 정하는 보존료는 아래기준에 적합하여야 한다.	
	안식향산 안식향산나트륨 안식향산칼륨 안식향산 칼슘	0.6 이하(안식향산으로서)
	파라옥시안식향산메틸 파라옥시안식향산부틸 파라옥시안식향산에틸 파라오식안식향산이소프로필	0.25 이하 (파라옥시안식향산으로서)

2) 제조공정

재래식 간장과 개량식 간장을 양조식 간장이라 하고, 아미노산 간장을 화학간장이라 한다. 재래식 간장은 순 콩으로 간장과 된장을 동시에 제조하는 데 반해 개량식 간장은 콩과 밀로 제조하여 부산물인 된장이 나오지 않는다.

개량식 간장은 콩과 볶은 밀을 마쇄, 혼합하고 황국균을 뿌려 koji를 만든 다음 소금에 담가 짠 것이다. 아미노산 간장은 단백질의 분해를 효소가 아닌 염산으로 분해하여 짧은 시간에 제조할 수 있는 것이 특징이다.

간장덧에 작용하는 미생물 중 효모의 대부분은 Torulopsis속 이고, 젖산균으로는 내염성을 가진 Pediococcus속 등으로 간장의 독특한 풍미에 관여한다. 간장제조에 관계된 미생물은 다음과 같다.

① 곰팡이 : *Asp. orzse* 나 *Asp. sojae* 등으로 단백질 분해력이 강해서 콩 단백질 분해에 관여한다.

② 효모 : 간장 제조 중기에 들어서면 주로 내염성 효모가 덧 중에 증식하게 되는 데 *Zygosaccharomyces soya, Zygosacch, major* 등이 잘 알려져 있으며 이들 효모는 주로 알코올발효 등으로 간장의 품질을 좋게 한다.

③ 세균 : 중요한 세균은 내염성인 젖산균으로 *Pediococcus sojae*이다. 간장덧의 pH 강하에 큰 역할을 하며 pH 4.5 부근으로 유지하게 하고 간장 풍미에 관여한다.

- **한식메주** : 대두(95% 이상)를 주원료로 하여 증숙, 성형하여 발효시킨 것을 말한다.
- **개량메주** : 대두(85% 이상)를 주원료로 하여 원료를 증자한 후 선별된 종균을 이용하여 발효시킨 것을 말한다.

제조과정은 그림 10-3과 같다.

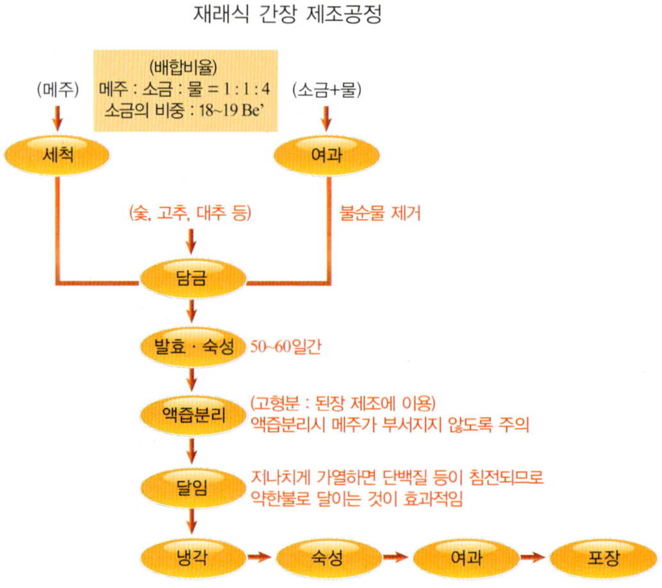

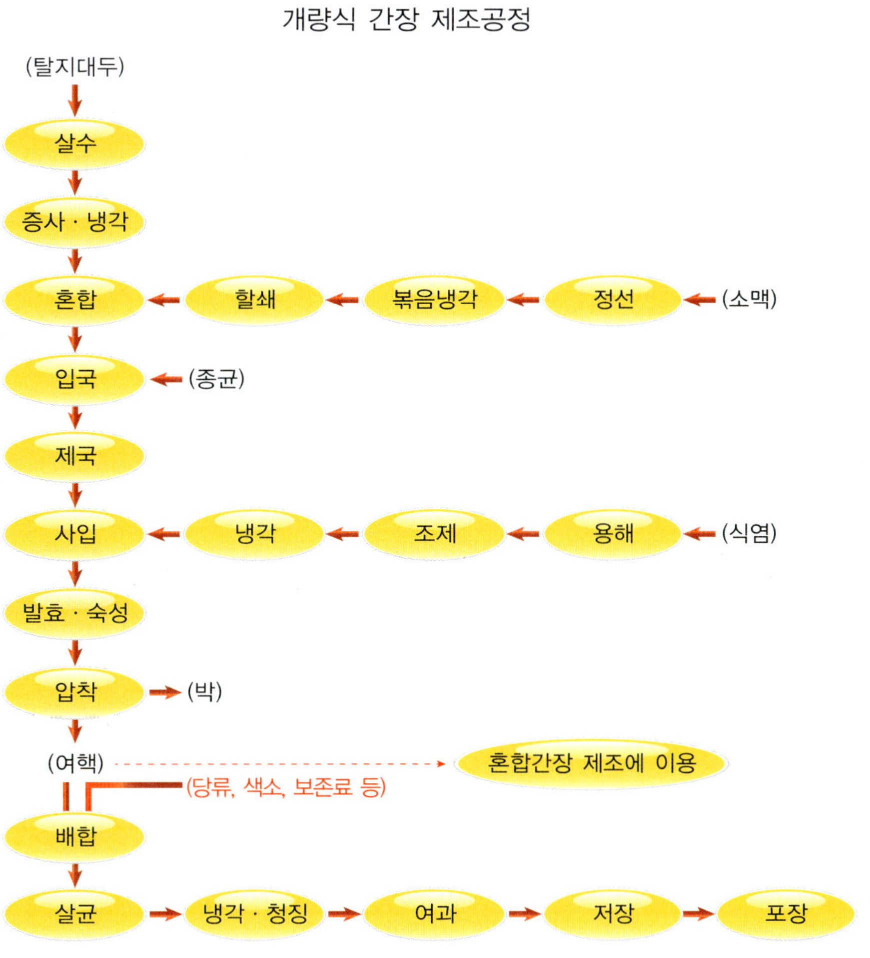

그림 10-3 간장 제조 공정도

(2) 된 장

된장은 식품위생법에서 '콩을 주원료로 하여 식염, 누룩을 섞어 발효하여 숙성시킨 것 또는 간장을 담근 다음 짜낸 나머지 부분을 말한다' 라고 정의하고 있다. 품질은 고유의 색과 향미를 가지며 이취가 없어야 하고 균질하며, 수분은 55% 이하, 조단백질 10% 이상, 조지방질 2% 이상, 조 섬유질 2.5% 이하, 아미노산성 질소 200mg% 이상, 타르 색소는 없는 것으로 규정하고 있다. 메주는 수분, 조단백질, 조지방, 아플라톡신, 아미노태 질소, 중금속(주석, 납, 수은 등), 이물질 등을 분석하여 품질을 결정한다.

1) 정의 및 성분규격

식품 공전상의 된장의 정의는 '된장이라 함은 대두, 쌀, 보리, 밀 또는 탈지대두 등을 주원료로 하여 식염, 종국을 섞어 제국하고 발효 · 숙성시킨 것 또는 콩을 주원료로 하여 메주를 만들고 식염수에 담가 발효하고 여액을 분리하여 가공한 것을 말한다' 로 되어 있다. 된장의 종류에는 한식 된장과 개량식 된장이 있는데, 한식 된장은 우리가 전통적으로 이용해 온 재래식 된장을 말하며 개량식 된장은 일본에서 사용하던 양조법으로 식품공장에서 생산되는 된장을 말한다.

된장의 성분 규격에는 조단백질 8.0% 이상, 조지방 2.0% 이상, 타르 색소는 검출되어서는 안 되는 것으로 되어 있다. 또한 저장성을 높이기 위해 보존료를 사용할 수 있는데 사용할 수 있는 보존료는 소르빈산과 소르빈산 칼륨이며 사용량은 소르빈산으로 제품 1kg당 1g 이하를 사용하도록 되어 있다.

2) 제조 공정

된장의 주원료는 콩, 쌀 또는 보리, 소금, 물 등이며 콩은 황색종으로 단백질과 지질이 많은 것, 쌀은 정백한 멥쌀로 입질이 균일하고 국을 만들기 쉬운 것을 골라 세척하고 15℃에서 15시간 정도 침지한 후 증자한다.

증자는 전분의 호화 · 당화를 촉진하고, 단백질의 열변성으로 분해가 쉽도록 하며, 잡균을 살균하기 위함이다. 증자가 끝난 쌀은 단시간 내 냉각하여 30℃로 유지하고 여기에 국균의 포자를 접종하면 3시간 후 발아한다.

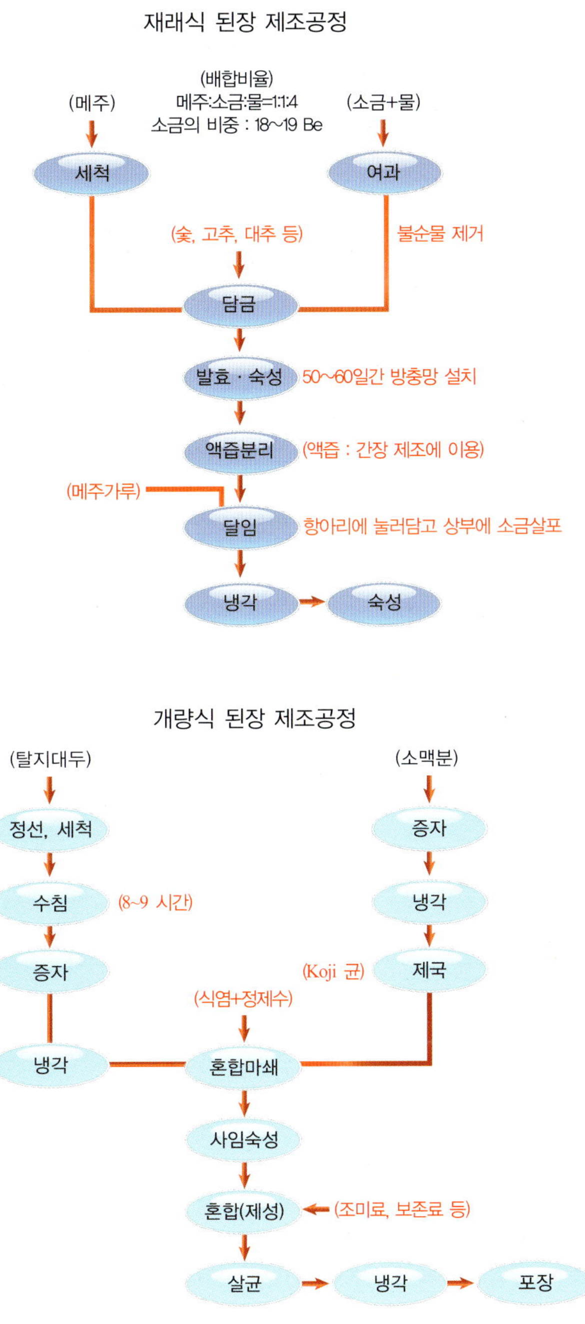

그림 10-4 된장 제조 공정도

균사의 성장온도는 30~33℃로 조절하고 통풍이 잘 되게 교반하면서 48시간 정도 배양한다. 국을 배양할 때 온도, 습도를 잘 조절하여야 amylase와 protease의 역가가 좋아진다. 출국할 때의 국은 색깔과 향기가 좋고 오염이 없으며 효소역가가 좋은 것이어야 한다.

콩은 정선, 세척, 그리고 15℃에서 15시간 정도 침지한 후 가압증자하고 즉시 냉각한 후 으깨어 여기에 starter를 혼합한다. 쌀, 콩, 보리 이외에 소금을 비롯하여 종국, 조미료, 보존료, 영양강화제, 주정 등이 사용된다.

된장 제조에 관여하는 미생물은 다음과 같다.

① **곰팡이** : 된장 koji 곰팡이로 이용하는 것은 청주 곰팡이와 똑같은 *Asp. oryzae*이다. Amylase 생성력과 protease 생성력이 강한 균주가 요구된다.

② **효모** : 된장의 풍미에 관여하는 것으로 주로 알코올 발효를 하는 *Saccharomyces, Zygosaccharomyces, Pichia, Hansenula, Debaryomyces, Torulopsis*속 등이 관여한다.

③ **세균** : 단백질을 분해하는 *Bacillus subtilis*와 산 생성능력이 우수한 *Bacillus mesentricus* 등이 중요하며 삼투압에 견디는 힘이 강해야 한다. 이들 세균은 특유의 향기와 맛을 내는 역할을 담당한다.

(3) 고추장

고추장은 콩과 전분질 원료인 찹쌀, 보리쌀을 증자한 뒤 황국균(*Asp. oryzae*)으로 제국, 당화하여 고춧가루와 소금을 넣고 숙성한 조미식품이다. 발효 과정 중 탄수화물로부터 생성되는 당분의 단맛과 단백질에서 유래되는 아미노산의 구수한 맛, 고춧가루의 매운 맛, 소금의 짠맛 등이 잘 조화된 발효식품이다. 된장, 간장과 달리 고추장은 곡류를 주원료로 하고 여기에 메주가루를 넣고 당화시킨 다음 소금, 고춧가루 등을 첨가하여 숙성한 것으로, 재료의 분량과 담는 방법에 따라 품질이 조금씩 다르다.

1) 정의 및 성분규격

식품 공전상의 고추장의 정의를 보면 '고추장이라 함은 두류 또는 곡류 등을 제국한 후 여기에 덧밥, 고춧가루, 식염 등을 혼합하여 발효 · 숙성시킨 것이거나 제국한 후 덧밥 등과 함께 발효 · 숙성시킨 것에 고춧가루 (6% 이상), 식염 등을 혼합하여 제품화 한 것을 말한다' 로 되어 있으며 찹쌀, 쌀 또는 보리고추장은 찹쌀, 쌀 또는 보리 함유량 등이 각각 15% 이상인 것을 말한다. (제국 과정을 생략한 당화 고추장을 포함한다)

성분규격

① 성상 : 고유의 색택과 향미를 가지고 이미 · 이취가 없으며, 균질해야 함.

② 조단백질(%) : 4.0 이상

③ 타르색소 : 검출되어서는 안 된다.

④ 보존료 : 소르빈산 또는 소르빈산 칼륨을 사용할 수 있으며 소르빈산으로서 제품 1kg당 1.0g 이하를 사용하도록 제한되어 있다.

고추장의 성분은 된장, 간장과 다르게 비타민 B1, B2, C, folic acid 등이 많이 함유되어 있는데 각종 아미노산, 기타 질소 화합물의 존재로 복합적인 맛이 나며 각종 당류(galactose, glucose, arabinose, xylose), 유기산(formic acid, acetic acid, propionic acid, butyric acid), 알코올(ethyl alcohol, n-buthyl alcohol, n-prophyl alcohol, isoprophyl alcohol) 등이 특유의 맛과 냄새를 이룬다.

환원당은 숙성기간의 경과에 따라 증가하다가 숙성 40~50일경 이후에는 감소하는데, 숙성초기에는 당화 아밀라아제 활성이 비교적 강력하여 전분질의 분해가 빠르지만 후기에는 효모나 유산균의 발효가 진행되기 때문이다.

2) 제조 공정

고추는 품질과 색깔이 좋은 것으로 고추씨를 뺀 후 곱게 빻아 가루로 만들어 사용한다. 고추장 제조의 원리는 메주에 번식한 세균류, 각종 곰팡이, koji 등이 생산하는 protease, amylase, cellulase 등의 효소작용에 의하여 아미노산, 핵산, 당분이 생성되어 각종 맛이 나게 되며, 내염성 효모와 유산균의 발효작용으로 향기와 풍미를 생성하게 된다. 특히 숙성 중 전분의 가수분해로 생성되는 감미성분, 세균의 단백질 분해작용으로 생성되는 정미성분, 고춧가루의 매운 맛과 식염의 짠맛 등이 조화를 이룬다.

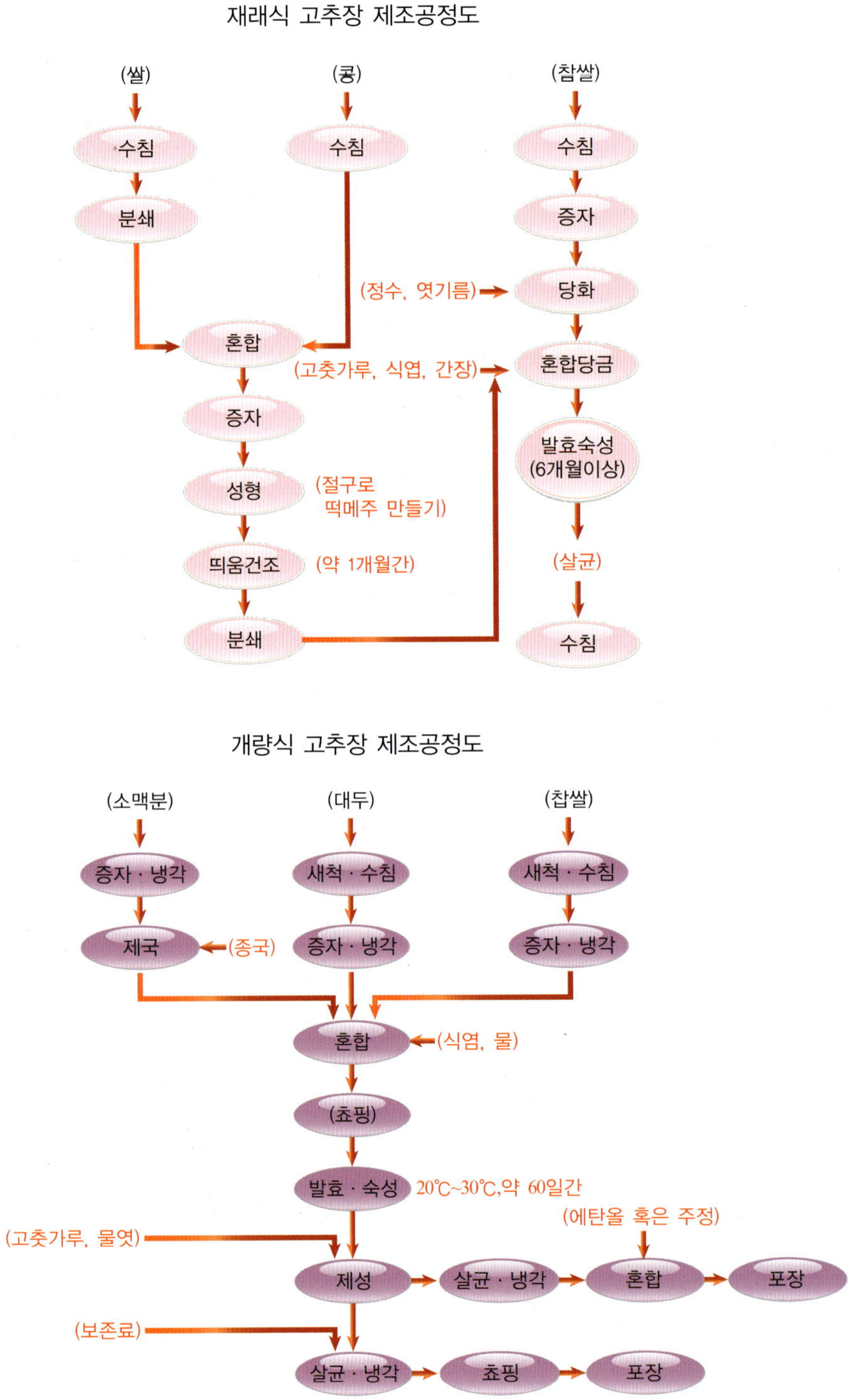

그림 10-5 고추장 제조 공정도

(4) 청국장

청국장은 가을에서 이른 봄까지 많이 식용되는 두류 조미식품으로 콩을 삶아 고초균을 번식시켜 단백질을 분해하고 마늘, 파, 고춧가루, 소금 등을 가미한 것으로 소화가 잘 되고 특이한 풍미를 가진 발효식품이다. 또한 가장 짧은 기일(2~3일)에 완성할 수 있으면서 그 풍미가 특이할 뿐 아니라 영양적 · 경제적으로 '가장 효과적으로 콩을 먹는 방법' 으로 인정되고 있는 전통식품이다. 청국장균은 *Bacillus subtilis*(고초균)이며 일본 낫토식품은 고초균과 거의 유사한 비오틴(biotin) 요구성의 *Bacillus natto*균으로 알려져 있다.

청국장은 고단백질 식품으로 함유되어 있는 다양한 효소(trypsin, pepsin, amylase, invertase, catalase, protease 등)에 의해 소화성이 좋고, 비타민 B_2 와 B_{12} 등이 많이 함유되어 있으며, 발효균인 *B. subtilis*는 정장 효과와 영양 성분의 흡수 촉진 작용 및 혈중 콜레스테롤을 감소시키는 작용 등이 있어서 건강식품이라 할 수 있다.

청국장의 독특한 냄새는 여러 가지 휘발성 물질의 혼합 물질로 주요한 것은 이소발레르산(isovaleric acid), 암모니아, 유기산, 지방산, 디아세틸(diacetyl) 등이며, 점질물은 글루탐산(glutamic acid)이 중합된 폴리펩티드(polypeptide)와 과당이 중합된 프락탄의 혼합물로 구성되어 있다.

1) 정의 및 성분규격

식품 공전상의 정의에서 '청국장이라 함은 대두를 주원료로 하여 바실러스(*Bacillus*속)균으로 발효시켜 제조한 것이거나, 이를 향신 식물 등으로 조미한 것[대두(증자대두) 55% 이상이어야 한다]을 말한다' 라고 정의하고 있다. 성분규격은 수분이 10.0% 이하(단, 건조제품에 한함)이고, 조단백질 10.0% 이상, 타르 색소는 검출되어서는 안되며, 보존료는(비건조 제품에만 사용할 수 있음) 소르브산 또는 소르빈산 칼륨을 소르빈산으로서 제품 kg당 1g 이하만 사용할 수 있다.

청국장의 pH는 7.0이상, 식염은 5.28~6.4%, 수분함량은 14.44~18.60%이다. 숙성 결과 포화지방산 함량은 감소하고 불포화도는 높아진다.

2) 제조 공정

*Bacillus subtilis*는 내열성이 강한 호기성균으로서 최적 번식 온도는 40~42℃, 최적 생육 pH는 6.5~7.5이다. 청국장의 제조법은 콩을 물에 담가 수분을 충분히 흡수시키고 증자한 다음 60℃까지 냉각한다. 이것을 적당한 용기에 담아 종균을 접종한다. 접종 후 온도를 40~50℃로 유지하여 발효시킨다. 20~30시간 지나면 흰색의 끈끈한 실이 생기며, 2~3일간 계속되면 발효가 끝난 것이므로 여기에 적당한 조미료를 넣어서 소금과 혼합하여 저장한다.

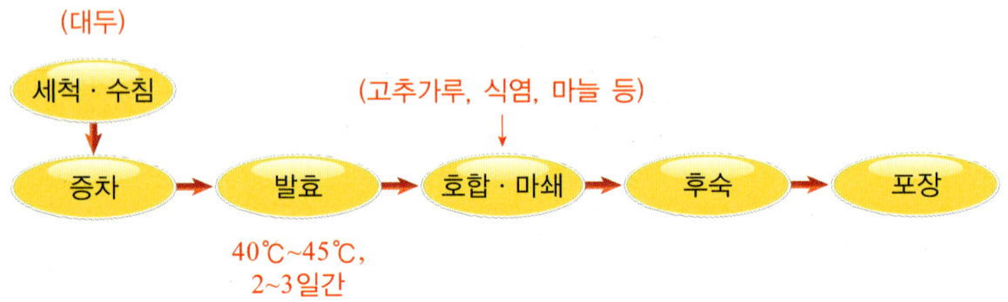

재래식 청국장 제조공정

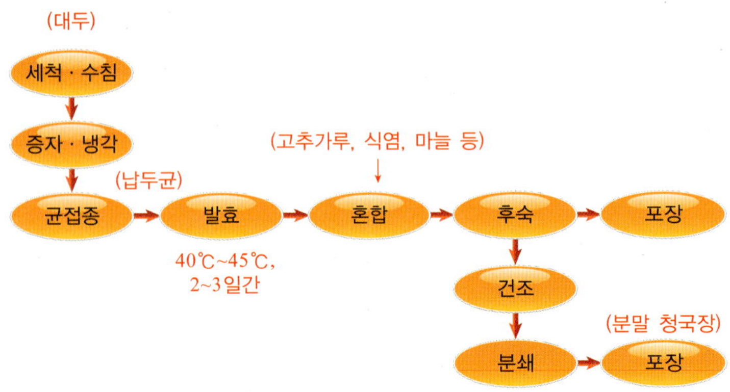

개량식 청국장 제조공정

그림 10-6 청국장 제조 공정도

출처 : 노완섭 외, "NEW 식품미생물학", 지구문화사, 2010

4. 김 치

김치는 우리나라 고유의 전통식품으로서 독특한 향미를 갖는 발효 식품으로 건강에 좋은 저장식품이다. 식품위생법에는 '김치(kimchi, a group of korean seasoned pickles)는 배추나 무, 기타 채소의 주재료에 소금, 고춧가루, 젓갈, 마늘, 생강 등의 부재료를 첨가해서 발효시킨 것' 으로 정의하고 있다.

(1) 정의 및 성분 규격

식품 공전상에서 '김치류라 함은 배추 등 채소류를 주원료로 하여 다듬기, 절단, 절임, 양념혼합 공정을 거쳐 발효시킨 배추김치, 기타 김치 또는 이를 가공한 것을 말한다' 로 되어 있다. 규격을 보면 타르 색소, 보존료는 검출되어서는 아니 되고, 살균 포장 제품일 경우에는 대장균군이 음성이어야 한다. 사카린 나트륨을 첨가할 시에는 제품 kg당 0.2g 이하를 사용해야 한다.

우리나라는 김치를 국제 식품화하기 위해서 국제식품규격위원회에 제출하여 일본의 기무치(KIMUCHI)와 경쟁 끝에 2000년에 우리나라의 김치(KIMCHI) 규격을 다음과 같이 결정하였다.

① **제품명** : 김치(KIMCHI)

② **정의** : 주원료인 절임 배추에 여러 가지 양념류(고춧가루, 마늘, 생강, 파 및 무 등)를 혼합하여 젖산 생성에 의한 적절한 숙성과 보존성이 확보되도록 포장 전후에 저온에서 발효된 제품

③ **품질기준** : 김치 고유의 특성을 가지며 정상적인 향, 냄새 및 색을 가져야 함.

- 색 : 제품은 고추에서 유래한 붉은색을 지녀야 함.
- 맛 : 제품은 맵고 짠맛을 지녀야 하며 신맛을 가져야 함.
- 조직감 : 제품은 적당히 단단하고 아삭아삭하고 씹는 맛이 있어야 함.

④ **주요 식품 첨가물**

- 산도 조절제 : 젖산, 구연산, 초산
- 호료 : 카라기난, 잔탄검
- 조직 증진제 : 솔비톨

⑤ 기타

- 총산도(젖산으로서) : 1.0% 이하
- 염(염화나트륨) 함량 : 1.0~4.0%
- 광물성 이물 : 0.03% 이하

이와 같이 우리의 Kimchi 규격이 CODEX 규격으로 확정됨으로써 다음과 같은 의의를 갖게 되었다.

- 우리나라가 김치 종주국임이 확인됨
- 우리 전통 김치의 특성을 최대한 확보하는 것이 가능해짐
- 김치에 대한 세계적 인지도를 높이는 계기가 됨
- 김치의 세계 식품화의 조기 실현이 가능해짐
- 김치의 수입국 비관세 무역의 장벽 해소가 가능해짐

(2) 제조 공정

김치의 재료는 채소류, 젓갈류, 생선류 및 각종 조미료로 구분한다. 채소로는 주원료인 배추, 무를 비롯하여 마늘, 파, 생강, 갓, 미나리, 당근 등, 생선류로는 새우, 동태, 굴, 갈치 등, 젓갈류로는 새우젓, 멸치젓 등이고, 조미료로는 소금, 깨, 설탕, 청각, 배, 밤 등의 재료가 사용된다.

맛있는 김치를 담그기 위해서 가장 중요한 것은 소금 농도를 적당하게 맞추는 것이다. 배추를 5~7%의 소금으로 12시간 절이거나 15%의 소금물로 3~7시간 절이며 최종 소금 농도는 3%로 하는 것이 좋다. 숙성은 저온(10℃)에서 하는 것이 좋고 보통 김치의 숙성은 10℃에서 12~15일 정도 소요된다. 최적 산도는 젖산으로 계산해서 0.4~0.8% 정도가 적당하며 0.8%를 넘어서면 신맛이 강해서 먹기 곤란하다.

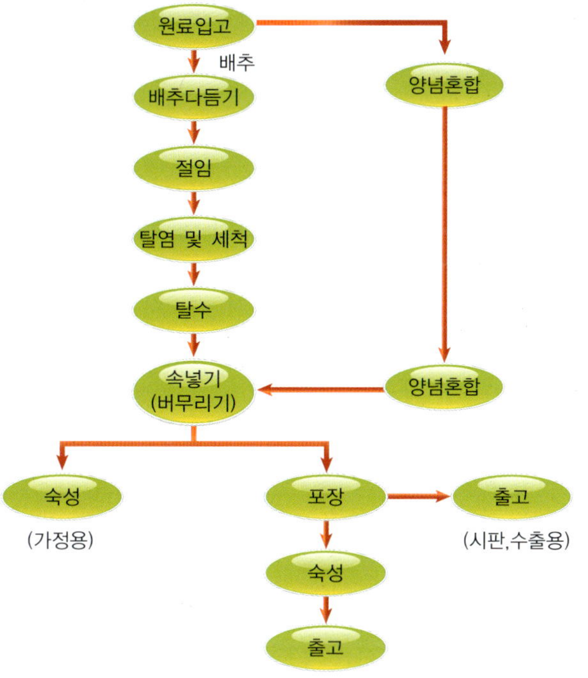

그림 10-7 김치 제조 공정도

출처 : 노완섭 외, "NEW 식품미생물학", 지구문화사, 2010

김치의 발효과정은 젖산발효에 의한 숙성 기간, 균일한 상태로 유지하는 기간, 산패와 연부현상이 일어나는 기간 등으로 구분한다.

김치의 숙성에는 소금 농도와 숙성온도, 그리고 부재료로 첨가하는 조미료에 따라서 크게 영향을 받는다. 일반적으로 소금의 농도는 3%이지만 소금을 많이 사용할수록 숙성기간은 늦어지고 산패나 연부는 억제된다. 6% 이상의 농도는 색깔과 향미가 모두 좋지 않다. 반대로 염분이 적으면 김치의 빛깔은 좋으나 쉽게 연부현상이 일어난다.

일반적으로 소금 농도가 낮을 때는 *Leuconostoc mesenteroides* 및 *Streptococcus*속이 발효 초기에 많이 번식하는 경향이 있으며, 소금 농도가 높을 때는 주로 *Lactobacillus brevis* 및 *L.plantarum* 등이 잘 번식하여 산을 생성한다.

온도와 미생물의 관계를 보면 저온에서는 *Leuconostocs*속이 번식하는 반면 *Pediococcus*속은 잘 번식하지 못하나 고온에서는 그와 반대로 *Leuconostocs* 속은 억제되고 *Pediococcus*속이 더 잘 번식한다.

발효 초기에는 *Leuconostoc mesenteroides*가 가장 우세하며 이 젖산균이 만드는 젖산과 탄산가스가 김치를 산성화하고 혐기 상태로 만들어 줌으로써 호기성균의 생육을 억제하는 주요한 역할을 한다.

*Leuconostoc*속의 뒤를 이어 *Lactobacillus*속의 젖산균이 증식하여 중기 이후의 주요 균총으로 한동안 높은 균수를 유지하게 되며 *Leuconostoc*속의 젖산균들은 사멸된다. 발효 온도가 낮을수록 상대적으로 *Leuconostoc*속의 증식이 왕성하고, 식염 농도가 높을수록 상대적으로 *Lactobacillus*속과 *Pediococcus* 속의 증식에 유리하다.

효모도 알코올 발효를 하여 김치의 풍미에 크게 기여한다. 발효 온도가 낮고 식염 농도가 높을수록 상대적으로 효모의 증식에 유리하다. 발효 말기에 김치 표면에 피막을 형성하는 유해 효모는 *Hansenula*속, *Candida*속, *Pichia*속 등이며 이들은 알코올 생산 능력이 없고, 젖산을 소비하며 김치 조직의 연부 현상을 초래한다.

김치 발효 중의 성분변화는 다음과 같다.

① pH : 김치 발효 초기의 pH는 5.5~5.8 정도지만 숙성된 김치의 pH는 4.2~4.5 정도로 낮아져 적당한 신맛을 내게 되나 과숙하면 pH가 4.0 이하로 떨어진다.

② 당류는 발효와 함께 감소하고 유기산의 양은 늘어난다(젖산, 초산, 구연산 등).

③ 비타민류 : 비타민 B군(B_1, B_2, niacin, B_{12} 등) 은 담금 초기에는 감소하나 숙성상태에서는 원래의 2~3배로 함량이 증가한다. 비타민 C는 숙성 초기에 약간 감소한 후 다시 증가하다 점점 감소되어 최종적으로 30% 정도 남는다.

④ Carotene : Carotene은 숙성함에 따라 약간씩 감소하여 연부현상이 일어나면 약 50% 정도 남게 된다.

5. 유제품 (Dairy product)

(1) 발효유(fermented milks)

발효유는 우유에 유산균을 접종하여 발효시켜서 호상 또는 액상 형태로 얻는 제품들로서 최근에는 국내뿐 아니라 전 세계적으로 기호성이 우수하여 기능성 발효유 제품들이 속속 시장에 등장하고 있다. 이들의 특징은 우수 종균들을 접종할 뿐 아니라 기능성 성분(식물체 추출물이나 항체, 비타민, 그리고 특정 질환 예방에 효과가 있다고 알려진 화합물)들을 첨가한 것들이다.

식품공전상의 정의는 '발효유류라 함은 원유 또는 유가공품을 유산균, 효모로 발효시킨 것을 말한다' 라고 되어 있다.

1) 용어의 정의

① 발효유, 농후발효유, 크림발효유, 농후크림발효유 : 원유 또는 유가공품을 발효시킨 것을 말한다.

② 발효버터유 : 버터유 또는 탈지류를 발효시킨 것을 말한다.

③ 냉동 발효유 : 발효유류를 냉동한 것을 말한다.

2) 성분배합기준

① 발효유 : 원유 또는 유가공품(무지유고형분으로서) 3% 이상

② 농후발효유 : 원유 또는 유가공품(무지유고형분으로서) 8% 이상

③ 발효버터유 : 버터유 또는 탈지유(무지유고형분으로서) 8% 이상

④ 크림발효유

- 원유 또는 유가공품(무지유고형분으로서) 8%이상
- 유지방분 3% 이상

⑤ 농후 크림 발효유

- 원유 또는 유가공품(무지유고형분으로서) 3% 이상
- 유지방분 8% 이상

표 10-2 발효유류 성분규격

항목 \ 유형	발효유	농후발효유	크림발효유	농후 크림발효유	발효버터유
(1) 성상	고유의 색택과 향미를 가진 액상으로서 이미·이취가 없어야 한다.	고유의 색택과 향미를 가진 액상으로서 이미 ·이취가 없어야 한다.	고유의 색택과 향미를 가진 액상으로서 이미 ·이취가 없어야 한다.	고유의 색택과 향미를 가진 액상으로서 이미 ·이취가 없어야 한다.	고유의 색택과 향미를 가진 액상으로서 이미 ·이취가 없어야 한다.
(2) 무지유 고형분(%)	3.0 이상	8.0 이상	3.0 이상	8.0 이상	8.0 이상
(3) 조지방(%)	–	–	8.0 이상	8.0 이상	1.5 이하
(4) 유산균 수 또는 효모수	1mL당 10,000,000 이상	1mL당 10,000,000 이상(단, 냉동제품은 10,000,000 이상)	1mL당 10,000,000 이상	1mL당 10,000,000 이상(단, 냉동제품은 10,000,000 이상)	1mL당 10,000,000 이상
(5) 대장균군	음성이어야 한다.	음성이어야 한다.	음성이어야 한다.	음성이어야 한다.	음성이어야 한다.

3) 제조 과정

발효유는 순수하게 젖산발효에 의해서 만들어진 유산 발효유(lactic acid fermented milk)와 유산균과 유당을 발효하는 효모에 의해 부분적으로 알코올 발효를 일으켜 만들어지는 유산 알코올 발효유(lactic acid alcohol fermented milk) 등으로 구분될 수 있다.

표 10-3 발효유의 종류와 사용되는 미생물

발효방법	발효유 이름	원 료	사용미생물	종 류
젖산 발효유	*Bulgaian buttermilk*	전 유	*Lactobacillus bulgaricus*	불가리아버터 밀크
	Acidophilus milk	탈지유, 부분 탈지유	*lactobacillus acidophilus*	아시도필러스 밀크
	Bulgaian buttermilk	전유 · 탈지유	*Lactobacillus bulgaricus* *Streptococcus thermophilus* *Lactobacillus casei*	요구르트 과일 요구르트 냉동 요구르트 액상 요구르트
	Bulgaian buttermilk	탈지유	*Streptococcus lactis*	발효버터밀크
	Bulgaian buttermilk	크 림	*Streprococcus cremoris* *S. diacctilactis* *Leuconostoc citroucrum*	발효 크림 발효저지방크림
젖산알코올 발효유	*Bulgaian buttermilk*	전 유	*Lactic bacteria, yeast*	케피어
	Bulgaian buttermilk	말젖 · 탈지유		쿠미스

동유럽에서 주로 소비되는 acidophilus 우유는 *Lactobacillus acidophilus*를 우유에 접종한 것으로 특유의 신맛이 특징이다. *L. acidophilus*는 내산성이 강해서 사람의 소화관을 통과하는 과정에서 생존율이 높은 것으로 알려져 있다. 또 소화관 내에서 증식할 경우 유해균 증식을 억제해서 대표적인 정장제제(probiotic)로 사용되는 균주이다.

정상 유산발효균으로 대부분 유산을 생산하며, 그 밖에 과산화수소나 다른 균들의 생육을 억제하는 물질들을 생산한다. Bacteriocin 같은 단백질성 항균물질들도 있으나 *Lactobacillus reuteri*가 생산하는 루테린(reuterin)은 저분자량의 비단백 항균물질이다. 이들은 천연항균물질로서 식품보존제로 잠재력이 커서 연구가 활발히 이루어지고 있다.

(2) 요구르트 (Yoghurt)

요구르트는 풍미가 좋고 상용하면 노화방지에 효과가 있고 소화가 잘 되며, 유제품 발효에 종균으로 사용되는 Lactobacillus속이나 Lactococcus속 균에 의한 정장효과도 기대할 수 있다.

제조 과정은 탈지유를 2/3 정도 농축하여 설탕 8%를 넣고 85℃에서 15분간 살균하여 25~30℃로 냉각한 다음 *Lactobacillus bulgaricus*와 *Streptococcus lactis*의 순수 배양액을 1:4로 혼합한 starter를 2~3% 접종하고 작은 병에 일정량씩 넣어 30℃에서 10시간 배양한다.

젖산이 0.85~0.95%(pH 4.4~4.5) 생성되면 우유는 응고한다. 배양 완료 직전에 냉장고에 넣어 급냉하여 제품화 한다. 액상 요구르트는 요구르트를 제조하고 강한 교반으로 응고물을 부수어 크림상태가 된 것을 병에 넣은 것이다.

요구르트 제조에 있어서 가열처리에 따라 유청 분리(whey seperation)가 좌우되고 유리 아미노산 함량에 영향을 주어 젖산균 성장에 영향을 미친다. 즉 열처리가 적당하면 유리 아미노산의 증가로 *L.bulgaricus*의 성장이 촉진되고, 단백질 분해가 촉진되며 *S.thermophilus*의 성장이 촉진되어 응고 시간이 짧아진다. 우리나라에서 요구르트 제조에 사용되는 유산균은 위의 두 균주 외에도 *Bifidobacterium*속 등이 있다.

살균이 끝나면 냉각시킨 후 스타터를 접종한다. 접종 후 3~4시간이 지나면 산도가 0.6~0.7% 정도 되며 커드의 굳기가 적당하게 된다. 그러면 즉시 냉각시켜 산 생성을 정지시키고 유청 분리가 일어나지 않도록 해야 한다. 발효가 끝난 요구르트는 별도로 제조된 과일 시럽과 혼합해서 용기에 충전하여 냉장 보관한다.

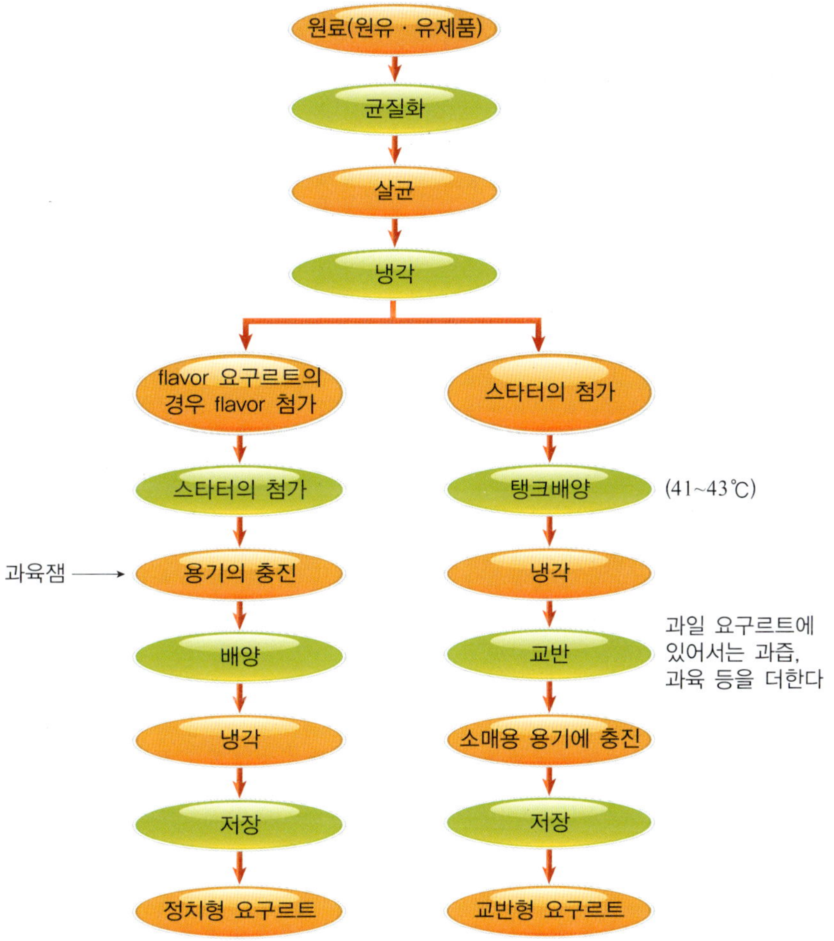

그림 10-8 요구르트 제조공정

(3) 치즈 (Cheese)

치즈는 우유를 rennet 등으로 응고시킨 후 발효한 것으로 세계적으로 수백 가지 종류가 있다. 우유에 유산균을 접종하여 37℃에서 배양하면 생성되는 유산에 의해 우유의 pH가 낮아진다. 이때 응유효소인 레닌(rennin)을 첨가하여 유단백질인 카제인(casein)을 끊어준다. 그 결과 우유 단백질의 대부분을 차지하는 카제인 마이셀(casein micelle)이 불안정해져서 침전을 일으키고 이렇게 침전된 커드를 압착하여 얻는 것이 치즈이다.

발효숙성의 초기에는 젖산구균이 급속히 번식하고 3~6개월까지는 젖산 간균이 번식한다. 숙성 후기에는 galactose를 분해하는 세균이 많아진다. 푸른곰팡이(*Penicillium*)가 번식하면 지방의 분해가 이루어지고 독특한 풍미를 갖게 된다.

1) 종 류

① 자연치즈 (Natural cheese)

저온 살균한 우유에 젖산균 starter를 1~2% 첨가하여 30℃에서 젖산 발효시킨다. 0.18~0.2%의 젖산이 생성되었을 때 rennet를 첨가하여 두부 모양으로 응고할 때까지 방치한다. 우유 중에 casein이 rennet와 반응하여 curd를 형성한다.

이 curd를 교반하면서 38~40℃까지 가열하면 curd에 함유된 유청이 배출되므로 이것을 제거한 후 원료 우유에 대하여 0.2%의 식염을 첨가한 다음 curd를 압착, 성형하여 5~15℃에서 일정기간 숙성한다. 저온에서 장시간 숙성하는 것이 좋은 품질의 치즈를 얻을 수 있다. 숙성할 때 빵가루 등에 배양한 *Pen. roquefortii* 등의 발효 미생물을 인공적으로 접종하기도 한다.

② 가공치즈 (Process cheese)

Natural 치즈를 다시 성형한 것을 process cheese류 라고 하며 품질이 일정하다. 원료 치즈는 주로 세균에 의하여 숙성된 경질 치즈가 쓰이는데 Gouda, Edam, Cheddar가 이용된다. 일반적으로 숙성기간이 다른 2~3종의 치즈를 배합하여 평균 숙성기간을 4~5개월 가량으로 한다.

2) 제조 과정

치즈 원료로는 소나 염소 혹은 양의 젖을 사용하며 만든 후 바로 섭취하기도 하나(생치즈) 종류에 따라서는 일정 환경에서 며칠~수개월 동안 저장한 후(숙성치즈) 소비된다.

생치즈는 담백하고 별다른 풍미가 없지만 숙성을 거치면 미생물과 효소들의 작용에 의해 우유단백질과 지질의 분해가 일어나서 아미노산, 지방산, 아민 등이 형성되어 풍미가 진해지고 조직도 부드러워진다.

한편 세계적으로 유명한 치즈들 중에는 곰팡이를 접종하여 2차 발효를 진행시킨 종류도 있다. 카망베르(Camembert)치즈나 로크포르(Roquefort) 치즈 등이 가장 유명하며 미식가들의 애호를 받고 있다.

카망베르 치즈는 살균처리하지 않은 우유로 제조하며 *Penicillium camemberti, Penicillium candida* 등을 표면에 접종하여 3주 이상 숙성시켜 얻는다.

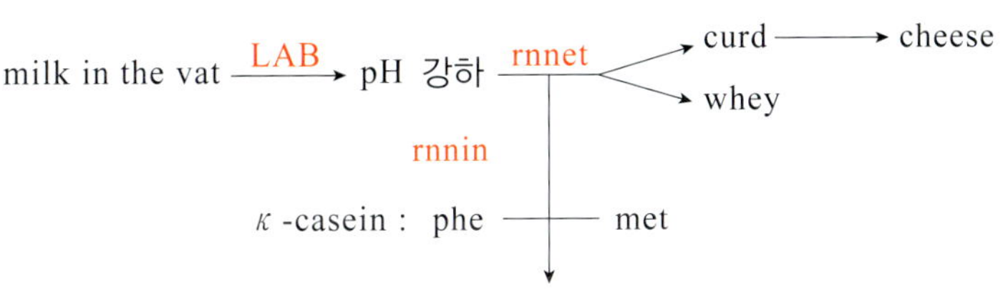

그림 10-9 치즈 제조과정

로크포르 치즈는 양젖으로 만들며 *Penicillium roqueforti*가 숙성에 관여한다. 이외에도 스위스 치즈처럼 발효과정에서 생성되는 이산화탄소가 배출되면서 지즈에 구멍(cheese eye)이 생성되는 종류들도 있다. 스위스 치즈들의 경우에는 이차종균으로 *Propionibacterium freudenreichii*나 *P. shermani* 등을 접종한다. 이들 균들은 유산균들인 *Streptococcus thermophilus*나 *Lactobacilus helveticus*에 의해 생성된 유산을 분해하여 이산화탄소를 생성한다. 이산화탄소는 서서히 기포를 형성하여 치즈 구멍을 형성한다. 스위스 치즈 중 대표로 에멘탈(Emmental) 치즈가 있다.

치즈 제조에는 *Lactococcus lactis*가 가장 중요한 종균으로 사용된다. *L. lactis*는 구균 형태의 중온균(mesophiles)으로 우유 중의 유당을 기질로 이용해서 거의 유산만을 생산하는 정상 발효균(homolactic fermenter)이다.

(4) 버터(Butter)

버터는 우유를 원심분리하여 얻은 크림을 churning하여 지방 입자를 입상으로 융합하고 물로 씻어 낸 다음 소금 1~2%를 섞고 20℃ 이하에서 반죽하여 성형한다. 풍미가 좋은 버터를 만들기 위해서는 churning전의 cream에 젖산균을 가하여 발효하는 방법이 있다. 이때 사용하는 starter 균주로는 *Streptococcus lactis, Streptococcus cremoris, Streptococcus citrovorum* 등이며 12~16℃에서 2~4시간 발효시킨다. 발효도중 diacetyl이나 acetyl methyl carbinol 및 기타 방향성 물질이 생성된다.

버터에는 가염버터와 무염버터가 있고 또 젖산 발효의 유무에 따라 발효버터(산성 크림버터)와 무발효버터(스위트 크림버터) 등이 있다.

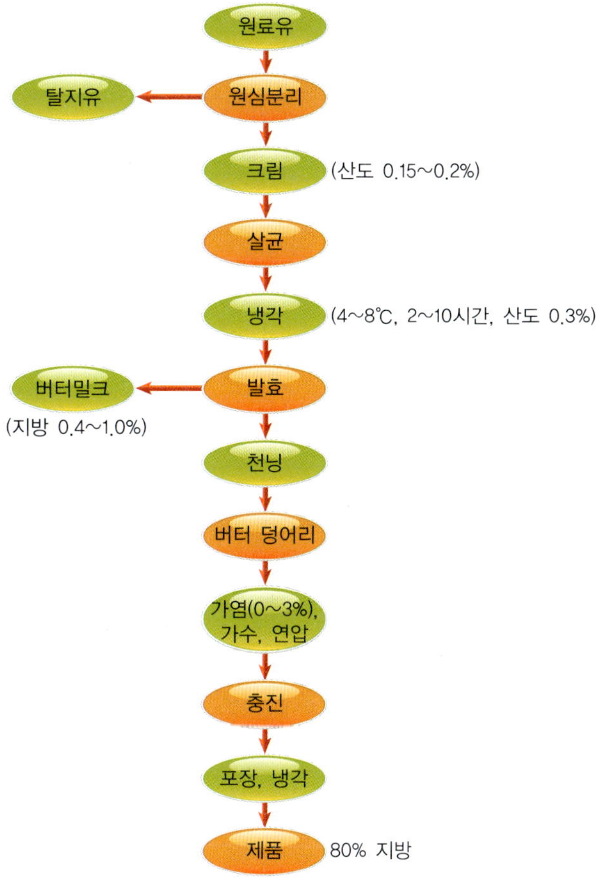

그림 10-10 버터제조공정

6. 발효 육제품

소고기, 돼지고기, 양고기 등의 육류들은 영양이 풍부한 단백질 급원이지만 수분함량이 높고(수분활성도 0.96~0.97), pH도 중성에 가까워서(5.6~5.8) 각종 부패균들의 증식이 용이하여 저장성은 좋지 않다. 발효 육제품들은 저장성이 나쁜 육류를 장기간 보존할 필요성 때문에 경험적으로 발전된 방법이다. 보통 육제품들은 저장성을 높이기 위해서 건조(drying), 가염(salting), 훈연(smoking) 등의 과정과 함께 미생물에 의한 발효도 함께 수행한다. 또 질산염(nitrate)이나 아질산염(nitrite)을 첨가한다.

흔히 살라미(Salami)로 잘 알려진 건조된 발효 소시지가 대표적인 예이다. 유산균들에 의한 유산 발효를 거치는 과정에서 낮은 pH가 얻어져서 유해균 증식이 억제되며 박테리오신과 같은 항균물질들의 생성도 부패균 증식을 억제한다.

육제품 발효에는 *Lactobacillus plantarum, L. sakei, L. acidophilus, Pediococcus acidilactici, P. pentosaceus* 등의 유산균과 *Penicillium nalgiovense, P. chrysogenum, P. camemberti* 등이 종균으로 사용된다. 이들 외에도 *Staphylococcus xylosus, S. carnosus ssp. carnosus* 그리고 효모인 *Debaryomyces hansenii, Candida famata* 등도 사용된다.

7. 제 빵

빵은 밀가루를 물과 반죽하여 조미료를 넣고 이산화탄소로 팽창시켜 구운 것으로 발효빵과 무발효빵이 있다. 식품공전에는 빵을 "밀가루 또는 기타 곡분을 주원료로 하여 이에 계란, 효모 등을 가하여 발효시킨 수 그대로 냉동시킨 것이거나 구운 것으로 대용식을 주목적으로 하는 것을 말한다" 라고 정의하고 있다.

제빵에 사용하는 빵 효모로는 ***Saccharomyces cerevisiae***를 사용하며 건조효모(dry yeast), 압착효모(press yeast) 형태로 시판되고 있다. 효모는 혐기적 상태에서 반죽의 당을 발효하여 알코올과 탄산가스를 생산한다. 발효에 의해 생성된 탄산가스는 빵 중에 약 2,000㎖의 기포를 만들 수 있다. 알코올은 빵을 구울 때 대부분 증발되지만 0.5% 정도 빵 속에 남아서 빵 고유의 향미를 부여한다.

빵 반죽 중의 *z*속, *Streptococcus*속, *Pediococcus*속, *Leuconostoc*속 등의 야생 유산균은 휘발성 에스테르류, 유기산, 케톤, 알데히드류를 생성함으로써 빵효모에 의해 생성된 알코올과 더불어 빵에 독특한 풍미를 부여한다.

Chapter 11
미생물의 제어 기술

1. 미생물 제어 메커니즘
2. 방사선에 의한 살균
3. pH의 조절에 의한 저장
4. 염장 및 당장
5. 식품첨가물
6. Gas 저장
7. 초고압
8. 초음파
9. 펄스 전기장
10. 광펄스
11. 전해수

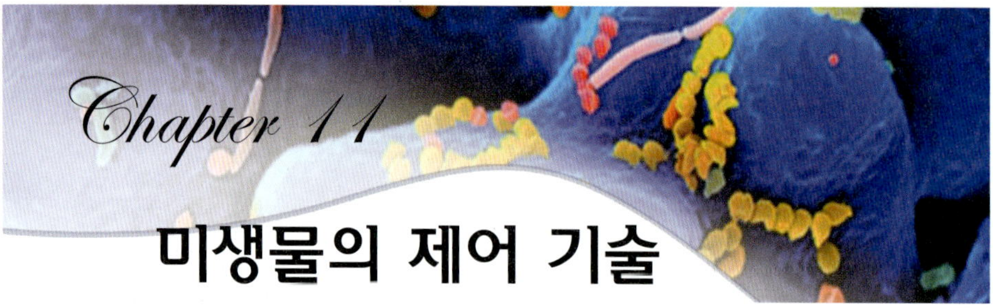

Chapter 11 미생물의 제어 기술

SECTION 1 미생물 제어 메커니즘

미생물의 제어는 크게 두 가지로 구분할 수 있다. 미생물의 생육과 대사를 억제하여 더 이상의 증식을 막는 정균작용과 미생물을 사멸시키는 살균작용으로 구분한다. 정균의 기본원리는 살균과는 다르게 원래의 초기 균수를 줄이지는 못하지만, 초기에 있던 균이 더 이상 성장하지 않고 그 수준을 그대로 유지하도록 하거나 또는 성장속도를 느리게 연장하는 방법이다. 정균작용에 있어서 미생물 생육요인들 중 온도, 영양소, 수분활성도, pH, 보존료, 가스, 상대습도 조절 등에 의해 영향을 받는다.

현재 정균의 방법으로는 냉장 · 냉동이 가장 일반적인 방법으로 사용되고 있다. 살균은 물리적, 화학적 스트레스를 통해 미생물을 사멸시키는 비가역반응으로 포자를 포함한 모든 대상 미생물을 완전히 사멸시키는 멸균과 병원성 미생물이나 부패 미생물만을 사멸시키는 살균 · 소독이 포함된다.

일반적으로 미생물을 제어하는 방법 중 가장 효과적인 방법은 가열에 의한 방법으로써 미생물의 생육이 가능한 최대 온도보다 10~20℃ 이상의 환경 하에서 사멸하게 된다. 이에 따라 식품 중에 오염되어 있는 미생물의 수가 감소되어 식품의 저장기간이 늘어난다. 즉, 얼마만큼 식품 중의 초기균수를 감소시키느냐, 그리고 초기균의 증식 속도나 유도기를 얼마만큼 길게 하느냐가 식품의 저장성에 영향을 주는 요소가 된다.

직접적인 열처리 제어 기술 삭제 외에도 마이크로웨이브(Microwave), 저항열처리(Ohmic heating)등의 열처리방법(Thermal processing)이 있고 비열처리로 알려진 펄스전기장(Pulsed electric field), 방사선처리(Irradiation), 광펄스(Intense light pulses), 초고압처리(High pressure processing), 진동자기장(Oscillating magnetic fields), 초음파(Ultrasound), 식품첨가물 (살균소독제), 천연항균제 등의 방법으로 미생물을 제어할 수 있다.

식품에 미생물이 오염 · 증식하게 되면 변색, 변질, 가스발생, 조직의 연화, 부패 등이 일어나므로 식품에 대한 미생물의 관리는 중요하다. 특히 식중독 사고에서 가장 큰 부분을 차지하고 있는 생물학적 원인은 미생물의 증식이나, 미생물이 생성하는 2차 대사산물인 독소에 의한 문제이므로 식품 안전성 문제에 있어서 미생물의 제어는 매우 중요한 요소이다.

이처럼 미생물의 오염을 차단하고 미생물의 대사활동을 억제할 수 있는 방법으로 가열, 방사선 · 자외선 조사, 살균제 등에 의해서 식품 중의 미생물을 사멸시키거나 효소를 불활성시킴으로써 미생물을 제어할 수 있다. 그 외에도 저온, 동결 또는 건조, 탈수, 탈기, 식염, 산처리, 보존제 · 살균제(식품첨가물)를 이용하여 식품 중의 미생물의 증식이나 효소활성을 억제할 수 있다.

1. 가열살균

가열살균에 영향을 주는 요인으로는 식품의 성질, 미생물의 종류, 초기 오염수, 수분의 유무, pH, 식품의 성분, 포장재의 종류 등이 있으며 미생물을 제어하는데 있어 이러한 영향을 고려하여 가열온도 및 가열시간을 결정하게 된다. 가열에 의한 살균법에는 건열멸균(dry heat sterilization), 간헐멸균(fractional sterilization), 저온살균(pasteurization), 가압증기살균(autoclaving)등이 있다.

(1) 건열멸균

건열멸균기에 재료를 넣고 가열하여 내부 온도가 160℃에서 60분 이상 열처리를 하는 방법이다. 주로 액체보다는 고체의 기구 등을 멸균하는데 쓰이는 방법이다.

(2) 간헐멸균

끓는 물 속에 배지를 넣고 100℃, 30분간 가열하여 하룻밤 실온에 방치한 후 다시 100℃, 30분간 가열하는 조작을 3회 반복한다. 이러한 가열로 영양세균을 죽이고, 가열에 의해 발아된 포자를 다음날 가열하여 죽이는 것을 반복함으로써 멸균한다.

(3) 저온살균

식품의 보존을 위한 가열살균은 비교적 낮은 온도에서 비내열성의 무포자 세균이나 포자형성균의 영양세포 살균을 목적으로 한 살균을 저온살균(pasteurization)이라고 한다. 실제로 식품 중의 대부분의 부패균이나 병원성 세균은 60℃에서 30분의 조건에서 거의 사멸한다. 저온살균은 63℃에서 30분(Low Temperature Long Time ; LTLT) 또는 72℃에서 15초간 살균하는 것(High Temperature Short Time ; HTST)으로 되어 있으나 근래에는 우유의 살균에 130~150℃에서 1~2초간 살균하는 초고온 살균방법(Ultra High Temperature ; UHT)도 활용되고 있다.

(4) 고압증기살균

고압멸균기(autoclave)에서 121℃, 15분간 증기를 이용하여 가열을 하게 되면 포자를 형성하는 세균까지 사멸시킬 수 있다. 상압에서는 물의 비등점이 100℃이므로 증기온도를 121℃로 상승시키기 위해서는 수증기 포화상태에서 15 lb/in²의 압력을 필요로 한다.

통조림은 *Clostridium botulinum*을 비롯하여 부패원인이 되는 혐기성 포자형성균의 완전살균을 목표로 한 고압가열살균을 실시하게 되나 식품위생상 나쁜 영향을 미치지 않는 호기성균의 포자 등이 생존하는 경우가 있다. 극히 소수의 호기성균의 포자가 존재하더라도 통조림에 담긴 식품의 성분 및 환경에 의해 식품의 품질에 영향을 주지 못한다. 이러한 안전성이나 저장성이 보장되는 수준의 살균을 상업적 살균(commercial sterilization)이라고 하여 멸균과 구별한다.

(5) 마이크로웨이브 살균

마이크로웨이브는 전기 자기장의 파장을 이용해서 물질에 열을 만들어 미생물을 제어할 수 있다. 일반적으로 마이크로웨이브를 식품에 처리하기 위해 산업체에서는 2,450과 915 MHz의 두 가지 주파수를 주로 이용하는데, 가정용 오븐에는 2,450 MHz가 주로 이용되고 있다. 마이크로웨이브의 열처리 방법은 기존의 열처리방법과 비교했을 때 식품의 온도를 매우 빠르게 증가시키며, 원하는 온도에 빨리 도달하게 한다.

2. 저온에 의한 미생물 제어

미생물의 증식을 저온으로 저지하기 위해서는 될 수 있는 대로 빙결점 이하의 낮은 온도를 유지하는 것이 좋으며 저온저장은 가열과 같은 살균효과는 기대할 수 없지만, 식품의 신선도 유지에는 좋은 방법 중 하나이다. 일반적으로 저온저장(cold storage)은 0~10℃에 저장하는 것을 냉장저장(cooled storage)이라 하고, −18℃ 이하로 동결시켜 저장하는 것을 냉동저장(freezer storage)이라고 한다. 그리고 좀 더 세분화하여 중간인 부분냉동저장(partial freezing storage) 등도 있다.

(1) 냉장저장(cooled storage)

냉장처리에 의한 동결냉장처리로는 미생물이 완전히 사멸되지 않고 식품 중에 존재하는 미생물의 증식이 억제된다. 냉장법으로 저장할 수 있는 기간은 식품의 종류에 따라 다르다. 냉장은 채소, 곡류, 우유, 달걀이나 가공식품의 저장에 이용되지만 산화 작용이나 식품 자체의 효소작용은 계속되기 때문에 저장기간(shelf life)은 연장되지만 저온미생물이 증식하므로 장기간 저장할 수는 없어서 보존기간에는 한계가 있다.

(2) 부분냉동저장(partial freezing storage)

영하 −3℃ 부근에서 저장하는 방법으로 생선의 경우 어체의 일부는 서서히 얼지만 빙결정의 생성량이 적어서 육조직이 파괴되지 않고 염류농도의 상승으로 인해 단백질이 변성되는 일도 적으며 세균의 증식을 억제하는 효과도 크다.

(3) 냉동저장(freezer storage)

동결에 의해서 식품 용질의 농도는 높아지고 높은 삼투압으로 되어 증식이 억제된다. 동결에 의한 미생물의 상해 및 사멸은 주로 세포내액의 동결, 세포외액의 농축, 세포내액의 탈수에 의한 것으로 생각되고 있다. 냉동저장 중 식중독균의 사멸은 미생물의 종류나 해동 속도, 보호물질의 존재 등 여러 가지 환경조건에 따라 달라진다.

식품조직의 손상이나 단백질의 변성을 줄이기 위해서 −40℃ 정도에서 급속동결한 다음, −18℃ 이하에서 저장하면 미생물의 발육은 물론 효소의 작용도 거의 정지되므로 장기간 보존할 수 있다. 이때 주의해야 할 점은 보존온도를 일정하게 유지하여야 한다는 것이다.

미생물의 균종이나 균주, 공존하는 보호물질(냉해방지제, cryoprotectant) 등에 의해서 생존율은 달라지며 glycerol, sucrose, polyethylene glycol 등이 효과적이며 식염은 효모에 대해서 효과가 있으나 세균에 대해서는 치사적으로 작용한다.

미생물의 동결에 대한 감수성은 대수증식기 초기의 세포가 정상기의 것보다 현저하게 높고, 호기적으로 배양한 세포는 혐기적으로 배양한 것보다 낮으며, Gram염색성에 따른 감수성의 차이는 없고 균종이나 균주에 따른 차이가 크다.

SECTION 2 방사선에 의한 살균

방사선을 이용한 미생물의 제어는 살균과정 중에 열이 나지 않으므로 비열 살균(nonthermal sterilization) 또는 냉살균(cold sterilization)이라고도 한다. 살균력이 있는 방사선으로서는 X선, γ선, α선, β선, 중성자, 양자, 고속전자선이 있지만 장치의 경제성 등을 이유로 실용화되어 있는 것은 Co^{60} 또는 Cs^{137}의 동위원소가 허용되어 있다.

방사선량이란 식품이 조사될 때에 흡수하는 방사선의 에너지량으로 예전에는 rad 단위를 사용했지만, 현재는 Gy(1Gy=100rad)라는 단위로 1Gy(Gray)는 1kg의 식품이 조사될 때 1J의 에너지가 흡수되는 것과 같은 양의 에너지이다. 전리방사선에 의한 냉살균처리는 그 내용에 따라 표 14-2에서와 같이 분류된다.

열을 이용하여 멸균 처리할 수 없는 1회용 주사기, 봉합사, 수술용 고무장갑, 채혈 세트 등의 멸균에 사용되고 있으며 방사선 살균법을 식품에 응용할 수 있는 범위는 한정되어 있다. 원래 식품의 완전살균을 목표로 연구가 진행되었으나 식품성분의 변질과 방사선 조사로 인한 이취로 인하여 우리 나라에서는 농산물(감자, 양파, 마늘, 밤, 생버섯, 건조버섯)의 발아억제 및 살균의 목적과 식품첨가물의 향신료(고추장, 된장, 간장분말, 고추, 마늘, 파 양파, 후추, 생강)에 대해서 1kGy − 10kGy의 조사가 허용되고 있다.

미생물의 방사선 감수성은 환경에 따라 차이가 있고 진공포장과 같이 산소가 존재하지 않는 혐기적인 조건이나 동결상태에서 미생물의 방사선 감수성은 감소한다. 또 식품 중에는 방사선에 대해서 보호효과가 있는 단백질이나 기타 보호물질 또는 감수성 물질이 존재하는 수가 많으므로 방사선에 대한 미생물의 감수성은 시험관 내에서 얻어진 결과보다 실제 식품에서 더욱 낮아진다.

방사선에 대한 미생물의 감수성을 살펴보면 Gram 양성균은 Gram 음성균에 비해 방사선 저항성이 높고 일반적으로 포자형성균은 비포자형성균보다 방사선 저항성이 높으며 영양세포에 비하여 세균의 포자는 그 저항성이 상당히 높다 (표 11-2).

방사선을 이용한 미생물의 제어 기술은 식품의 안전성에 있어서 아직까지 논란의 대상이 되고 있다. 그러나 오랜 안전성 연구 결과, 적절한 수준의 방사선 처리 시 조사된 식품은 안전하다는 결론을 내리고 있다. 또한 세계적으로 동물과 식물에 방사선을 조사한 식품의 생식독성시험 등 다양한 독성시험을 계속하고 있으나 아직까지 발암성 등 위해성이 확인되지 않고 있다.

표 11-2 미생물의 방사선조사에 대한 감수성 (Mossel, Corry, Struijk, Baird)

미생물	방사선 조사량 (kGy)*	조사 대상식품
E. coli	1.5 ~ 3	갈은 고기
Salmonella paratyphi	1.8	쇠간
Listeria monocytogenes	2.5 ~ 3.5	닭고기
Shigella dysenteriae	2.4	굴, 새우
Salmonella typhimurium	3 ~ 4	쇠고기
Vibrio parahaemolyticus	0.5 ~ 1.0	게살
Staphylococcus aureus	1.9 ~ 3.4	쇠고기
Aspergillus, Botritis, Penicillium, Rhizopus	2 ~ 6	과일
Enterococcus faecalis	3.5	육즙
Candida, Saccharomyces Torulopsis	5 ~ 20	과일
Clostridium botulinum 62A Spores	15.5	햄
Clostridium botulinum 62A Spores	25	건조식품
Bacillus cereus	20 ~ 60	건조식품

* 균 수를 106만큼 감소시키는 데 필요한 방사선량

표 11-3 조사선량에 따른 방사선의 분류

명칭	조사량(kGy)	사용 목적
Radappertization	30 ~ 40	미생물을 완전히 살균. 유포자세균, 특히 *Clostridium botulinum*의 살균을 목표로 한 살균처리이며 통조림 공업의 상업적 살균에 해당되는 처리법이다.
Radicidation	2.5 ~ 10	비포자형성 병원균의 살균. 특정의 무포자 병원균의 사멸을 목표로 한 조사이며 어떠한 검사법에 의해서도 목표로 하는 균이 검출되어서는 안된다.
Radurization	0.75 ~ 2.5	특정 부패균의 상당수 감소로 인한 보존기간 연장. 특정 부패균 등을 조사에 의해서 사멸 또는 균수를 감소시켜 식품의 보존성을 향상시키기 위한 것이다.

* 1Gy = 100rad, 10kGy = 1Mrad

SECTION 3 pH 조절에 의한 저장

세균류는 일반적으로 중성 부근이 성장의 최적 pH이고, pH 4.5 이하가 되면 성장하지 못한다. 그러나 유산균(lactic acid bacteria)과 작산균(butyric acid bacteria)은 pH 3.5에서까지도 성장을 계속한다. 각종 산류의 미생물 성장에 대한 저지효과는 주로 그 수소이온농도에 기인하는데, 같은 pH에서는 염산, 황산 등의 무기산보다 초산, 젖산과 같은 유기산쪽이 억제효과가 크다. 또한 초산이나 젖산이 구연산, 주석산, 사과산, 호박산보다 좀 더 억제적이다.

곰팡이와 효모는 세균의 성장에 많이 억제되는 약산성(pH 5.0~6.0)에서 가장 잘 자라며 pH 2.0 또는 그 이하의 강산성에서도 성장하는 것이 있다. 일반 부패세균의 최적 pH는 중성 부근에 있으므로 유기산을 첨가하거나 발효에 의해서 산을 생성시켜 식품의 품질이 저하되지 않을 정도로 pH를 낮추면 보존기간을 연장시킬 수 있다. 그러나 내산성의 곰팡이나 효모(산막효모)는 젖산이 있는 식품에서도 표면에 생육하므로 식염, 당 또는 식품보존료를 첨가하거나 저온에 저장함으로써 미생물 억제효과를 높여 주는 경우가 많다.

식품산업에서 pH의 측정이나 유지는 품질관리와 공정면에서 상당히 중요하다. 그래서 산을 통한 부패미생물의 성장을 억제하려는 많은 노력이 있었다.

SECTION 4 염장 및 당장

식염의 농도가 높아짐에 따라 삼투압이 높아지고 산소의 용해도는 감소되므로 호기성 세균의 발육은 억제된다. 대부분 병원균은 10% 이상의 식염농도에서는 대부분의 미생물 발육이 억제되지만 *Staphylococcus aureus*는 15 ~ 20%의 높은 식염농도에서도 견딜 수 있다. 식염농도가 20% 이상인 젓갈에서는 일부 호염미생물을 제외한 거의 모든 미생물이 증식할 수 없으므로 고농도 식염의 첨가를 저장에 응용할 수 있다.

당장법(sugaring)은 설탕의 농도가 높은 상태에서는 삼투압에 의하여 일반세균의 원형질 분리 현상으로 미생물의 제어가 가능하다. 일반적으로 50% 이상의 농도에서는 일반세균이 거의 증식하지 못한다.

SECTION 5 식품첨가물

식품저장에 있어서 식품첨가물로 미생물을 제어하는 방법으로 미생물을 사멸시키는 작용이 있는 살균제와 미생물의 증식 및 생리활성을 억제하는 보존제로 나누어진다. 식품첨가물의 사용은 그 안전성 때문에 나라마다 식품위생법에 따라 그 종류와 사용기준을 규정하고 있고 허용범위 내에서 사용하도록 하고 있다. 이들의 사용기준은 독성시험, 식품에 대한 영향, 화학적 성질, 대상 미생물의 범위, 사용법, 가격 등을 고려해서 규정된다.

표 11-5 미국에서 GRAS로 분류된 식품보존제 (J. M. Jay)

식품보존제	최대허용량	저해받는 미생물	식품
Propionic acid/ propionates	0.32%	곰팡이	식빵, 케이크, 치즈, 빵반죽의 점질화(rope)방지
Sorbic acid/ sorbates	0.2%	곰팡이	경질치즈, 무화과, 시럽, 샐러드드레싱, 젤리, 케이크
Benzoic acid	0.1%	효모, 곰팡이	피클양념, 사과사이다, 토마토케첩, 샐러드드레싱, 소프트 드링크, 마가린
Parabens[a]	0.1%[b]	효모, 곰팡이	베이커리제품, 소프트 드링크, 피클, 샐러드드레싱
SO_2/sulfites	200 ~ 300ppm	곤충, 미생물	건조과일, 포도주 양조, 레몬주스 (육류 및 비타민 B_1이 함유된 식품에는 사용하지 못함)
Ethylene/ propylene oxides	700ppm	효모, 곰팡이, 해충	견과류, 향신료의 훈증제
Sodium diacetate	0.32%	곰팡이	식빵
Nisin	1%	젖산균, Clostridia	치즈스프레드
Dehydroacetic acid	65ppm	곤충	딸기, 살충제, 호박
Sodium nitrite	120ppm	Clostridai	염지육류
Caprylic acid	–	곰팡이	치즈외피
Ethyl formate	15 ~ 200ppm	효모, 곰팡이	건조과일, 견과류

GRAS : Generally Recognized As Safe

a. Methyl-, propyl-, and heptyl esters of phydrozybenzoic acid

b. heptyl ester : 맥주(12ppm), 비발포성 음료, 과일음료(20ppm)

SECTION 6 Gas 저장

과실류, 야채류, 달걀류 등은 식품이 저장되는 도중에 호흡작용을 계속하기 때문에 품질이 저하되는 것을 줄이기 위해서 공기 속의 산소농도를 조절하고 있다. 공기 속의 CO_2나 N_2가스 농도를 높인 환경 속에 식품을 저장하는 방법을 Gas 저장(controlled atmosphere storage ; CA저장)이라고 한다. Gas저장은 식물성 식품 및 동물성 식품에 대하여 각각 그 호흡작용을 억제하고 부착되어 있는 호기성 부패세균의 증식을 저지하는 효과가 있다. Gas의 농도는 식품의 종류에 따라 조절하며 냉장법과 같이 사용하는 경우가 많다.

SECTION 7 초고압

초고압을 이용한 미생물의 제어 기술은 흔히 ultra high pressure(UHP) 혹은 high hydrostatic pressure(HHP)라 한다. 초고압처리는 일정한 온도에서 식품 전체에 균일하게 균일한 압력(static pressure)을 가하는 기술로서, Hite(1899)에 의해 처음으로 시도되었으며 그 후, 20세기 후반에 이와 관련한 연구가 활발히 진행이 되어 미생물 살균효과나 유용한 물질의 추출 향상 등의 기능이 확인이 되어 본격적으로 식품산업에 적용된 것은 최근의 일이다.

초고압처리는 미생물 세포막에 작용함으로써 살균효과를 나타내는 것으로 알려져 있으며 높은 압력에 의해 세포막 단백질이 변성되고 인지질의 크기가 감소되어, 세포의 생명 유지에 필수적인 아미노산의 흡수를 억제한다. 이에 따라 대사활동에 관여하는 효소, 단백질 등을 불활성화시켜 미생물의 생육을 저해한다. 식품의 고압처리는 미생물의 저해 뿐만 아니라 식품이 고유의 신선도, 색, 향, 그리고 맛을 유지하고 크기나 모양, 식품의 구성과 상관없이 적용될 수 있다는 장점을 갖는다.

초고압 처리 HHP는 열처리를 대체하는 식품보존법으로 오랫동안 주목되어 왔고 많은 연구가 이루어졌지만, 아직까지 장치의 높은 비용, 처리에 대한 신뢰성 부족 등으로 산업적 이용이 제한되고 있는 실정이다. 그러나 현재 산업체에서 소비자의 식품에 대한 기호성 충족하기 위해 미생물 제어 기술의 한 방법으로 이용이 늘어날 전망이다.

SECTION 8 초음파

초음파를 이용한 미생물 제어는 20KHz 이상의 음파 파장으로부터 유래되는 에너지를 말하며, 음파가 발생했을 때, 순식간에 액체배지에서 높은 온도와 압력을 수반하는 공기방울을 발생할 수 있다. 초음파의 미생물 제어 효과는 추진기 뒤에 생기는 진공현상인 캐비테이션에 기인하여 발생되며, 세포조직과 기능들을 파괴하여 결과적으로 세포를 용해시킨다. 초음파를 이용한 미생물 제어 기술에 영향을 줄 수 있는 요소로는 초음파 파장, 미생물의 종류, 처리되는 식품의 양, 식품의 구성, 온도 등이 있으며 식품에 주로 20KHz에서 10MHz 사이의 초음파가 이용된다.

그러나 이 방법은 단독으로 처리하였을 때, 미생물에 충분한 저해효과를 주지 못하는 단점이 있어 열처리, 압력, 살균소독제, UV 등 다른 미생물 저해방법과 병용처리를 하면 제어 효과를 높일 수 있다. 식품산업에서 미생물의 제어 혹은 효소의 불활성화를 위해 실용적으로 활용되고 있지는 못하지만 최근 신선편의 과채류 등의 살균 보조 전처리에 활용이 활발하게 시도되고 있는 미생물 제어 기술의 하나이다.

SECTION 9 펄스 전기장

펄스전기장 방법을 이용하여 미생물을 제어하는 방법은 두 개의 전극을 이용하여, 높은 볼트의 전기장(일반적으로 20~80kV/cm^2)을 만들어 식품의 살균이나 멸균에 이용하는 것이다. 펄스전기장 방법은 식품의 열처리에 의한 에너지를 최소화하며, 식품 고유의 관능특성 변화와 물리적 손상을 최소화 할 수 있으며, 병원성 세균, 효모와 곰팡이 등을 제어하는 효과가 있다.

펄스전기장을 이용한 미생물 제어 효과에 영향을 주는 요소로는 전기장의 조건(전기장의 강도, 펄스 넓이, 처리 시간, 온도, 펄스 파장, 모양 등), 미생물 종류, 미생물 초기 오염수, 미생물의 생리적 상태, 식품의 성분, pH, 다른 제어요소의 유무, 전도성 등에 영향을 받는다.

미생물의 제어 원리는 다양하게 설명되고 있는데, 그 중 가장 유력한 것은 전기분해와 전기 천공(electroporation) 원리이다. 전기의 높은 볼트 충격은 세포막 안과 밖에 다른 전위를 일으키며, 양쪽에 약 1V 정도의 전위 차이가 일어나게 하여 세포막의 파손을 유발한다. 따라서 높은 전극의 강도 (10kV /cm 이상)에서 전기 충격을 받게 되면 미생물 세포는 회복할 수 없을 정도로 세포막 손상을 입게 되며(전기분해) 높은 강도의 전극은 세포막의 이중 지방층이나 단백질을 불활성화 시켜서 미생물 세포의 파괴를 가져올 수 있다.

현재 상업적인 시스템으로 이용이 가능하지만, 액체 식품의 경우 입자의 크기 때문에 제한될 수 있다. 현재 까지는 펄스자기장 방법을 이용한 미생물 제어 기술이 식품 보존기술로서 가능성은 확인하였으나 대중적인 실용화는 아직 기대에 미치지 못하고 있다.

SECTION 10 광펄스

광펄스(Intense light pulse) 미생물 제어 기술에서 광펄스에 사용되는 빛의 영역은 170~2,600nm의 범위이다. 이는 자외선(UV) 영역 뿐만 아니라 근적외선(NIR) 영역까지 포함한다는 점에서 기존의 UV 살균과는 구별된다. 이 기술의 미생물 제어 기본 원리는 파장의 강한 빛을 아주 짧은 시간 가하여 식품의 표면을 살균시키거나 미생물 수를 감소시키며 포장재나 투명한 약품의 살균에도 사용될 수 있다.

그러나 아직 광펄스 기술에 의한 미생물 사멸 기작은 명확히 밝혀지지 않았다. 다만, 기존의 UV 살균 기작과 유사하게 세포의 DNA 구조를 파괴함으로써 미생물이 사멸되는 것으로 추정하고 있다. 하지만 UV 살균의 경우 손상된 DNA가 특정 환경에서 상처입은 세포가 회복하는 확률이 높은 반면에 광펄스는 세포의 손상이 UV보다는 강하여 더 효과적으로 미생물을 제어할 수 있는 것으로 알려져 있다.

SECTION 11 전해수

살균력이 높은 성분인 차아염소산수를 생성할 수 있는 제조장치를 이용하여 미생물을 제어하는 기술이다 차아염소산수는 염화나트륨(sodium chloric acid)이나 염산(hydrochloride)을 전기분해하여 생성되는 전기분해수로서 과채류나 식품 등의 표면 살균을 위하여 사용된다.

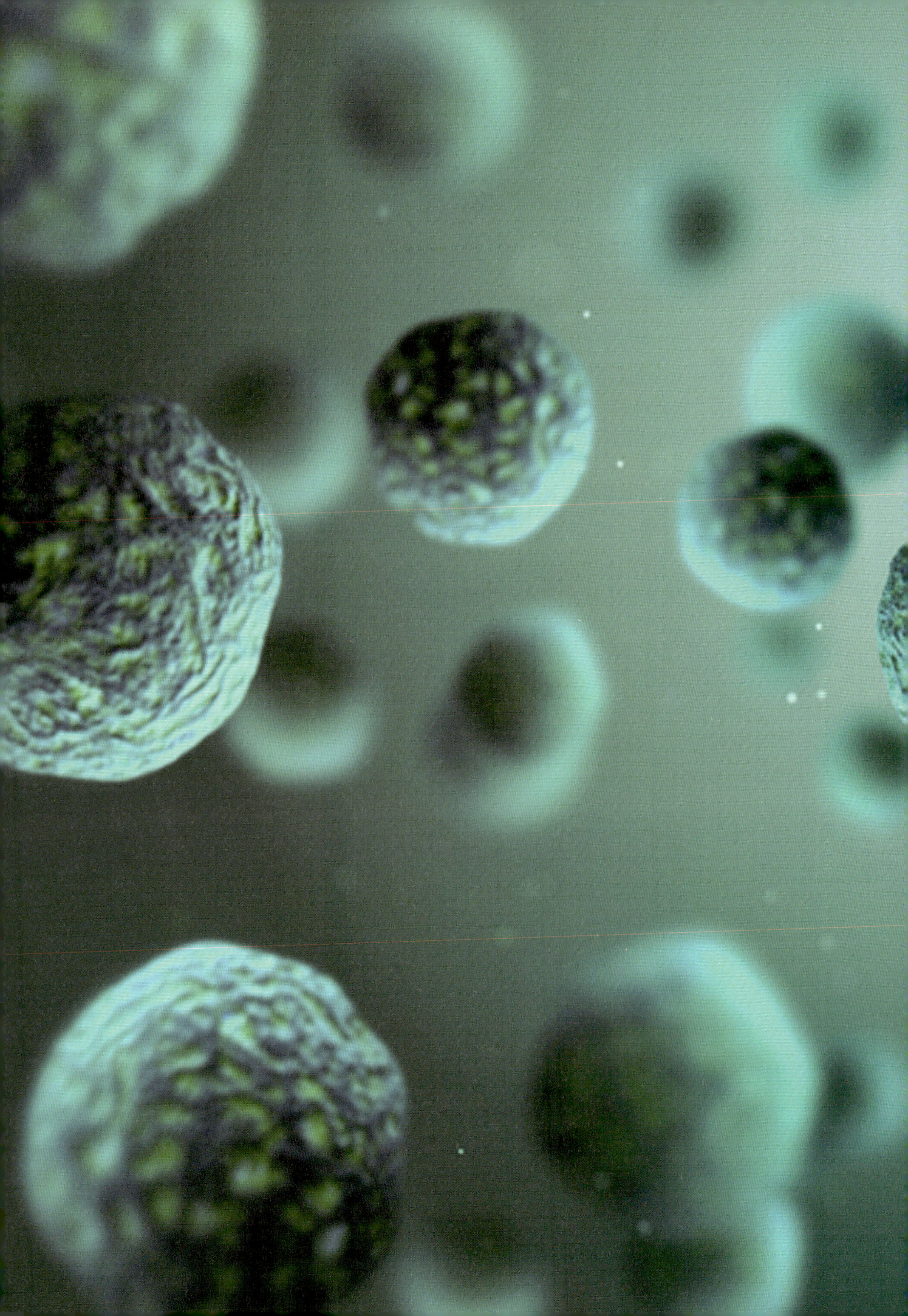

Chapter 12

미생물의 유전과 변이

1. 유전자의 본질
2. 돌연변이
3. 미생물의 유전적 재조합

Chapter 12
미생물의 유전과 변이

유전자(gene)에 대한 개념을 처음 언급한 과학자는 오스트리아의 수도사였던 멘델(G. J. Mendel)이다. 멘델은 완두콩을 이용한 다양한 실험을 통해 '멘델의 법칙' 을 발견함으로서 유전에 대한 과학적 원리를 처음 밝혀내었고 유전자의 존재를 추정하기에 이르렀다.

요한센(W. Johannsen)은 1909년에 이 유전인자에 유전자(gene)라는 명칭을 처음으로 부여하였다. 그리고 이론상으로만 추정했던 유전자는 모건(T. H. Morgan)의 초파리 실험에 의해 마침내 염색체에 있다는 것이 확인되었다.

에이버리(O. T. Avery)는 1943년 형질전환 실험을 통해 DNA를 따로 분리하는데 성공하였고 이 DNA가 유전자를 구성하는 물질이라는 것을 주장하였으며, 1952년에 허시(A. Hershey)와 체이스(M. Chase)가 박테리오파지(bacteriophage)를 이용한 실험을 통하여 유전자의 본체가 DNA라는 사실을 밝혀내는데 성공하였다.

이후 DNA에 대한 연구가 활발히 진행되었으며 1953년에 왓슨(J. D. Watson)과 크릭(F. Crick)이 DNA가 갖고 있는 이중 나선구조를 밝혀내면서 현재의 유전자에 대한 개념이 거의 정립되기에 이르렀다.

유전자(gene)란 단백질 합성에 관여하는 DNA의 뉴클레오티드(nucleotide) 염기서열로 구성된 유전의 기본단위이다. 이 유전자는 세포 구성물질의 합성과 기능에 대한 모든 정보를 지니고 있다.

유전현상은 세포의 유전물질인 DNA, 중간물 또는 전달자로서의 RNA, 유기체의 기능적 실제인 단백질 등 세 가지 요소와 관련이 있다. 돌연변이(mutation)란 유전자, 즉 DNA의 염기배열에 어떠한 영구적 변화를 일으킨다는 것을 의미한다. 이 변화에는 표현형의 변화로서 나타나지 않는 변이도 포함된다.

SECTION 1 유전자의 본질

유전자의 물질적 본체가 DNA라는 사실은 여러 가지 실험에 의하여 입증되었다. 19세기 중엽에서 후엽까지 이루어진 많은 연구에서 세포의 핵이 특별한 성질을 갖고 있으며 유전에 필수적인 기능을 수행할 것이라는 가능성을 제시하였다. 이때 알려진 중요한 발견 중 몇 가지는 다음과 같다.

1) 1869년에 Friedrich Miescher는 사람 백혈구의 핵에는 다량의 인(phosphate)을 함유하고 있으며, 단백질과 달리 황(sulfur) 성분은 없다는 특별한 사실을 밝혀내었고 이 물질을 뉴클라인(Nuclein)이라 명명하였다. 이 화합물이 나중에 DNA로 밝혀졌다.

2) 정자의 핵과 난자의 핵이 융합하는 수정(fertilization) 과정에서 접합자(zygote)가 형성되며, 이 접합자는 성숙한 개체로 발생하는 데 필요한 모든 유전정보를 갖고 있다.

3) 세포의 핵에는 염색체들이 존재한다. 정확한 염색체의 수와 형태는 종(species)에 따라 다르나, 같은 종에 속하는 정상적인 개체들은 같은 수와 형태의 염색체를 갖는다.

4) 염색체는 세포분열 전에 복제되며 각 복제된 염색체들은 두 딸세포에 하나씩 나뉘어진다.(체세포분열, Mitosis) 따라서 각 딸세포는 모세포와 동일한 수와 형태의 염색체를 갖게 된다.

5) 유성생식을 하는 생물체는 염색체의 수를 동일하게 유지하기 위하여 배우자(Gamete) 형성기간에 염색체의 수를 반으로 감소시킨다.(생식세포분열, Meiosis) 따라서 수정에 의해 난자와 정자가 결합한 접합자의 염색체 수는 원상태의 염색체 수와 동일하며 한 개체는 양친에게서 각각 반씩의 염색체를 나누어 받게 된다.

6) 이런 염색체 유전 양식은 Gregor Mendel(1865)이 발표한 유전형질의 유전과 동일하다. 즉, 과학자들은 세포의 핵이 유전에 매우 중요한 기능을 수행하고, 핵이 염색체를 포함하고 있으며, 부모에서 자손으로의 염색체 전달양식이 특정 형질의 유전과 동일하게 일어남을 알고 있었다. 염색체 의 어떤 성분이 유전정보를 가지고 있는가를 밝히기 위한 첫 단계로 핵과 염색체의 화학적인 분석이 진행되어 뉴클라인(nuclein)이 단백질과 결합하여 핵단백질(nucleoprotein)의 형태로 존재한다는 것이 밝혀졌다. 이어 분석기술이 발달함에 따라 뉴클라인 자체에 대한 분석이 가능하게 되어 뉴클라인이 4종의 뉴클레오티드(nucleotide)로 구성되어 있음이 밝혀졌다.

유전자의 본체가 어떠한 물질이든 이 물질은 돌연변이가 일어나지 않는 한 변화없이 다음 세대에 전달되어야 하며 물질대사과정에서 손실 또는 변화되어서는 안 될 것이다. 생체의 주요한 구성성분 가운데 단백질, 지질, 탄수화물 같은 물질은 세포의 물질대사 과정에서 끊임없이 변화할 수 있지만 오직 DNA만은 대사불활성이고 반보존적으로 증식한다. 또한 세포의 DNA함량은 생물의 종류가 일정하면 일정한 양의 DNA를 함유하고 있는데 다른 성분은 그렇지가 않다. 이러한 사실은 DNA가 유전물질이라는 추정을 좀 더 명확히 해주었다.

DNA는 유전자의 본체이고 뉴클레오티드배열로서의 유전정보는 DNA 복제에 의해서 원칙적으로는 착오없이 다음 세대로 전해지는 것과 동시에, 한편으로는 DNA의 뉴클레오티드 배열에 따라서 mRNA가 합성되고 그것을 주형(鑄型)으로 하여 단백질이 만들어진다. 즉, 생물의 유전적 연속성은 일반적으로 DNA→DNA라고 하는 정보전달에 의해서 유지되며, 형질발현은 DNA→RNA→ 단백질이라고 하는 유전정보의 흐름에 의해서 지배되고 있다. 이 외에 일부 종류의 RNA바이러스에는 역전사효소가 존재하며, 그 경우에는 RNA → DNA의 역경로도 가능해진다.

DNA가 유전물질이라는 다른 증거는 박테리오파지(bacteriophage)의 증식에서 얻어진다. 대장균에 기생하는 T계열의 Phage는 DNA와 이를 둘러싸고 있는 단백질의 외투로 구성되어 있는데 이것이 대장균에 침입할 때는 그 두부의 핵심부에 있는 DNA만이 세균세포 속으로 투입되고 단백질의 껍질은 그대로 균막에 붙어 있게 된다.

Phage의 DNA가 세균세포 속으로 들어간 직후에 이 현탁액을 믹서에서 10,000rpm의 속도로 수 분간 돌린 후 원심분리로 분리하여 phage 단백의 빈 외투를 균체에 분리시키더라도 그 후에 일어나는 변화에는 차이가 없다. 따라서 세균세포 속에 들어간 phage DNA는 세균세포의 대사를 지배하여 세균의 DNA를 분해하고 세균세포에 있는 효소계와 세균세포의 체물질을 사용하여 phage DNA를 합성하고 이로부터 전가한 RNA로 하여금 Phage 단백의 합성을 지시하게 되는 것으로 해석된다.

그리하여 세균세포 내에서 각각 별도로 합성된 phage DNA와 phage 단백은 조립되어 수십 내지 수백의 Phage 입자가 균막을 찢고 나오게 된다. 이러한 사실 역시 DNA가 유전물질 이라는 증거를 제시하고 있다.

1. 핵산(nucleic acids)

DNA와 RNA는 핵산에 속하는 생체분자이다. 핵산이라는 용어는 1869년 프레드리히 미치어(Friedrich Miescher)에 의한 DNA 발견으로부터 유래되었다. 그는 외과수술 폐기물 속에서 발견된 백혈구 핵으로부터 인을 포함하는 새로운 물질을 발견하였다. 그는 이 물질을 뉴클레인(nuclein)이라 명명하였다.

핵산은 폴리뉴클레오티드(polypeptides)라는 중합체로 존재하는 거대분자이다. 폴리뉴클레오티드는 뉴클레오티드라는 단위체로 구성되며 다음 세 가지의 구성성분으로 이루어졌다.

① 환형의 5탄당(A cyclic five-carbon sugar) : 리보핵산(ribonucleic acid, RNA)에는 리보오스(ribose)라는 5탄당이, 그리고 디옥시리보핵산(deoxyribonucleicacid, DNA)에는 디옥시리보오스(deoxyribose)라는 5탄당이 들어 있는데, 이들 두 5탄당의 차이는 (그림 12-1)에 나타나 있다.

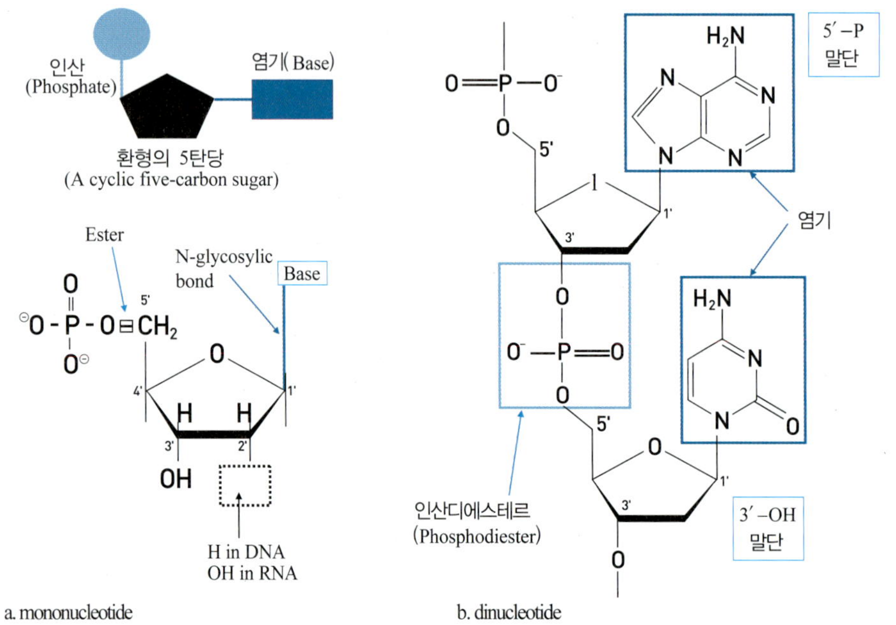

그림 12-1 mononucleotide와 dinucleotide의 구조

② 퓨린과 피리미딘 염기(purine or pyrimidine base) : 염기는 당의 첫 번째 탄소 (1)에 N- 글리코실 결합(N-glycosylic bond)으로 연결되어 있다.

③ 인산(phosphate) : 인산에스테르 결합(phosphoester linkage)에 의해 당의 5번째(5′) 탄소에 연결되어 있는데, 이의 존재로 인해 뉴클레오티드와 핵산은 강한 음전하를 띠게 된다.

용어상으로 인산기가 없는 뉴클레오티드의 일부분인 오탄당과 염기만을 뉴클레오시드(nucleoside)라 한다. 한편 한 뉴클레오티드의 다섯 번째 탄소에 연결되어 있는 인산과 다른 뉴클레오티드의 세 번째 탄소에 있는 -OH기는 서로 작용하여 인산에스테르 결합을 이루는데, 이처럼 뉴클레오티드들은 서로 공유 결합으로 연결됨으로써 핵산을 이룬다.

이와 같이 하나의 인산이 두 개의 리보스(ribose)들이 세 번째와 다섯 번째 사이에 결합되어 에스테르화한 것을 인산디에스테르 그룹(phosphodiester group)이라고 한다.

표 12-1 Nucleoside의 명명

Base	Ribonucleoside	SymboleD	eoxyribonucleoside	Symbol
AdenineA	denosineA		2′ -deoxyribonucleoside or deoxyadenosine	dA
Guanine	GuanosineG		2′ -deoxyribosylguanine or deoxyguanosine	dG
Cytosine	GutidineC		2′ -deoxyribosycytosine or deoxyuridine	dC
ThymineR	ibothymidiner	T	2′ -deoxyribosyluracil or deoxyuridine	dT
UracilU	ridineU		2′ -deoxyribosylthymine or deoxythymidine	dU

2. DNA구조와 생합성(복제)

DNA는 데옥시리보뉴클레오티드(deoxyribonucleotide)가 인산디에스테르(phosphodiester) 결합으로 이어져서 사슬 모양을 한 분자가 두 가닥 감겨있는 이중 나선구조를 하고 있다. 세포 내의 DNA 이중나선의 두 가닥은 동일하지 않으나 상보적이다. DNA의 상보성은 퓨린과 피리미딘 염기의 특이한 쌍 때문에 생기며, 아데닌(adenine, A)은 티민(thymine, T)과, 구아닌(guanine, G)은 시토신(cytosine, C)과 항상 쌍을 이룬다.

이중 나선구조를 형성하며 나선 구조가 풀림으로써 복제가 일어나며 상보성 쌍을 형성함으로써 새 구조가 생긴다.

DNA 사슬의 구조는 (그림 12-4)에서 보여주고 있다. 사슬의 골격은 인산과 당인 deoxyribose 단위가 하나 걸러씩 연결되어 있으며, 각 당에 하나의 핵산과 염기가 연결되어 있다. 인산은 3′ 당과 5′ 당으로 두 개 당이 연결되어 있다.

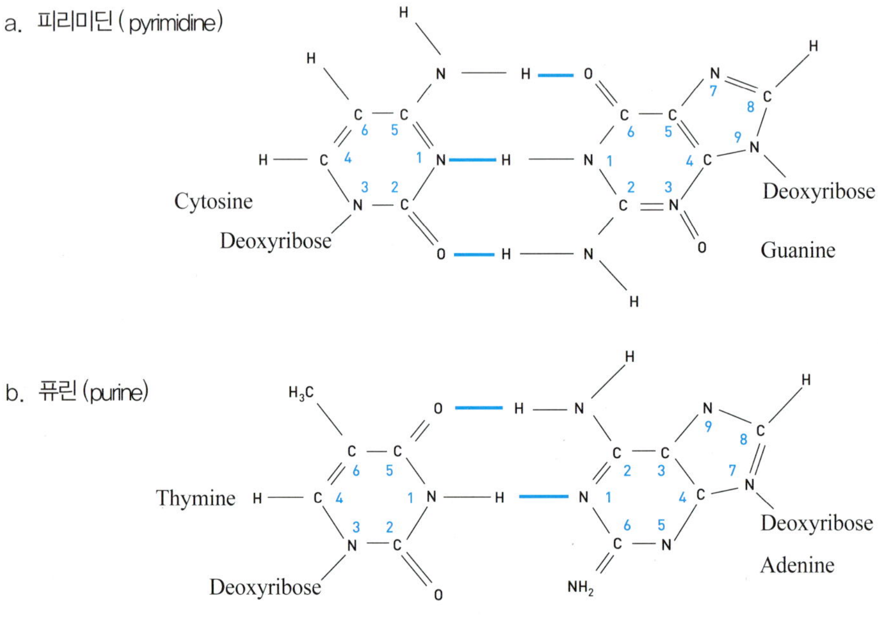

그림 12-2 핵산의 염기(base) 구조

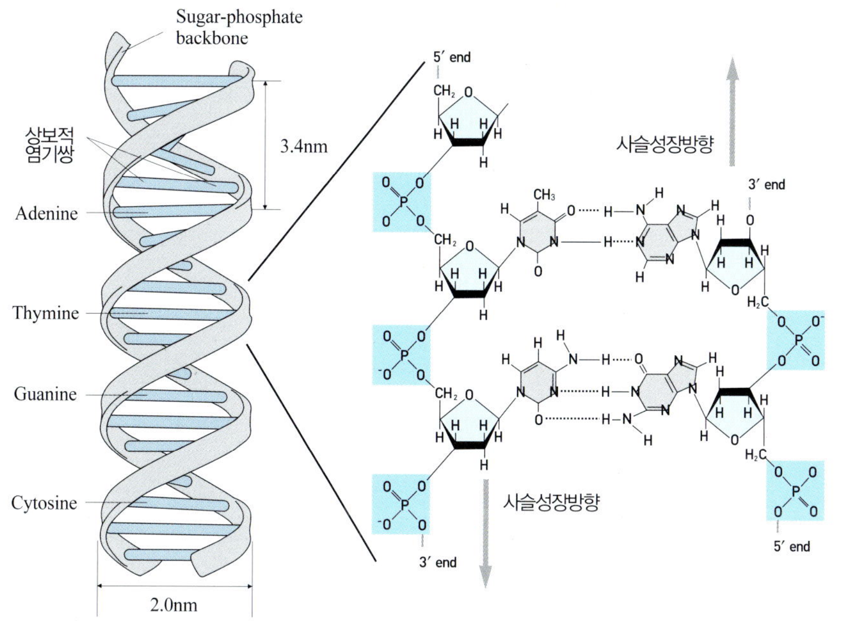

3′ 말단에 다른 deoxyribonucletide가 첨가되어 사슬이 성장한다.

그림 12-3 DNA의 이중 나선구조와 상보적 염기쌍

인산은 diester 결합을 하고 있으며 이는 하나의 인산이 두 개 다른 당과 에스테르 결합을 한 것을 말한다. DNA분자 끝에서 당은 5′ −OH에 인산을 갖으며, 반면에 다른 끝에는 당이 3′ 위치에 유리 OH기를 갖는다.

DNA 복제는 3′ 말단에 새로운 염기−당−인산 단위가 첨가됨으로써 이루어지며, 그러므로 언제나 DNA합성은 5′→3′방향으로 이루어진다. 첨가될 새 전구물질단위는 deoxyribonucleoside triphosphate이다

(1) DNA복제

생물의 유전정보는 DNA의 복제(replication)에 의해서 정확히게 두 배기 되어 세포분열을 통해 다음 세대에 전해진다. DNA 복제에 있어서는 두 가닥의 상보적인 폴리데옥시리보뉴클레오티드(polydeoxyribonucleotide) 사슬이 각각 주형(template)이 되어 DNA 중합효소(DNA polymerase)에 의해서 4종의 데옥시리보뉴클레오시드 3인산(deoxyribonucleoside triphosphate; dATP, dGTP, dCTP, dTTP)을 기질로 하여 주형의 3′→5′의 방향으로 상보적인 염기를 가진 데옥시리보뉴클레오티드(dNMP) 잔기가 한 개씩 인산디에스테르 결합으로 연결되어 새로운 폴리데오시리보뉴클레오티드의 사슬이 합성된다.

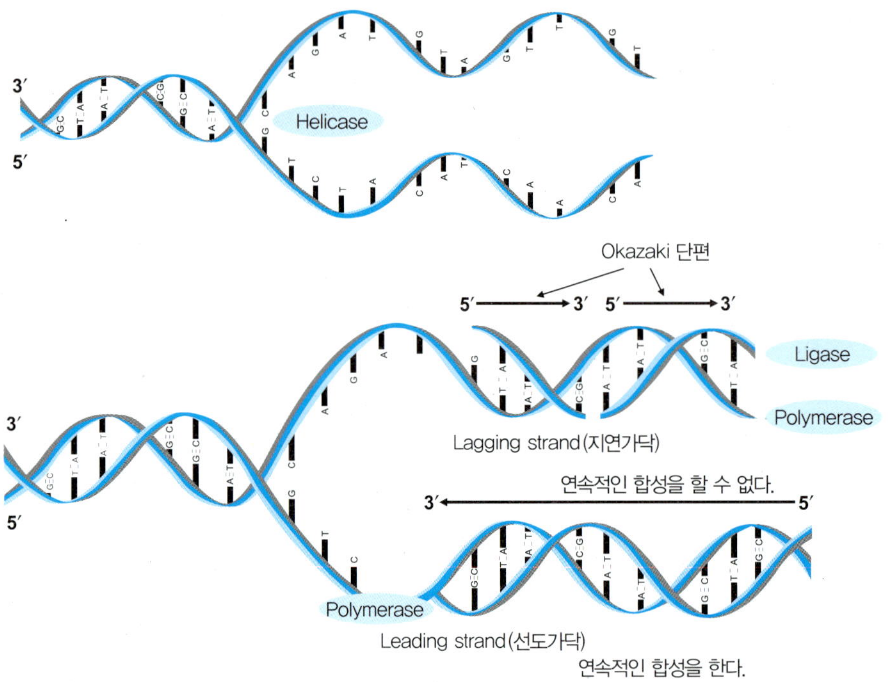

그림 12-4 두 가닥 사슬 DNA의 복제 모형

DNA 복제는 항상 양사슬의 3′ 말단에서 일어난다. 이때 복제시 두 가닥을 풀어주는 helicase가 필요하며 최초 precursor fragment인 primer(RNA)가 생긴다. 그러므로 DNA합성은 항상 5′→ 3′방향으로 일어나며 작은 DNA 절편은 긴 DNA 사슬의 전구물질이다. 각각 뉴클레오티드는 DNA 중합효소 작용으로 첨가되며 작은 절편은 DNA ligase 작용으로 결합된다.

합성의 방향은 주형과는 반대로 5′→ 3′이다. 복제된 두 DNA는 모두 복제 전의 DNA 사슬을 한 가닥씩 가지고 있으며 상보적으로 복제되므로 복제 전의 것과 꼭 같다. 이러한 복제형식을 반보존적 복제(semiconservative replication)라고 한다. (그림 12-4). 이와 같이 DNA의 복제는 이중 나선의 두 가닥 사슬이 풀리면서 차례로 새롭고 상보적인 DNA 사슬이 만들어진다.

두 가닥 사슬의 방향은 반대이며 DNA 폴리메라제(polymerase)에 의한 합성은 항상 5′→ 3′의 방향으로만 진행하므로 한쪽의 사슬은 연속적으로 합성되나 다른 한쪽 사슬은 비교적 짧은 1,000~2,000염기의 DNA 단편(Okazaki fragment)을 차례로 합성하고 합성한 단편은 DNA 연결효소(lygase)에 의해 연결된다. 전자의 사슬을 선도가닥(leading strand), 후자의 사슬을 지연가닥(lagging strand)이라고 한다.

DNA 중합효소에 의한 지연가닥의 합성에는 여러 개의 리보뉴클레오티드(ribonucleotide) 잔기로 된 RNA 프라이머(시발체, primer)가 필요하며 그 뒤에 DNA 단편이 합성한다. DNA 중합효소에 의해서 RNA 부분은 제거되고 상보적인 DNA 배열로 채워진 다음 DNA 연결효소에 의해서 연결된다. 대장균의 게놈(genome; 생물에게 필요한 최소한도의 유전자 전체를 포함하는 염색체의 한 쌍)은 약 470만의 염기쌍으로 된 두 가닥 사슬의 환상 DNA이며 DNA의 복제에는 90분이 소요된다.

두 가닥의 DNA 사슬 사이에 염기쌍을 형성하고 있는 수소결합 한 개의 힘은 그렇게 크지 않으나 거대한 DNA 분자 전체에 걸친 수는 많아서 전체로서 두 가닥 사슬구조는 안정적으로 유지되고 있다. DNA 용액을 100℃ 가까이 가열하면 두 가닥 사슬은 흩어져서 변성되나 60℃ 가까이 낮추면 각각 상보적 염기(complementary base) 사이에 수소결합이 다시 형성되어 원래의 두 가닥 사슬이 복원된다.(annealing)

이때 다른 종의 생물로부터 채취한 DNA를 섞어도 DNA 배열이 다르면 이들 간에 두 가닥 사슬은 형성되지 않는다. 그러나 염기배열이 비슷한 두 DNA(또는 RNA)는 부분적으로 상보적인 염기 사이에 짝을 형성한 DNA 사슬을 형성하게 된다.

이것을 잡종형성(hybridization)이라고 하고 상보적인 DNA 사슬의 선택에 이용되며, 완전하게 상보적인 염기 짝을 형성한 DNA 사슬의 안전성을 이용하여 DNA 단편을 결합시킬 수도 있다. 또 DNA 유사성(similarity)으로 종을 구별할 때도 이용한다.

3. RNA의 생합성

진핵세포에서의 DNA 의존형 RNA 합성, 즉 전사(transcription)는 핵에서 일어나지만 mitochondria나 chloroplast 등 organelles의 RNA 합성은 별도이다. rRNA를 합성하는 효소와 유전자는 소핵에 있으며 mRNA와 tRNA를 합성하는 효소제는 핵질에 있다. 원핵세포에서는 RNA polymerase가 세포질에 있다.

RNA의 생합성 경로를 살펴본다면 다음과 같다. 즉 세포에는 주로 3종류의 RNA, 즉 rRNA, mRNA, tRNA가 있는데 RNA는 ATP, UTP, GTP, CTP의 4종류 뉴클레오시드 3인산을 기질로 하여 RNA 중합효소에 의해 합성한다. 합성은 RNA 사슬의 5′말단에서 3′말단 방향으로 진행한다. 일반적으로 DNA에 의존하여 반응이 진행되고, RNA 산물의 1차 구조는 첨가한 DNA의 1차 구조에 의해 결정한다. 따라서 DNA는 주형이라 하고, DNA주형을 이용하는 RNA중합효소는 DNA의존성 RNA중합효소라고 한다.

대장균의 RNA polymerase가 가장 잘 연구되어 있어서 여기서는 그 구조와 성질에 대하여 논한다.이 polymerase는 DNA를 주형으로 하여 상보적인 RNA의 합성을 촉매한다.

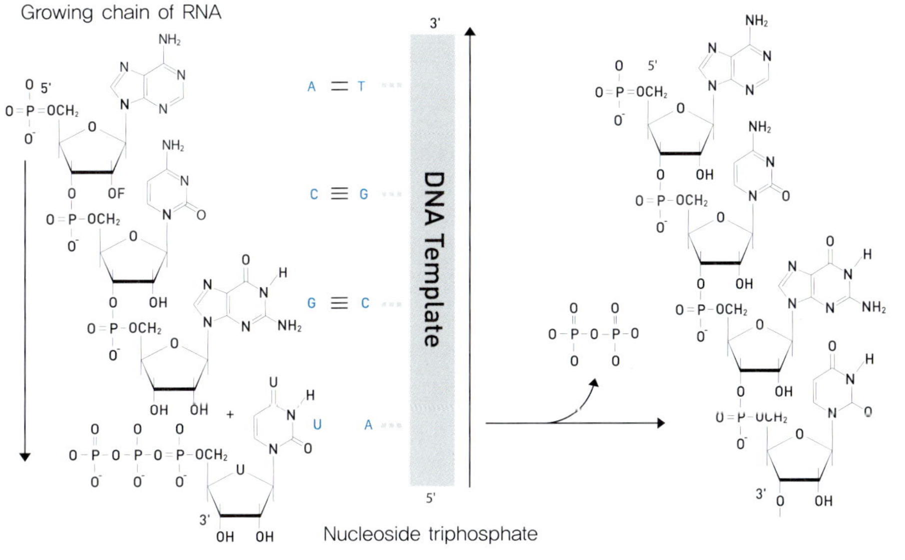

그림 12-5 RNA polymerase의 반응

RNA polymerase에 의하여 RNA가 합성될 때는 3′ −말단−OH기에 새로운 nucleoside triphosphate가 붙어서 사슬이 길어진다. 즉 사슬은 5′에서 3′의 방향으로 늘어난다. 원핵세포에서 모든 RNA 합성은 상당히 복잡한 일종의 polymerase에 의하여 일어난다.

생체 내에서는 DNA의 한쪽 사슬만 전사한다. 만약 DNA의 두 줄로 된 사슬이 모두 RNA의 주형이 되면 두 가지의 상보적 배열을 가진 RNA가 되며 두 가지의 서로 다른 단백질을 합성하게 될 것이다. 그러나 한 개의 유전자는 다만 한 가지 단백질 합성만을 지배한다는 사실이 유전학적으로 알려져 있기 때문에 DNA의 두개 사슬 중 한 줄만 주형이 될 것이다. 이렇게 DNA 사슬의 두 줄 중 한쪽만 전사하는 것을 비대칭전사(asymmetric transcription)라 하고 양쪽을 전사할 경우를 대칭전사(symmetric transcription)라고 한다.

Core polymerase는 DNA 이중나선 사슬의 양쪽을 주형으로 하여 대칭전사를 하지만 반응은 느리고 비특이적이다. Sigma가 붙은 홀로 효소는 DNA를 비대칭전사 하며, 특정의 promoter 부위에서부터 RNA 합성을 개시한다.

DNA polymerase의 경우, 주형 DNA와 primer RNA의 상호작용에 특징이 있었으나 RNA polymerase는 이중사슬의 DNA의 주형만 필요하며 primer는 필요없다.

DNA polymerase의 경우 일단 주형 primer 부위에서 복제가 시작되면 DNA 주형의 종점까지 복제가 진행되나 RNA polymerase의 경우 전사는 DNA 주형의 일정한 promoter 부위에서 시작되어 일정한 유전적 배열의 종점까지만 계속된다. 아마도 RNA polymerase는 promoter 부위를 발견할 때까지 몇 번이고 DNA와 결합, 해리를 반복할 것이다. Promoter 부위는 RNA polymerase의 holoenzyme에 인식되기 좋은 독특한 염기배열을 갖는 것이 틀림없는 듯하다.

RNA 중에는 DNA를 주형으로 하지 않고 합성되는 RNA도 있다. 예를 들면 진핵세포의 mRNA 3′ 말단에 붙어 있는 폴리A 배열은 폴리(A) 중합효소에 의해 DNA 비의존적으로 합성하는 RNA이다. RNA바이러스의 유전체 RNA는 RNA합성의 주형이 된다. RNA를 주형으로 하는 효소는 RNA 의존성 RNA 중합효소(RNA복제효소)라고 한다. 세포 RNA의 대부분은 처음에 크기가 큰 전구체 RNA로 합성한 후, 세포에서 가공되어 기능이 있는 RNA분자로 완성된다.

진핵세포에는 하나의 단백질을 코드하는 유전정보가 DNA 상에 산재해 있는 것이 있다. 따라서 처음에는 1분자의 RNA 전구체로 전사하지만, 그 RNA 상에는 실제로 단백질로서 발현하는 부분인 엑손(발현부위)과 발현하지 않는 부분인 비발현 부위가 교대로 나란히 배열하게 되는데, 이 RNA에서 비발현 부위를 적출하고, 발현부위가 서로 연결되어 mRNA가 된다. 이 과정을 이어 맞추기라고 한다. 이 이어 맞추기 반응에도 특수한 저분자 RNA(mRNA)가 관여한다.

이렇게 생성한 mRNA의 5′ 말단에는 캡구조라는 진핵세포의 mRNA에 특이적 구조가, 또 3′ 말단에는 폴리(A) 배열이 부가되어 있다. 원핵세포에서는 복수의 단백질 유전자가 한가닥 mRNA로 전사되고, 번역단계에서 각각의 독립된 단백질이 합성되는 경우가 많다. 이러한 RNA를 폴리시스트론성 mRNA라고 하는데, 진핵세포에도 예외적으로 폴리시스트론성 mRNA가 존재한다.

4. 단백질 합성

단백질은 생체 내에서 항상 합성과 분해의 동적 평형상태에 있다. 따라서 각 단백질은 각각 고유한 속도로 분해 · 합성된다. 세포 내에서 단백질 합성이 이루어지는 장소는 리보솜이다. 리보솜은 세포 내에서 유리상태나 조면소포체에 결합된 상태로 존재하며, 전자에서는 주로 세포질단백질(효소)의 합성이, 후자에서는 분비단백질(효소) 및 막구조 성분으로서의 단백질합성이 이루어진다.

리보솜은 두 개의 subunit로 되어 있으며, 세균에서 이것은 30S와 50S의 침강계수를 갖는다. 각 큰 subunit는 몇 개의 단백질 즉 30S 리보솜은 21개, 50S 리보솜은 34개의 단백질로 되어 있다. 단백질 합성에서는 여러 리보솜 성분이 특이한 역할을 하는 복잡한 환(cycle)을 갖는다. 연속적인 과정이지만 단백질 합성은 몇 개의 확실한 단계로 이루어진다.

표 12-2 단백질 합성단계

Ⅰ. 개시 : 초기 리보솜 –tRNA–mRNA 복합체의 형성

A. mRNA + 30S 리보솜 부단위 + formylmethionine - tRNA(f-met-tRNA)의 결합. 그 결과 초기 복합체 Ⅰ의 형성.
Guanosine triphosphate(GTP)와 단백질 초기 요소가 필요하다. mRNA 장소는 코돈 AUG 또는 GUG를 포함하고 있는데 이것들은 f-met-tRNA의 안티코돈과 상보적이다.

B. 50S 리보솜 부단위의 첨가 결과 초기 복합체 Ⅱ의 형성. f-met-tRNA는 리보솜의 P부위에 있다.

C. P부위로의 f-met-tRNA의 이동 결과 초기 복합체 Ⅲ의 형성. GTP는 GDP + pi로 분리됨.

Ⅱ. 신장 : 계속적인 펩티드 결합의 형성

A. A부위에서의 아미노산 -tRNA의 첨가, RNA의 코돈을 인식하는 tRNA의 안티코돈은 초기 코돈 AUG에 인접해 있다.
GTP와 단백질 신장인자가 필요하다. GTP는 GDP + pi로 분리된다.

B. 펩티드 결합 형성. f-met의 carboxyl group이 두번째 아미노산 -tRNA의 amino group으로 전달된다. f-met를 운반하는 tRNA가 방출된다. 이 반응을 촉매하는 효소 peptidyl transferase는 50S 리보솜 부단위의 일부이다.

C. 이동 : f-met-AA 디 펩티드를 운반하는 tRNA는 A부위에서 P부위로 바뀌고 리보솜은 mRNA를 따라 한 코돈의 길이로 이동한다. 신장인자가 필요하고 GTP는 GDP + pi로 분리된다.

D. 더욱 발전된 신장단계, 펩티드 결합 형성, 이동, 그 결과 폴리펩티드 합성이 일어난다.

Ⅲ. 종결방출 : 폴리펩티드의 완성과 리보솜으로부터의 방출

A. 종결코돈(UAA, UAG, UGA)에 성장사슬이 도착하여 더 이상 아미노산은 암호화되지 않는다. 이러한 코돈을 넌센스 코돈(nonsense codon)이라 부른다.

B. tRNA와 리보솜으로부터 폴리펩티드의 방출. 방출인자가 필요하며 GTP는 GDP + pi로 분리된다.

Ⅳ. 폴리텝티드 겹침과 기능 단백질의 형성

A. f-met로부터 formyl group의 제거. 몇몇 경우에서 f-met는 총괄적으로 제거된다. 많은 단백질은 말단 아미노산으로서 methionine을 가지고 있다.

B. 아미노산 순서에 의해 결정된 2차적, 3차적 구조를 만들기 위해 폴리펩티드가 겹쳐진다.

C. 활성 효소의 4차적 구조를 형성하기 위해 다른 폴리펩티드가 함께 폴리펩티드에 연결된다.

원핵 생물에서 개시는 항상 특별한 aminoacyl–tRNA 즉 formylmethionine–tRNA와 함께 시작한다. 계속하여 폴리펩티드 N–말단의 formyl group은 제거 된다. 진핵 생물에서 개시는 formylmethionine 대신 methionine으로 시작한다.

개시는 항상 유리 30S 리보솜으로 시작하며, 개시 복합물은 30S 리보솜, mRNA, formylmethionine−tRNA 개시인자로 되어있다. 개시 복합물에 50S subunit가 첨가되어 활성의 70S 리보솜을 만든다. 마지막 과정에서, 방출된 리보솜은 다시 분해되어 30S와 50S가 된다. 개시 코돈은 mRNA가 리보솜에 결합하는데 관여하는 3~9 뉴클레오티드 서열(Shine−Dalgarno서열)이 있다. 이 리보솜결합 부위는 리보솜의 16S RNA 말단에 상보적으로 결합한다. 염기쌍을 형성함으로써 리보솜 mRNA 복합물을 형성한다.

mRNA는 30S subunit에 부착하며, tRNA를 가진 생장 폴리펩티드는 50S subunit에 붙는다. 50S subunit 위에 P자리와 A자리가 있다. A자리는 adaptor 위치로 새 아미노산 −tRNA가 붙으며, 펩티드 위치인 P자리는 tRNA에 의해 생장 펩티드가 자라는 위치이다. 펩티드를 형성하는 동안 새 펩티드 결합이 생김에 따라 펩티드가 A위치에 이동한다. P위치에 빈 tRNA가 제거되면 펩티드를 가진 tRNA는 A위치에서 P위치로 이동하여, A위치는 다른 아미노산 −tRNA가 들어올 수 있도록 열린다.

단백질 합성은 코돈이 아미노산 −tRNA를 특이하게 인식하지 못하는 부위에 왔을 때 종결된다. 종결코돈에는 세 가지 종류의 코돈이 있으며 이것을 nonsense codon이라 한다. 이들 코돈은 단백질 합성에서 종결 부위가 된다.

SECTION 2 돌연변이

유전의 기본적 특징은 자손이 그 부모나 조상을 닮는다는 데 있다. 그러나 때로는 양친과 전혀 다른 형질을 가지는 자손이 생기는 경우가 있다. 이 새로운 형질이 그 선조에서도 전혀 나타난 일이 없었다면 이러한 변이를 돌연변이(mutation, variation)라고 한다.

19세기 말 네덜란드의 식물 · 유전학자 더프리스가 큰 달맞이꽃에서 발견한 유전적인 별종에 대해 돌연변이라는 단어를 처음 사용하였다. 그 후 1910년 미국의 모건이 초파리에서 흰 눈의 돌연변이를 발견하였고, 멀러가 초파리에 X선을 쬐여 인위적으로 돌연변이를 일으키는 데 성공하여 유전학 발전에 크게 공헌하였다

돌연변이는 유전자 자체의 변화에 의하여 일어날 수도 있다. 즉 염색체의 일부가 끊어지거나 없어지는 경우와 전달된 염색체의 조각이 다른 염색체에 부착하는 경우 또는 염색체 수가 변화하는 일 등이 감수분열에서 일어날 수 있다. 이러한 돌연변이를 염색체 돌연변이(chromosomal mutation)라고 하고, DNA를 구성하고 있는 nucleotide가 결손(deletion), 대체(substitution), 추가(addition), 전위(inversion) 등으로 유전자 자체의 변화에 의하여 일어나는 돌연변이는 유전자 돌연변이(gene mutation)라고 한다. 염색체 돌연변이나 유전자 자체에서 일어난 변이는 후손에 유전된다.

1. 돌연변이 생성

DNA분자 내의 염기서열이 변화하면 돌연변이가 유발한다. DNA분자 내의 염기가 어떤 원인에 의하여 제거 또는 추가되거나 다른 염기와 대체되든지 긴 염기 서열이 결손되는 등의 변화로 DNA의 염기 서열이 달라져서 돌연변이가 유발될 수 있다. 예컨대, 아데닌(adenine)이나 구아닌(guanine)은 아질산(HNO_2)의 작용을 받아 다음에 일어나는 복제과정에서 구아닌(guanine)이나 시토신(cytosine)으로 전환될 수 있다.

DNA분자의 여러 곳에서 변화가 일어나면 복귀돌연변이(back mutation)는 어렵게 되는데 이러한 돌연변이를 다위돌연변이(multisite mutation)라 하고, DNA상에 존재하는 한 유전자의 염기 중 하나가 변화하여 일어나는 돌연변이는 점돌연변이(point mutation)라 한다. 점돌연변이 경우에는 야생형으로 복귀돌연변이가 일어나기 쉽다.

대장균의 tryptophan 합성효소를 구성하고 있는 단백질분자 내의 glycine을 지배하는 유전부호는 GGA인데, 셋째 자리의 염기가 다른 염기와 치환하더라도 단백질의 아미노산 조성에는 아무런 변화도 일어나지 않는다. 유전부호의 세 번째 염기의 짝지음에 있어서의 부정확성(동요현상)에 의하여 glycine-tRNA는 GGC, GGU, 또는 GGG와도 결합할 수 있기 때문이다.

이러한 돌연변이를 정숙돌연변이(silent mutation)라 한다. 세 개의 염기 중 첫째 자리 염기나 둘째 자리 염기가 바뀌게 되면 glycine은 다른 아미노산으로 대체된다. 즉 야생형의 GGA가 GAA로 되면 glycine은 glutamic acid로 대체되고 AGA로 되면 arginine으로 대체된다.

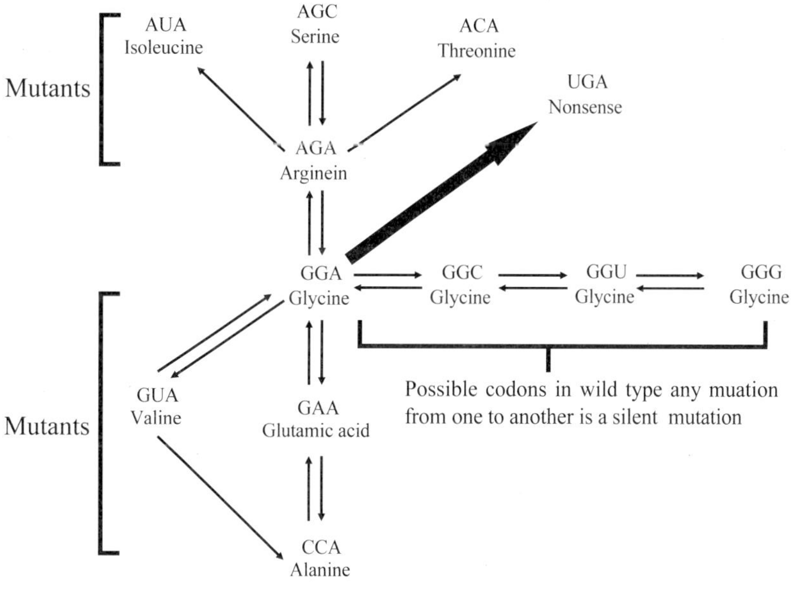

그림 12-6 E. coli 의 tryptophan 합성효소 를 지배하는 유진부호에서 아미노산의 변화

2. 돌연변이의 유발원

자연돌연변이율은 대단히 낮으며 유전자는 일반적으로 매우 안전한 것이지만 인위적인 방법으로 보다 빈번히 돌연변이를 유발시킬 수 있다. Muller(1927)는 초파리에 X−선을 조사하여 자연돌연변이율을 100배 이상 증가시킬 수 있다는 것을 처음으로 발견하였다.

X−선처럼 자연돌연변이율을 증가시키는 것을 돌연변이유발원(mutagen)이라고 한다. 오늘날 잘 알려진 돌연변이유발원에는 X−선과 동일한 효과가 있는 r−선과 다른 이온화 방사선 및 자외선 · 초음파 · 고온 · 저온 · 전기 · 적외선 등 물리적 요인 이외에도 여러 가지 화합물이 있다.

돌연변이 기작에 관한 대부분의 지식은 DNA에 대한 작용양식이 알려진 화합물에 의해 유도되는 돌연변이실험의 결과로 얻어졌다. 이러한 화학적 돌연변이유발원에는 염기에 대체해서 DNA분자로 들어가게 되는 염기유사물질,DNA의 purine 또는 pyrimidine 잔기를 탈 아미노화(deamination)하는 전술한 아질산(HNO_2), DNA의 염기 사이에 끼여서 염기 간의 간격을 늘려 놓는 acridine, purine 또는 pryimidine의 질소원자를 alkylating하는 agents(알킬화제) 등이 있다.

하나의 염기쌍이 다른 염기로 대체되는 돌연변이는 두 가지로 구분할 수가 있다. Purine이 다른 purine으로 대체되거나 pryimidine이 다른 pryimidine으로 대체되는 트랜지션(transition)과 purine이 pryimidine으로 대체되는(또는 그 역) 트랜스버어션(transversion)이 있다.

가장 강력한 돌연변이유발원은 mustard gas, ethylmethane sulfonate(EMS), Nmethyl−N′ − N−nitrosoguanidine(N−TG, NG) 등과 같은 alkylating agent 들이다. 이들은 alkyl기를 DNA 염기의 질소 원자에 전달하는데 guanine의 N-7위치를 alkylation하는 경우가 가장 많다. alkylation는 DNA분자에 많은 화학변화를 초래하게 된다. Guanine의 N-7위치 alkylation는 분자의 이론화의 원인이 되고 이는 쉽게 그들의 염기짝지음의 특이성을 변화시키게 된다.

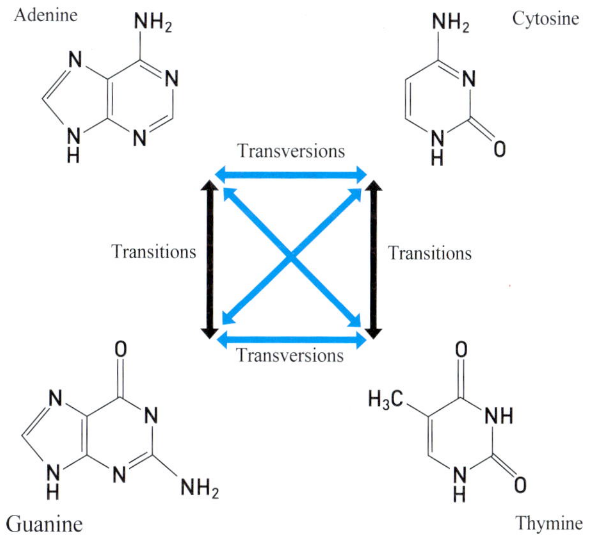

그림 12-7 염기짝의 치환

어떤 다른 위치의 alkylation는 염기짝을 완전히 전달하는 것도 있다. 또한 purine의 alkylation는 그 deoxyribose와의 결합을 전달하여 DNA의 광범한 purine 이탈을 초래하게 된다. 이러한 모든 변화는 transition이나 transversion을 유발하는 alkylation agents의 돌연변이 유발작용을 초래하게 된다.

Acridine dye는 독특한 돌연변이를 유발한다. Proflavin은 가장 잘 연구된 아크리딘 염료이다. 아크리딘 염료가 유발하는 돌연변이체의 특성은 아크리딘 염료가 DNA에 하나 또는 몇 개의 염기를 삽입하거나 삭제하여 돌연변이가 생기게 된다는 것을 나타내고 있다. mRNA에 간직된 유전부호는 일련의 3염기로서 해독이 되는데 염기의 삽입이나 삭제는 해독구조(reading frame)의 이동을 초래하게 되고 그 결과 돌연변이의 자리를 넘어선 모든 유전부호는 변화하게 된다.

그림 12-8 mRNA분절

그림에서 유전부호는 좌에서 우로 3개의 염기로 해독되는데 일곱 번째 자리에 A의 삽입은 reading frame을 이동시켜 오른쪽의 모든 유전부호가 바뀌게 된다. 바뀐 유전부호는 두 겹의 밑줄로 표시하였다.

DNA는 자외선을 강력히 흡수하는데 극대의 흡수는 260nm의 파장이 된다. 세포는 자외선 흡수로 죽게 되며 생존한 세포도 돌연변이를 유발한다. DNA 용액이 자외선에 노출되면 두 가지 형태의 화학반응이 일어난다.

첫째로 같은 줄의 서로 인접하고 있는 잔기 사이에 공유 결합이 형성되어 pyrimidine dimer(이합체)를 형성하게 되는데, 이는 DNA의 모양을 변화시키고 정상적인 염기쌍의 형성을 방해하게 된다.

둘째로 pyrimidine 잔기는 4, 5 위치에 이중결합이 수화(hydrated) 된다. 자외선이 유발하는 돌연변이의 원인으로서 pyrimidine 이합체의 중요성은 이 이합체를 제거하는 처리가 자외선의 돌연변이 유발효과를 가역적으로 감소시킨다는 사실로 알 수 있다. 만약에 자외선에 조사된 세포세균을 곧 300~400nm의 가시광선으로 조사하면 돌연변이의 빈도나 치사율이 크게 감소하는데, 이를 광회복(photoreactivation)이라고 한다. 광회복 현상은 pyrimidine dimer를 가수분해하는 효소의 활성이 특이한 파장의 광선에 의하여 활성화 하는 결과로 해석되고 있다. pyrimidine dimer를 포함하고 있는 DNA의 복제로 결국 daughter duplex DNA에염기 짝치환이 일어난다.

3. 돌연변이주의 분리

돌연변이는 생물의 표현형에 있어서의 갑작스런 유전적 변화로 발생되는 것이다. 자연에서 분리한 주(株)는 야생주(wild type)라 하고 야생주에서 분리한 돌연변이주를 변이주(mutant)라 한다.

변이는 선택적, 비선택적으로 구별한다. 비선택적 돌연변이의 예는 색소형성 세균이 색소를 소실하는 것이다. 흰 콜로니는 색소형성 양친의 콜로니에 대해서 장점도 단점도 갖고 있지 않다. 이것은 우리가 그런 돌연변이를 검출할 수 있는 방법은 많은 수의 콜로니를 검사하여 다른 콜로니를 찾는 것을 의미한다.

선택적 돌연변이는 어떤 환경 조건 하에서 돌연변이주에 장점을 부여함으로서 돌연변이세포의 자손이 더 잘 자라서 양친형 콜로니를 덮을 것이다. 선택적 돌연변이의 예는 약제내성으로, 즉 항생제내성 돌연변이주는 양친형을 억제할 수 있는 항생제 농도의 존재 하에서 생장할 수 있다. 적당한 환경조건을 선택함으로써 선택적 돌연변이주를 검출 분리하는 것은 쉽다.

미생물의 특성은 실제로 돌연변이를 통하여 변화될 수 있다. 영양돌연변이주는 복사판(replica plating) 기술로 검출할 수 있다. 멸균된 벨벳천을 이용하여 원판으로부터 콜로니를 복사하여 영양 결핍된 한천평판배지(최소배지, minimalmedium) 위에 옮긴다. 양친형의 콜로니는 정상으로 자라나 돌연변이주는 자라지 못할 것이다. 그러므로 복사판에 의해서 콜로니가 자라지 못하는 것은 그것이 영양요구주 돌연변이주임을 밝힐 수 있다(그림 13-17).

생장 요인을 영양 요구하는 돌연변이주를 영양요구주(auxotroph)라 하며 영양요구주가 생긴 야생형(wildtype)을 prototroph이라 한다.

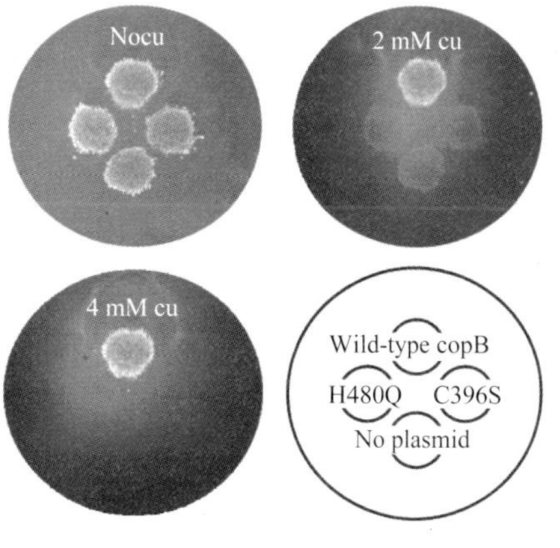

그림 12-9 몇 종류의 돌연변이주 선별

SECTION 3 미생물의 유전적 재조합

세균은 분열에 의해서 무성적으로 증식하므로 진균류의 일부에서 볼 수 있는 것과 같은 유성적 세대가 없는 것이 원칙이다. 그러나 세균 중에는 일반생물과 동일한 유전적 발생을 하는 것도 있다. 이것은 염색체의 일부 또는 전부가 한 세포에서 다른 세포로 전달되는 현상이 있기 때문이며 여기에는 형질전환(形質轉換, transformation), 형질도입(形質導入, transduction), 그리고 접합(接合, conjugation) 등이 있다.

1. 형질전환 (Transformation)

폐렴쌍구균(Diplococcus pneumonia)나 고초균(Bacillus subtilis) 등의 특정 균종을 어떤 조건 하에서 배양하면 세포 외에 첨가한 DNA를 세포 내로 도입하여 재결합하는 능력(competence)을 갖게 된다. 따라서 같은 종의 세포로부터 DNA를 추출하여 competent한 세포에 첨가해 주면 그들 세포 가운데 일부가 공여된 DNA의 유전형질을 획득하게 된다. 이것을 형질전환이라 하여 [그림 12-10]에 모식적으로 나타내었다.

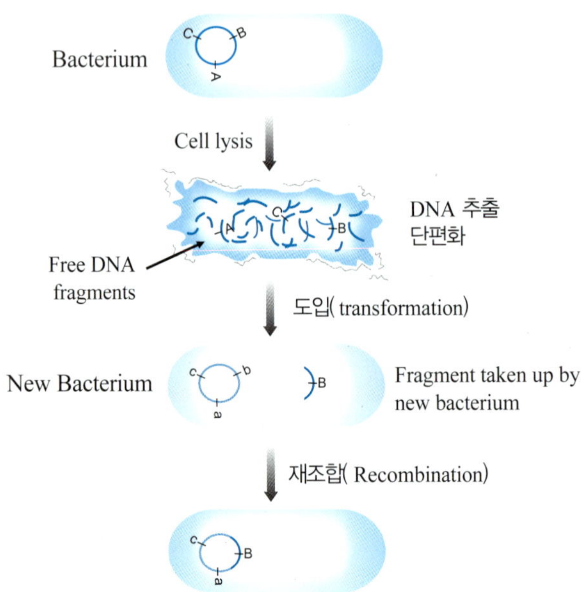

그림 12-10 형질전환(Transformation)에 의한 유전자 전달

2. 형질도입 (Transduction)

숙주세균세포의 형질, 예를 들면 약제내성, 당 발효성, 영양요구성 및 항원특이성 등이 phage의 중개로 수용균의 세포에 운반되어 그곳에서 재조합이 일어나 유전형질이 전달되는 현상을 형질도입이라 하며 (그림12-11)에 모식적으로 나타내었다.

대장균의 λ나 φ80과 같이 phage 염색체가 숙주염색체의 일부에 삽입되나 그 삽입 위치가 숙주염색체의 특정부위에 한정되어 있는 용원성 phage에 의한 형질도입에서 운반 가능한 숙주유전자는 phage 삽입 위치 부근에 있는 gal, bio, trp 등으로 한정되어 있다. 이 경우 특수형질도입(特殊形質導入)이라고 한다. 한편 숙주염색체의 어느 부위로도 운반할 수 있는 phage도 있으며 이들에 의한 형질도입을 보편형질도입(普遍形質導入)이라 한다.

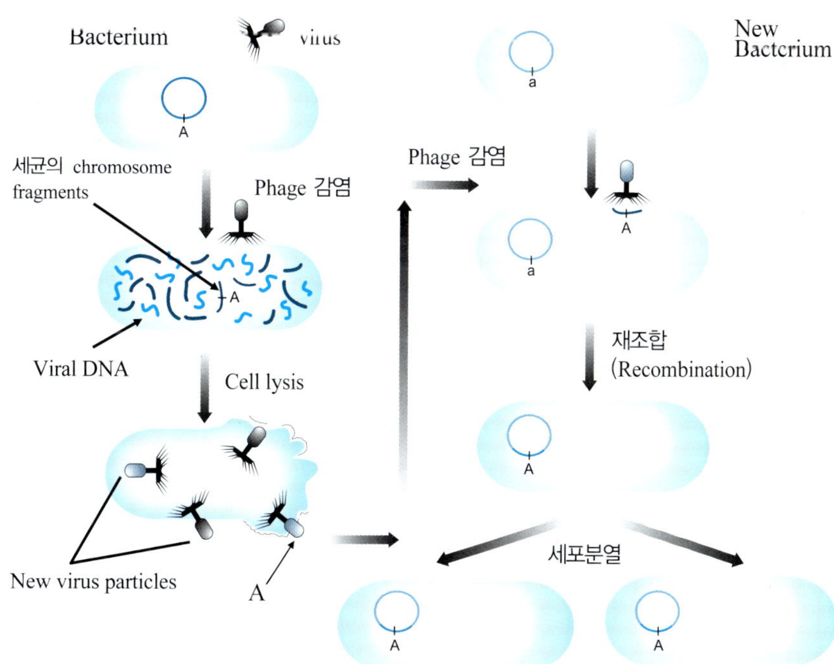

그림 12-11 형질도입(Transduction)에 의한 유전자 전달

3. 접합 (Conjugation)

대장균에서 발견된 것으로 진핵세포의 유성생식과 비슷한 현상이다. 대장균의 K12주는 자웅이 다른 성질을 가지고 있는데 세포의 접합에 따라서 염색체를 공여하는 성질을 가진 것이 웅성(雄性)이고 염색체를 수용하는 것은 자성(雌性)이다.

웅성에는 Hfr과 F+의 두 가지 형이 있고 자성에는 F−형이 있다. 자웅의 성질이 서로 다른 것은 F인자(fertility factor)가 세포 중에 어떤 상태로 있는가에 달려 있다. F인자는 환상 DNA이며, 그 길이는 숙주 대장균 염색체의 1/100정도이다. F+형 세포 중의 F인자는 자기증식형 복제단위로 존재하고 있지만 염색체와의 상대적인 역할은 1:1로 유지되어 있다.

Hfr형 세포에는 F인자가 독립적으로 존재하지 않고 염색체의 일부로 삽입되어 전체가 하나의 환상구조를 취하고 있으며 복제도 염색체의 복제기구에 의존하여 일어난다. Hfr형의 염색체로부터 F인자의 유리는 극히 드물게 일어나며 그때 염색체의 유전자를 동반하여 유리한 것을 F′ (F−prime)라 한다.

(그림 12−12)에 모식적으로 나타낸 바와 같이 Hfr주와 F−주를 혼합하면 서로 접합이 일어나고 Hfr 염색체가 F−로 이동한다. 이 이동은 한 방향으로 일어나며 이동하는 유전자의 배열순서도 정해져 있다. 즉 Hfr주 염색체에서 F인자가 삽입되어 있는 장소 부근에서부터 복제가 일어나고 새로 발생된 5′ 말단을 가진 DNA 한쪽 사슬만 복제 개시점을 선두로 하여 F−주로 이동한다. 또 F−주 내에서 상보적인 사슬이 합성되어 이중사슬이 되고, 이것과 F−염색체 간에 재조합이 일어나 F−주에서 Hfr주의 성질이 나타나게 된다.

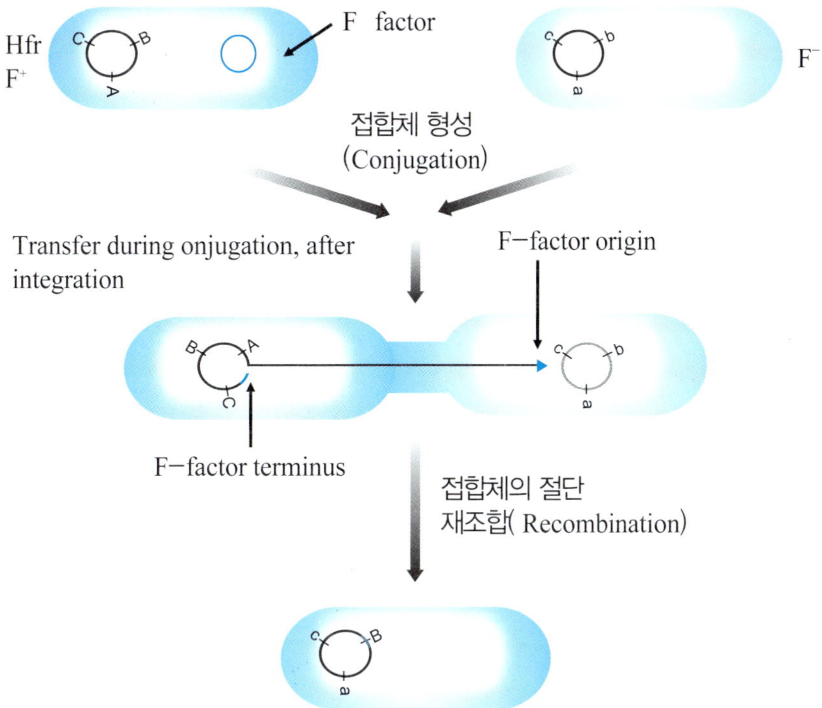

그림 12-12 접합(Conjugation)에 의한 유전자 전달

4. Plasmid

대부분의 세균세포에는 핵 DNA 이외에 자율적으로 자기증식하는 DNA가 존재한다. 이러한 자기증식 가능한 세포질성 유전인자를 plasmid라 하며 크기, 보유하고 있는 유전정보, 세포 사이의 전달능력 유무 그리고 세포당 copy 수 등에 따라 매우 다양하게 존재한다. 대표적인 plasmid들을 (표 12-3)에 나타내었다.

Plasmid는 대부분 분자량 106~108 정도의 작은 DNA 분자로서 세포 중에 폐환 이중 구조(閉環二重構造, covalently closed circular structure, CCC)로 된 초나선(超螺旋, super coil)이라는 형태로 존재하고 있다.

표 12-3 각종 Plasmid

숙주균주	표현형질	Plasmid 명
Escherichia coli	성 결정인자 약제내성 Colicin 생성능	F인자 R1, R6 등 Col E1
Bacillus megaterium	기능 불명	환상 DNA
Staphylococcus aureus	약제내성	P Ⅰ258, PⅡ 147 등
각종 방선균	항생물질 생산에 관계하는 것으로 추측	
Saccharomyces cerevisiae		2㎛ DNA
인공적으로 개조된 plasmid	각종 유전자의 vector	pDR 322, pCR 101, YEp6e 등

Plasmid를 보유하는 균은 보통 그것의 존재에 의해 아무런 영향을 받지않는 것으로 생각되고 있다.

약제내성인자(R인자)를 가지는 균은 약제의 존재 하에서도 생존할 수 있는 이점이 있으나 일반적으로 특정의 표현형을 나타내지 않는 잠재형(潛在型, criptic) plasmid도 많이 존재한다.

F인자나 R인자 등 대형 plasmid의 대부분은 숙주균에 대하여 접합능을 부여함과 동시에 자신의 DNA를 다른 세균에 전달할 수 있다. 이와 같은 형의 plasmid를 접합형(接合型, conjugative type)이라 하고 전달능이 없는 plasmid를 비접합형(非接合型, nonconjugative type)이라 한다.

대체로 대형의 plasmid는 copy수가 적고 소형은 copy수가 많다. F인자나 R인자 등은 세포당 copy수가 1~2이며 plasmid 자체에 숙주염색체와 자신의 복제를 동조시키는 기능을 갖추고 있다. 이와 같이 copy수가 적은 것을 억제형(抑制型,stringent type) plasmid라 하고 copy수가 열 개 이상인 Col E1 등은 개방형(開放型,relaxed type) plasmid라 한다.

앞에서 설명한 바와 같이 plasmid는 숙주염색체와는 독립적으로 복제, 증식하고 분자량이 작고 균일하여 분리, 정제 및 검출하기가 쉬울 뿐만 아니라 세포 외에서 인공적 조작으로 다른 유전자 DNA 일부를 삽입한 다음 다시 세포 내로 도입하기도 용이한 것 등의 이점이 있어 유전자 조작의 vector로서 매우 중요하게 이용되고 있다.

Chapter 13

미생물의 산업적 이용

1. 의학미생물 산업
2. 농업에 이용되는 미생물
3. 식품에 이용되는 미생물
4. 미생물과 유전공학

Chapter 13

미생물의 산업적 이용

미생물을 이용한 산업은 생물을 이용한 산업에서 가장 먼저 시작되었다. 산업화와 과학이 급속도로 발전하는 현대사회에 가장 근접한 시기에 산업화가 되어 다른 생물학 분야에 비해 비약적인 발전을 이루어왔다. 미생물의 산업적 이용은 크게 세가지 정도로 분류되며 그 세가지는 의학미생물, 식품미생물, 그리고 환경산업미생물로 분류할 수 있다.

자원이 부족한 우리나라는 광범위한 범위에서 사용할 수 있는 미생물을 이용하며 적극적으로 미생물 산업을 활성화시켜야 한다. 항암 · 항생제 같은 의약품에서의 의학산업, 발효식품 · 유기산 · 아미노산 생산에서의 식품산업, 그리고 공장 폐수 또는 농약 · 에너지 생산 등에서의 환경산업미생물의 역할은 21세기 산업에 큰 역할을 담당할 것이다.

SECTION 1 의학미생물 산업

(1) 유산균

유산균은 당을 이용하여 최소 50% 이상의 유산을 생성하여 사람을 포함한 동물의 장에서 정장작용을 하는 유익한 장내세균이다. 또한 이러한 유산균은 박테리오신을 생성하여 천연 항생물질로 장내의 해로운 균을 사멸시킨다. 그리고 장내에 정착한 유산균은 장의 해로운 병원성세균이 소화관 상피에 부착하는 것을 방해하여 질병발생을 막아주며, 유산균에 의해 생성된 항생물질(박테리오신)이 설사를 일으키는 병원성 미생물이나 장내 유해균을 죽이거나 증식을 억제한다.

이처럼 유산균은 사람의 장내에서 유해균 억제와 정장작용을 한다. 그 밖에도 유산균은 콜레스테롤 생성을 저해하며, 특히 *Lactobacillus acidophilus*는 직접 콜레스테롤을 분해하는 것으로 알려졌다.

그러므로 혈관질환으로 인한 심장병, 동맥경화, 고혈압 및 뇌졸중 예방에 유산균의 섭취는 매우 유익한 균이다. 뿐만 아니라 γ-interferon 생성으로 면역력을 증진하여 질병에 도움을 준다. 유산균은 장내에서 발암물질을 생성하는 이러한 유해 균의 생육억제 및 사멸을 유도하여 항암작용을 한다. 장내 유산균은 발암성 유도효소(β-glucosidase, β-glucuronidase, Netroreductase, 7−α-dehydrogenase, azoreductase)의 생성을 억제하며, 발암물질을 유산균 자신에게 부착시켜 체외로 배설하거나 발암물질을 분해하는 기능이 있다.

이렇게 유익한 작용을 하는 유산균은 발효유 형태가 많지만 최근 들어서 과립분말, 스틱등의 형태로 산업화되고 있다. 뿐만 아니라 김치같은 발효식품에 발효유처럼 직접 유산균을 첨가하기도 한다.

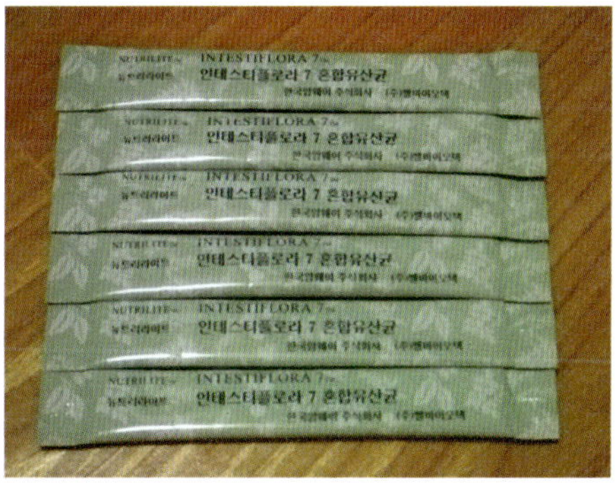

그림 13-1 유산균 음료와 스틱형 분말 유산균

(2) 항생제 생산 미생물

1929년 Alexander Flemming에 의하여 penicillin이 발견된 이후 많은 종류의 항생물질이 발견되었고 이중 약 100여종의 항생물질이 산업적으로 생산·판매되고 있다. 현재까지 약 6000여종의 항생물질이 발견되었다. 이 중 약 100여종이 현재 산업적으로 생산되어 판매되고 있다.

항생제는 2차 대사산물로 미생물의 성장과는 직접 관련이 없는 대사산물로써 환경이 특별한 조건일 때 생산하므로 미생물의 성장에 필수적으로 필요한 대사물질이 아니다. 그러므로 증식 환경을 조절하여 항생물질을 생산시킬 수 있다.

이와 같이 미생물의 외부 성장 환경에 대한 반응 기작을 잘 이해하고 이를 활용하면 산업적으로 유용한 항생물질을 대량으로 생산하는데 도움이 될 것이다. 플레밍이 처음 발견한 항생제는 *Penicillium notatum*에 의하여 생산되는 페니실린F가 주성분인 혼합물로 밝혀졌다. 그러나 지금은 *P. chrysogenium*에 의하여 항생제가 생산되며 생산성을 높이는 방법으로써 *phenylacetic acid*를 전구체로 공급하는 페니실린G (benzyl-penicillin)형태로 생산된다. 각종 항생물질을 생산하는 미생물은 표 12-1에 정리하였다.

그림 13-2 Alexander Fleming

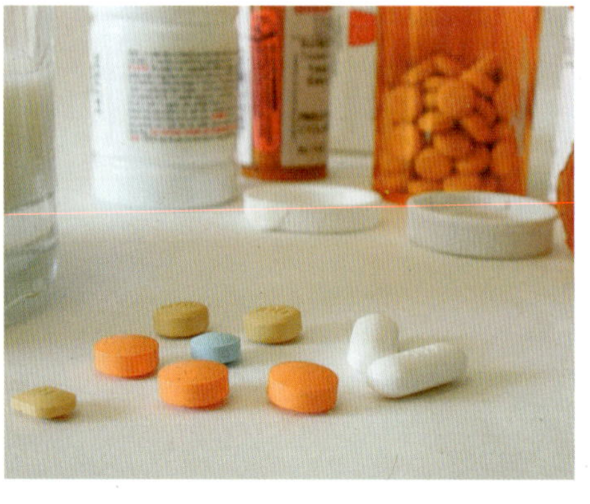

그림 13-3 항생제

표 13-1 각종 항생물질을 생산하는 미생물

항생물질이름	생산균주
1. 곰팡이에서 생산되는 것	
Cephalosporin Fumigallin Penicillin Variotin	***Penicillium notatum*** ***Aspergillus fumigatus***
2. 세균에서 생산되는 것	
Bacitracin Colistin Gramicidin Polymyxin B	***Bacillus subtilis*** ***Bacillus polymyxa var. colistimus*** ***Bacillus breuis*** ***Bacillus polymyxa***
3. 방사선에서 생산되는 것	
Actinomycin	***Streptomyces antibioticus***
Amphotericin B	***Streptomyces nodosus***
Carbomycin	***Streptomyces halstedii***
Chloramphenicol	***Streptomyces venezuelae***
Chlorotetracycline	***Streptomyces aureofaciens***
Cyclohexamide	***Streptomyces griseus***
Cycloserine	***Streptomyces orchidaceus***
Erythromycin	***Streptomyces erythraceus***
Griseofulvin	***Streptomyces griseus***
Kanamycin	***Streptomyces kanamyceticus***
Leucomycin	***Streptomyces kitasatoensis***
Micamycin	***Streptomyces mikaensis***
Mitomycin C	***Streptomyces caespitosus***
Neomycin B	***Streptomyces fradiae***
Novomycin	***Streptomyces niveus***
Oleandomycin	***Streptomyces antibioticus***
Oxytetracycline	***Streptomyces rimosus***
Paromomycin	***Streptomyces rimosus***
Sarkomycin	***Streptomyces erythrochromogenes***
Spiramycin	***Streptomyces ambofaciens***
Streptomycin	***Streptomyces griseus***
Vacomycin	***Streptomyces orientalis***
Viomycin	***Streptomyces fradiae***

SECTION 2 농업에 이용되는 미생물

토양은 미생물의 보고라고 할 만큼 수많은 미생물들이 존재하고 작물의 생육에 큰 영향을 주는 *Azotobacter* 는 질소고정균으로 공기 중의 분자상 질소를 고정하는 것으로 알려져 있으며 *Rhizobium*속은 콩과식물의 근류형성에 관여하여 최근 순수배양을 함으로써 농업생산에 기여하고 있다. 일반적으로 농업생산을 저해하는 인자는 여러 가지가 있으나, 대부분이 식물병원균과 해충이다. 이처럼 미생물을 농업에 이용할 수 있는 영역은 토양개량, 병해충방제 및 제초제의 역할이 대표적이다.

즉, 미생물 농약이란 농작물의 병해와 생산성을 높이기 위한 목적으로 화학성분을 대신하여 미생물이라는 제제가 첨가되는 것이다. 화학농약은 토지의 지력감소, DDT, BHC 같은 환경 중에 분해되지 않는 유기 염소계 농약은 잔류가 잔류가 문제가 된다. 따라서 미생물 농약의 사용으로 사람들이 지구 환경에 대한 관심이 높아짐에 따라 이러한 문제점을 보완하고 녹색성장 친환경 농업에 기여를 할 수 있을 것이라 생각된다.

미생물을 농약으로 이용하기 위해서는 미생물 자체를 이용하거나 미생물이 생산하는 활성물질을 이용하는 경우로 분류된다. 미생물 자체를 이용하는 경우는 미생물이 생산하는 제2차 대사산물인 항생물질 이용이 대표적이다. 위에서 설명한 것처럼 의학의 용도로 쓰이지만 최근에 농약에서의 사용이 가시화되고 있는 실정이다.

미생물의 직접 이용은 *Bacillus thuringiensis*와 같이 살충제로 세균미생물을 이용, 사상균 · 바이러스를 이용, 길항 미생물을 이용하는 경우가 대부분이다. 미생물 살균제 · 살충제는 세균 · 곰팡이 · 바이러스를 이용한 제품으로 나누며 용도 · 처리방법에 따라 세분화 된다.

(1) 세균 살균제 · 살충제

주로 이용되는 세균은 *Bacillus*속으로 알려진 *B. subtilis, B. cereus, B. polymixa*나, *Pseudomonas* 속의 *P. cepacia, P. putida, P. fluorescens* 및 방선균인 *Streptomyces* 속에 속하는 *St. griseoviridis, St. lydicus*도 이용된다. 이들은 2차 대사산물로써 항생물질을 생산하며 토양 병원균으로부터 작물을 천적으로부터 보호하는 기능을 한다. 병원성 곰팡이를 억제하거나 곰팡이와 일부 세균을 동시에 억제하는 세균이 이용된다.

미생물을 이용한 살충제는 독성물질이 남지 않고 해충의 내성을 높이지 않는 등 부작용이 없는 장점을 갖고 있다. 미생물 살충제로 이용되는 것으로는 *B. thuringiensis* (Bt), *B. popilliae, B. sphaericus, B. moritai* 등이 있다. 특히 *Bt*는 현재 미생물 살충제의 대부분을 차지하여 대표적인 미생물 살충제로 손꼽힐 수 있다.

(2) 곰팡이 살균제 · 살충제

곰팡이 균주를 토양에 살포하면 토양 유래의 곰팡이병을 예방 또는 억제할 수 있으며 주로 시설 재배 작물을 대상으로 하여 토양살포(또는 혼합)용 그리고 코팅용(종자) 등의 다양한 용도에 맞게 여러가지 제제화 형태로 개발되어 있다. 대표적인 곰팡이 균주로는 *Trichoderma* · *Gliocladium*속을 이용한 제품이 대부분이다.

이들 균주는 토양에 살포되면 곰팡이병으로 알려진 입고병, 잘록병, 균핵병 등을 예방 또는 억제하는 제품으로 개발되어 있다. *Trichoderma*속 곰팡이 대표균주는 *Tri. harzianum, Tri. koningii*, 및 *Tri. hamatum*이며 이들은 목재의 발효나 섬유소 분해효소의 생산 균주로써 산업적으로 이용이 되어 왔다. 그리고 현재는 병원성 곰팡이를 억제하는 기능을 지닌 좋은 균주가 많이 분리되고 있고 다양한 제품이 개발되고 있다.

그리고 *Gliocladium*속 곰팡이의 경우, *Gli. virens*과 *Gli. catenulatum*이 많이 사용되는데 이들 균주는 특히 토양 유래 곰팡이의 잘록병 원인균인 *Rhizoctonia solani*의 균주를 용해시켜 사멸한다. 그 외 비병원성 곰팡이를 이용하여 같은 종류의 병원성 곰팡이를 경합, 억제시키는 제품도 있다. 곰팡이를 이용한 살충제는 *Paecilomyces fumosoroseus, Verticillium lecanii, Beauveria bassiana* 등의 기생성 곰팡이를 이용하여 진딧물, 온실가루이, 총채벌레 등을 방제할 수 있는 제품이 세계적으로 보급되고 있고, 또한 방선균이 생산하는 항생제인 avermectin을 이용하여 진딧물과 응애를 방제한다.

(3) 바이러스 살충제

곤충 바이러스 중 미생물 살충제로 개발되어 이용되는 것으로는 핵다각체병 바이러스 (nuclear polyhedrosis virus, NPV), 과립병 바이러스 (granulovirus virus, GV) 그리고 세포질 다각체병 바이러스 (cytoplasmic polyhedrosis virus, CPV)가 주로 이용되고 있다. 이 중에서도 핵다각체병 바이러스(NPV)를 이용한 살충제가 가장 많이 쓰인다.

핵다각체병 바이러스를 이용한 방제시도는 1913년 미국의 알파파 포장에서의 바이러스 병사충을 이용한 살포시험으로 그 이후 1940년대부터 연구개발이 이루어지게 되었다. 하지만 1970년대와 1980년대에 이르러서 각 농약회사들은 경제성 등의 이유로 바이러스 살충제의 개발을 포기하는 기업들이 늘어나고 그 여파로 연구 또한 발전을 하지 못했다.

그러나 최근 유전 공학적 방법을 이용하여 바이러스 살충제의 개량이 가능하게 됨에 따라 활기를 띄고 있는 실정이다. 현재 상품화되어 이용되는 바이러스 살충제는 밤나방(Biotrol VHZ), 파밤나비(Biotrol VSE), 양배추 은무늬밤나방(Biotrol VTN), 집시나방(Gypchek), 배추흰나비(Virin−Gkb), 솔나방(Matzgemin) 등을 대상해충으로 하여 상용화되고 있다.

(4) 미생물 제초제 및 기타

미생물을 이용한 제초제 개발에 있어 풀어야 할 문제점은 선택성에 있다. 즉 생물학적으로 원하지 않는 잡초만을 선택적으로 억제하기 어렵기 때문이다. 현재 한두 종류의 제품이 개발 되었으며 앞으로 많은 연구가 필요한 분야이다.

SECTION 3 식품에 이용되는 미생물

1. 미생물 균체로써 직접 이용

농작물도 영양소를 함유하고 있어 식량으로 이용되지만, 미생물의 균체도 많은 영양소를 함유하고 있다. 특히 다른 생명체에 비하여 미생물은 증식속도가 빠르고 각종 탄소원 · 황산암모늄 · 요소 등의 값싼 질소원으로 농작물과 달리 계절적인 환경의 영향없이 생산이 가능하다.

효모균체인 *Saccharomyces cerevisiae, Candida tropicalis, C.utilis*는 다량의 단백질, 지방, 각종 vitamin, 핵산, 무기염류 등 생리적으로 중요한 물질이 함유되어 있으므로 약용효모로나 사료효모로써 이용하고 있다. 클로렐라(Chlorella)도 마찬가지로 좋은 영양소를 가지고 있다. 그리고 특유한 효모에는 유지를 상당히 함유하여, 유지자원으로도 기대 될 수 있는 산업이다.

2. 식품가공에 이용

미생물에 의한 가공은 전혀 다른 형태의 식품으로 가공하는 경우와 소화되기 쉬운 식품으로 가공하는 등 여러 가지 실용화되고 있다. 이 중 가장 많은 것은 양조와 발효 식품이다. 약주, 탁주, 청주, 맥주, 포도주, 조미료, 소금절임과 단무지 등의 김치류 등은 우리 식생활에 중요한 발효식품들이다. 발효에 관한 자세한 설명은 10장에 설명되어 있다.

3. 미생물 대사의 이용

(1) 효 소

효소류는 미생물에 의존하는 경향이 증가하면서 산업적으로 유망한 산업이다. 미생물은 그 종류가 많으며, 효소 활성도 강하고 아울러 단시일 내에 다량 배양이 가능하기도 하다.

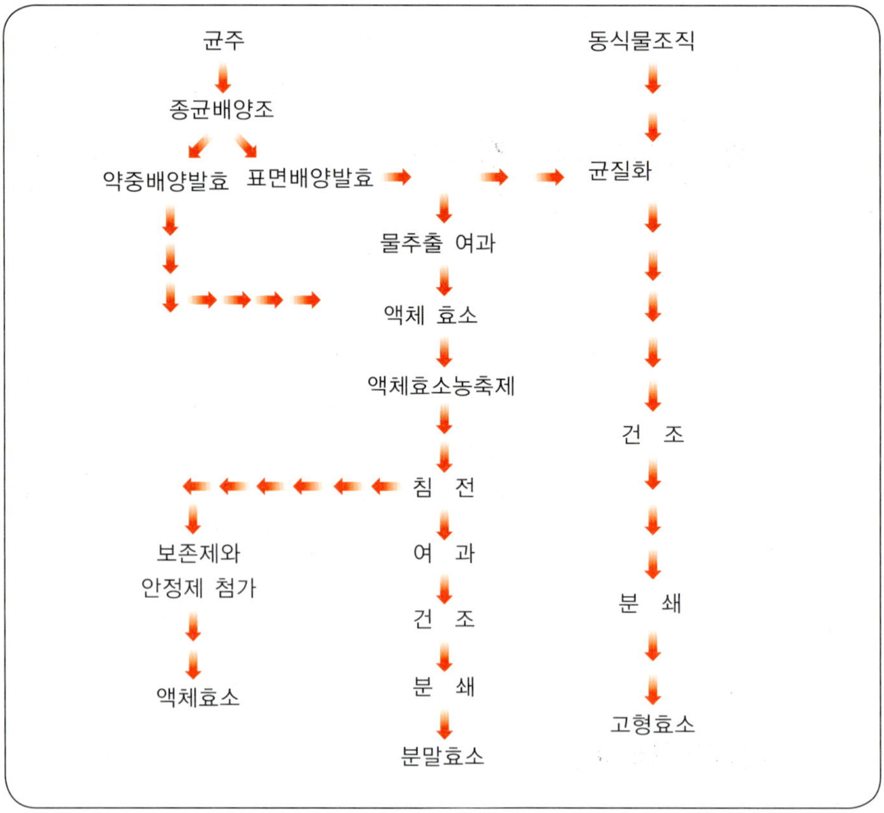

그림 13-4 산업적 효소들의 생산과 추출

*Bacillus*속에 의한 전분액화효소(α−amylase), *Rhizopus*속에 의한 전분당화효소 (glucoamylase), *Aspergillus oryzae, Asp. niger, Asp. awamori, B.subtilis, Streptomyces griseus* 등에 의한 단백질 분해효소(protease, polypeptidase, dipeptidase), *Asp. niger*나 *Asp. wentii*에 의한 펙틴분해효소 (pectinase),

*Aspergillus*속, *Mucor*속, *Rhizopus*속과 *Candida*속에 의한 지방분해효소(lipase) 등이 있으며, 우유 응고효소(rennet)도 *Mucor pusillus*에 의해 생산되고 있다. 이와 같이 효소산업에 이용될 수 있는 미생물이 생산하는 효소들을 표 12-2에 정리하였다.

표 13-2 산업적으로 생산 이용되는 효소

효 소	균 주	용 도
α-Amylase	*B. subtitis, B. amyloliquefaciens* *B. stearothermophilus* *Asp. oryzae* 등	섬유의 호발제, 술덧의 액화, 엿과 glucose의 제조, 식품가공, 소화제
Glucoamylase	*Rhizopus delemar*	Glucose의 제조
Cellulase	*Trichoderma viride. Inpex lacteus*	곡류, 야채, 과일가공, 식물성분의 추출조제, 소화제, 사료첨가제
Invertase	*Sacharomyces cerevisiae*	전화당의 제조, 식품의 sucrose, 결정석출방지
Lactase	*Sacharomyces fragilis*	Ice cream의 lactose 결정석충방지
Glucose oxidase	*Asp. niger Penicillium notatum*	산소, glucose제거에 의한 식품의 변질방지, glucose의 정량
Glucose isomerase	*Strepromyces albus*	과당시럽의 제조
Protease	*Asp. oryzae, Asp. saitoi, B. subtilis, Str. griseus*	소화제, 피혁공업, 제빵, 맥주 · 청주의 혼타제거, 된장 · 간장의 속양제조, 식육의 연화제, 조미액의 제조
Microbial rennet	*Mucor pusillus*	치이즈 제조
Perctinase	*Asp. niger, Pen. sclerotinia, Conuthyrium dipolidiella*	과즙, 과일주의 청정
Lipase	*C. cylindracea, C. paralipolytica, Rhizopus oryzae*	소화제, milk flavor, 양가죽 세정 cleaning, 지방산의 제조
Naringinase	*Asp. niger*	감귤류의 고미제거
Hesperidinase	*Asp. niger*	감귤류의 과즙 및 통조림의 맥탁방지
Asparaginase	*Escherichia coli*	백혈병, 인과암의 치료
Tannase	*pen. glaucum*	맥주의 청정
Penicillinase	*B. cereus, B. subtilis*	치즈제조(우유 중의 pencillin을 제거)

출처 : 노완섭 외, "new 식품미생물학", 시구문화사.

그림 13-5 비타민

(2) 유기산

*Acetobacter, Pseudomonas*속 등에 의한 초산의 생산, *Lactobacillus delbriickii* 등에 의한 유산의 생산, *Gluconobacter*속이나 *Asp. niger* 등에 의한 gluconic acid의 생산, *Asp. niger, Candida*속에 의한 citric acid의 생산, *Asp. itaconicus*나 *Asp. terreus*에 의한 itaconic acid의 생산 등, 식품, 의약품, 화공약품으로 중요한 것들이 미생물에 의하여 제조되고 있다.

(3) 비타민

비타민 B_2는 *Etemothecium ashbyii, Ashbya gossypii, Clostridium acetobutylicum, Candida guilliermondii* 등에 의해 생산되고 있다. 더욱이 비타민 B_{12}는 그 구조가 너무나 복잡해 합성이 곤란하여 *Streptomyces olivaceus, Str. griseus, B. megaterium, Flavobacterium devorans* 등에 의한 발효법으로 생산된다. 비타민 C도 sorbitol를 sorbose로 산화시키는 단계는 화학적으로 곤란하여, sorbose발효로 *Acetobacter*나 *Gluconobacter*속에 의하여 화학적 변화를 일으켜 생산된다.

(4) 그 밖의 미생물 작용의 이용

미생물의 특이한 작용을 이용하여 광석 중의 유용한 금속을 용출 회수(bacterial leaching)에 이용하기도 한다. 또 미생물은 석유의 2차적 회수나 탈황도 하게 되어 천연가스나 유전의 탐사 또는 해양에 함유된 지하자원의 활용 등에도 미생물을 이용할 수 있다.

그 밖에 화학적 분석방법으로는 미량이기 때문에 분석하기 곤란한 경우라도 미생물을 사용하면 쉽게 미량 물질을 측정할 수 있다. 이런 방법을 미생물 검정법(microbioassay)이라 한다. 이외 미생물이 생산하는 효소의 특이성을 이용하여 특정 물질만을 측정하는 방법도 있다.

표 13-3 미생물을 이용한 비타민의 분석

Vitamins	사용균주	측정법
Thiamine	*L. fermenti*	비탁, 산도
Riboflavin	*L.casei*	비탁, 산도
비타민 B_6	*Sacch carlsnergensis*	비탁
Total pyridoxal + pyridoxamine	*Sc. faecalis*	
Pyridoxal	*L. casei*	
Nicotinic acid	*L. arabinosus* *Leuc. mesenteroides*	산도
Pantothenic acid	*L.arabinosus* *Sacch. carlisbergensis*	비탁, 산도
Biotin	*L.arabinosus* *Sacch. cerevisiae*	비탁
Folic acid	*L. casei* *Sc. faecalis*	산도
비타민 B_{12}	*L.leichmanii* *Euglena gracilis*	빈탁
p-aminobenzoic acid	*Neurospora crassa*	균체중량
Inositol	*Sacch. carlsbergensis*	비탁

출처 : 노완섭 외, "new 식품미생물학", 지구문화사.

4. 공해처리에 이용

산업의 급속한 발달로 부분별한 폐수의 방류로 인하여 하수도, 하천, 해수를 오염시켜 큰 사회문제로 대두되고 있다. 공장폐수에는 탄수화물 같은 유기물을 많이 함유되어 있어 생물학적 산소요구량 (Biochemical Oxygen Demand, BOD)이나 화학적 산소요구량(chemical oxygen demand, COD)이 높거나, 방향족 탄화수소를 함유한 물질, 수은이나 다른 여러 유해 중금속을 함유하고 있다.

여러가지 성상의 공장 폐수는 이를 분해하는 미생물군으로서 처리하면 난분해성 물질이 쉽게 분해되거나 혹은 미생물에 축적되므로써 BOD나 COD를 저하 시키거나 유해물질을 제거할 수가 있다. 또한 악취물질의 분해로 탈취의 효과도 가져온다. 따라서 폐수처리를 화학적 수단으로 처리 하지 않고 활성 오니법인 미생물 처리에 의하는 것이 많다.

SECTION 4 미생물과 유전공학

유전공학이란 생물 세포 속에 있는 유전자 또는 유전물질을 인공조작하여 새롭고 유용한 생명체를 개조 또는 창조하는 공학기술을 말하는 것이다. 유전공학은 넓은 의미로 보면 인공조작으로 새로운 생명체를 만드는 공학기술을 모두 포함하고 있는데 소위 생명공학이라고도 하며, 좁은 의미로는 주로 유전자 조작만에 의해 새로운 생명체를 생산하는 공학기술을 지칭하기도 하나 일반적으로 넓은 의미로 해석하고 있다. 유전자 재조합기술의 최대 특징은,

첫째, 원료가 재생산 가능한 생물량(biomass)이므로 재생산이 불가능한 화학물질에 비하여 이용도를 높일 수 있다.

둘째, 생체가 최종물질을 생산하기 때문에 특성유전자를 잘 조절하면 화학공업과 같은 여러 단계의 반응과 분리공정이 필요없다.

셋째, 생체가 상온, 상압에서 아주 온건한 생리적 조건에서 특정 물질을 합성하므로 에너지가 아주 적게 드는 에너지 절약형 산업이다.

넷째, 화학공업과 같이 반복적인 반응과 분리과정에서 쓰이는 각종 화공약품을 쓰지 않기때문에 공해가 적다는 점이다.

현재 유전공학의 문제점은 다른 생물에서 어떤 DNA를 끊어 오느냐와 화학적으로 어떻게 합성하느냐는 것이다. 그 외 DNA를 어떻게 끊고 바꾸어 넣느냐 등의 기술적인 문제는 완전히 해결되었다고 보아도 좋을 듯 하다.

1. 유전공학의 재조합 기술

자연에는 여러 가지 형태의 유전물질 재조합 현상, 즉 자연돌연변이가 일어나고 있으며 현재로는 인위적으로 핵산분자의 절편을 숙주세포(宿主細胞)의 핵산분자에 삽입시켜 그 발현 가능성을 연구하고 있다.

인위적 방법으로 핵산분자의 절편을 삽입하기 위해서는 일반적으로 이질핵산분자(異質核酸分子) 절편을 다른 세포 안으로 전달할 수 있는 운반체(vehicle, vector 혹은 plasmid)가 있어야 하고, 이 운반체에 이질핵산분자의 절편을 결합할 수 있는 방법과 이 운반체-핵산절편 복합체를 수용세포(受容細胞) 안으로 진입시킬 수 있는 방법이 있어야 한다. 또 받아들인 세포를 식별할 수 있어야 하는데 대개의 경우 핵산절편 운반체로 이용되는 것은 세균세포내에 기생하는 bacteriophage와 plasmid가 있다.

이상적인 DNA절편 운반체로서의 조건은 첫째, 분자량이 작아야 하고, 둘째, 형질 전환한 숙주세포가 쉽게 선별될 수 있는 표현형질적(表現形質的) 특징을 가지고 있어야 하며 셋째, 제한효소의 작용부위가 하나이어야 한다. 현재 이러한 조건에 일치되는 vector가 많이 개발되어 있는데 pSC 101이 최초로 유전자 운반체로 사용되었고, pBR 322를 현재 가장 많이 사용하고 있다.

숙주세포 속에 삽입할 핵산분자의 절편을 만들기 위해서 생물체에서 분리한 유전물질인 DNA으로부터 기계적인 방법이나 특정효소(제한효소, restriction)를 이용하는 방법, 유전물질 생합성에 필요한 여러 가지 물질들을 생체로부터 분리하여 생체 외에서 합성하는 방법 그리고 화학적으로 합성하는 방법 등을 이용할 수 있을 것이다.

(1) 유전자 조작(遺傳子操作, gene manipulation)

유전자의 화학적 본체인 DNA분자를 세균이나 비루스 중에 염색체와는 독립적으로 세포 내에서 증산하는 유전자군의 단위인 Plasmid 또는 vector에 제한효소와 결합효소를 이용하여 인공적으로 결합시켜 형질 전환법으로 숙주세포 속에 넣으면 삽입한 유전자를 가진 새로운 세균이 생긴다.

이와 같은 생물체를 만들어 내는 것을 유전자조작 또는 유전자공학(genetic engineering)이라 하며, 오늘날 항암제인 인터페론이나 당뇨병의 치료에 쓰이는 인슐린을 비롯하여 여러 난치병을 물리칠 백신을 박테리아로 뽑아내고 있으며, 동물 간의 유전자 조작을 통해 코끼리만큼 큰 신종 육용돼지의 출현을 기대하고 있다.

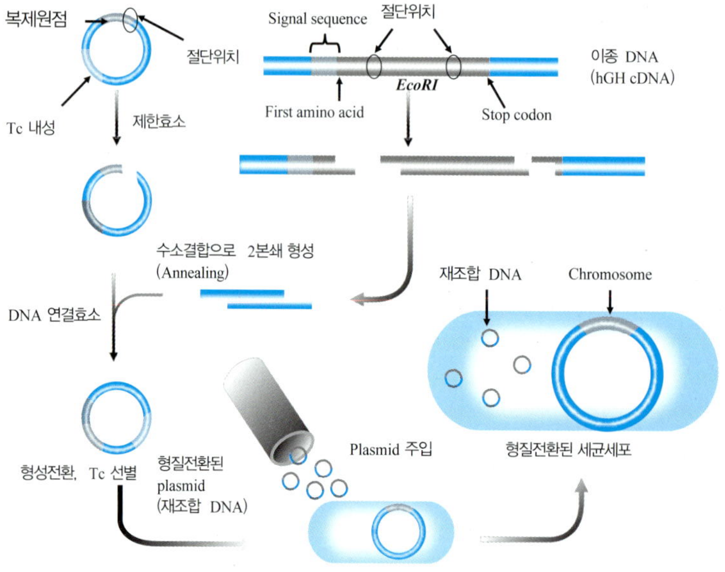

그림 13-6 DNA ligase를 사용하여 공유 DNA를 재결합시킨다.

(2) 세포융합(細胞融合, cell fusion)

성질이 다른 이종의 두 세포를 용해효소로서 세포벽을 용해시키고 두 알몸의 세포 원형질을 하나로 융합시켜 양쪽의 특징을 가지게 하여 새로운 세포를 만드는 기술이다.

유전자 조합기술은 하등동물을 대상으로 하지만, 이 세포 융합 기술은 고등동식물의 이종세포 융합도 가능하게 하는 유용성 높은 기술이라 할 수 있다. 고등생물의 이종세포(異種細胞)를 융합시키는 한 예로서 감자와 토마토 융합으로 pomato를 만드는 경우를 들 수 있다.

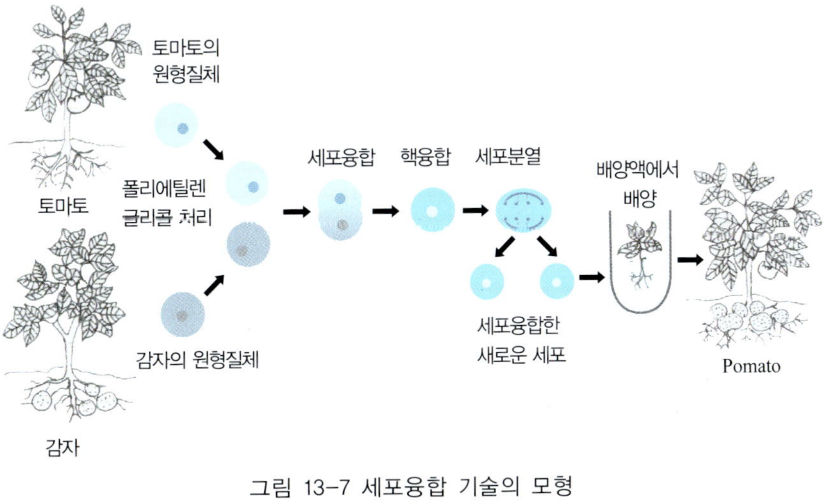

그림 13-7 세포융합 기술의 모형

(3) 핵 또는 세포기관의 치환

두 생물의 세포에서 서로의 핵 또는 핵 주위에 있는 세포기관을 바꾸어 새로운 생물을 만드는 기술을 말한다. 일반적으로 수정되지 않는 난자를 이용해서 체세포의 핵을 삽입하여 개체를 복제하는 연구가 많이 이루어지고 있는데 스위스 제네바 대학에서 쥐의 체세포로 복제쥐를 만들어 냈다는 것도 바로 이 기술을 이용한 예이다. 복제인간의 창조 가능성이라든지 고등동물의 우량품종 보존 및 양산에 이용될 수 있는 기술이다.

(4) 조직배양(組織培養, tissue culture)

조직배양은 현재 농업연구에 가장 많이 이용하고 있는 유전공학의 기초기술이다. 생물의 꽃가루 생장점과 같은 특수조직을 일부 떼어내서 특수배지에 배양하여 동일한 복제개체를 만드는 방법이다. 영양번식을 하는 식물에서는 이미 실용화되고 있고, 비록 유전자조작, 세포융합 및 핵치환이 잘 되었다 해도 기초기술인 조직배양이 제대로 개발되어 있지 않으면 동식물체로 분화하지 못하므로 농업분야에서는 가장 중요한 유전자 공학 기술 중의 하나이다.

1. 유전공학의 응용

(1) 의약품 분야

의약품 생산을 위한 유전공학의 연구는 광범위하게 미생물을 이용하여 생산하는 항생물질, 호르몬제, 항체, 생리적 활성물질 등 앞으로는 의약품 자체뿐만 아니라 투약체계개발, 세포의 노화현상 규명, 유전병의 치료, 정신병의 치료, 면역학기구해명(免疫學機構解明), 질병발생의 전환 등의 연구에도 크게 기여할 것이다. 특히 신문 · 잡지 등에서 많이 이야기 하고 있는 인터페론(interferon)의 양산 방법 등이 그 좋은 예가 될 것이다.

(2) 농작물분야

콩과식물을 제외한 주곡(主穀)이 되는 벼, 보리, 밀, 옥수수 등은 질소 고정능력이 없기 때문에 질소비료를 주어야 한다. 이들 주곡작물에 공생(共生)하는 미생물에 콩과식물에 공생하는 질소고정균의 유전자(窒素固定遺傳子)를 넣어주면 질소공급을 자동으로 할 수 있게 되므로 콩과식물과 같이 질소비료를 주지 않아도 될 것이다.

또다른 분야는 내성(耐性)을 도입하는 것이다. 내병성(耐病性), 내열성(耐熱性) 등을 강화시킨다면 각종 병이나 불규칙한 날씨 속에서도 훌륭하게 성장할 수 있을 것이다. 그밖에도 곡물의 질적인 개량, 예를 들면 녹색콩의 유전자를 해바라기묘 세포에 이식하여 보통 콩보다 50%가 큰 해바라기콩(sunbean)을 만들고 광합성 촉진 및 다수확종의 개발 등을 예로 들 수가 있다.

(3) 환경분야(環境分野)

공장폐수에 함유된 미량의 중금속 물질을 화학적인 방법으로 회수하는 방법은 비경제적이다. 그러나 유전공학으로 미생물의 성능을 증진시켜 이용하면 효율적으로 이용할 수 있다.

어떤 효모나 세균은 세포벽에 균체 무게의 20%까지 중금속을 축적할 수 있기 때문에 유전공학기술로 축적능력을 증폭시키면 보다 더 효율적으로 중금속을 폐수로부터 회수할 수 있을 것이다. 뿐만 아니라 폐수 중에 각종 석유화학제품, 각종 유기물들을 미생물이 분해하므로 BOD를 낮출 수 있다. 그리고 토양 중의 잔류농약도 토양미생물에 의하여 분해되므로 유전공학으로 분해능력을 부여한다면 폐수나 토양의 정화(淨化)에 크게 이바지할 것이다.

(4) 식품공업분야(環境分野)

SCP · 양조 · 효소 그리고 발효공업 등의 유전공학 이용은 아주 획기적이다. 현재까지 돌연변이법을 쓰는 생물 공학적 방법은 거의 한계점에 도달했다고 보는 것이 일반적인 견해이나 여기에 유전공학적 방법을 노입하년 질이나 취향도를 높일 수 있다는 것이다.

위에서 언급한 이 네 가지 분야 외에도 축산 · 수산 · 화공 · 에너지, 그리고 광업 분야 등 유전공학이 관련되지 않는 분야는 없을 것이다.

참고 문헌

- 김옥경, 박인숙, 방우석, 범봉수, 임용숙, 장재선, 채기수, 하상철 . "NEW 식품위생학" .지구문화사. 2011
- 이한창, 임종필, 조좌형, 신중엽. "식품미생물학", 수학사, 2008
- 홍태희, 여생규, 윤재영, 최화정, 하상철, 현재석, 홍강희. "NEW 식품미생물학 & 실험". 지구문화사. 2011
- 송형익, 김정현, 박성진, 배지현, 배현수, 이미영, 이응수, 조좌형, 최소례, "에센스 식품위생학", 지구문화사, 2011
- 노완섭, 김영지, 김왕준, 남진식, 박찬성, 방우석, 배지현, 손홍수, 유춘발, 정승원, 조갑연, 조석금 공저, "NEW식품미생물학", 지구문화사, 2010
- 금종화, 김성영, 손규목, 조석금, 조정일 공저, "최신 식품미생물학", 도서출판 효일, 2010
- 유상렬, 김정환, 박명수, 안길환, 양지영, 이인형, 지근억, 최상호 공저, "식품미생물학", 수학사, 2009
- Joanne M. Willey, Linda M. Sherwood, Christopher J. Woolverton.(옮긴이 : 김영민, 김경민,박만성, 방성호, 서영훈, 송윤재, 이재영, 정인실, 조은희, 하영미), "Prescott's Microbiology 8th Edition(미생물학 8판)", 라이프사이언스, 2012
- Kathleen Park Talaro(옮긴이:현형환, 장태용, 이현환, 조기성, 정일엽, 남인영), "Foundation of Microbiology-basic principles 6/E(미생물학 길라잡이 6판)," 라이프사이언스, 2009
- 강성태 외, "식품미생물학", 형설, 2010.
- 남주현 외, "식품미생물학", 신정, 2003.
- 방병호 외, "식품미생물학", 진로, 2010.
- 한영숙 외, "식품미생물학", 파워북, 2009.
- 현형환 외, "미생물학 길라잡이", 라이프 사이언스, 2009.

- 홍태희 외, "식품미생물학 & 실험", 지구문화사, 2011.
- Alcamo, I. Edward, Ph.D. 저 , "fundamentals of microbiology", Jones &Bartlett Publishers, 2000.
- Moat, G. A., and J. W. Foster. "Microbial physiology", 3rd ed. Wiley–Liss Inc, New York, NY, 1995.
- 신동화, 오덕환, 우건조, 정상희, 하상도. "식품위생안전성학". 한미의학. 2012
- Dunn, J., Clark, R.W., Asmus, J.F., Pearlman, J.S., Boyer, K., Pairch, F. and Hofmann, G. "Methods and apparatus for preservation of foodstuffs". US Int Pat Appl No. WO 88/03369, 1988
- Hite, B.H. The effect of pressure in the preservation of milk. Washington, Va. Univ., "Agriculture Experiment Station", Bulletin, 58, 15-35, 1899
- Ludwig, H., and Schreck, C. The inactivation of vegetative bacteria by pressure. In K. Heremans (Ed.), "High pressure research in bioscience and biotechnology" (pp. 221–8224). Leuven' Leuven University Press, 1997
- Piyasena, P., Mohareb, E. and McKellar, R.C. "Inactivation of microbes using ultrasound: A review". Int J Food Microbiol 87(3), 207-216, 2003
- Ramkova, N.V., Me'lnikova, G.N., Evtikova. L.V., Epshteĭ, A.E., and Polosina, IuA. "Possibilities of sterilization of medical equipment using ultrasonics combined with disinfectants and sterilizing agents". Med Tekh Sep-Oct;(5),9-12, 1989
- San Martin, M.F., Barbosa-Canovas, G.V., and Swanson, B.G. "Food processing by high hydrostatic pressure". Crit. Rev. in Food Sci Nutr 42, 627-645, 2002
- Seymour, I. J., Burfoor, D., Smith, R. L., Cox, L. A., Lockwood, A. "Ultrasound decontamination of minimally processed fruits and vegetables". Int J Food Sci Technol 37(5), 547–7557, 2002
- Wang, F., Jiang, L., Yang, Q., Han, F., Chen, S,, Shuaihua, P.. Amanda, V., and Beilei, G. "Prevalence and antimicrobial susceptibility of major foodborne

pathogens in imported seafood". J Food Prot 74, 1451-1461, 2011

- 버나드 딕슨, "미생물의 힘", (주)사이언스북스, 2002.
- 이영록, "최신미생물학", 도서출판 아카데미서적, 1993.
- 이계호 편저, "미생물의 산업적 이용", 한림원, 1999.
- 박석기 등, "(최신) 미생물학", 신광문화사, 1995.
- Alcamo, "미생물학 입문", I.Micropbes and society, 2004 .
- 이재열, "자연의 지배자들", 지호출판사, 1999.
- 버나드 딕슨, "미생물의 힘", 사이언스북스, 2003.
- 진익렬, "미생물과 인간", 월드사이언스, 2003.
- 유영진, "미생물 산업과 국력", 생물산업 1호/6권, 1993.
- 변유량, "산업과 미생물", 생물산업 2호/11권, 1998.
- Michael T. Madigan, John M. Martinko, David P. Clark. "Brock Biology of Microorganisms", 13th ed. Benjamin Cummings, 2010.

찾아보기

ㅌ

ㅍ

ㅎ

기타

Essence Food Microbiology
에센스 식품미생물학

2019년 2월 25일 초 판 인쇄
2019년 3월 1일 초 판 발행

저 자 김경희 / 방우석 / 윤요한 / 이연리
장세은 / 장재선 / 정현정

펴낸곳 ㈜지구문화
JIGU CULTURE Co.Ltd

발행인 주병오 · 주민기

주소 경기도 파주시 회동길 209
파주출판문화정보산업단지

전화 (031) 955-7566·7577

팩스 (031) 955-7730

이메일 jigupub@hanmail.net

등록번호 _ 1979년 7월 13일 제 957호

ISBN 978-89-7006-665-3

값 20,000원